Der Einstieg ins Öko-Audit für mittelständische Betriebe durch modulares Umweltmanagement

Springer

Berlin
Heidelberg
New York
Barcelona
Budapest
Hong Kong
London
Mailand
Paris
Santa Clara
Singapur
Tokio

A. Keller, M. Lück

Der Einstieg ins Öko-Audit für mittelständische Betriebe

durch modulares Umweltmanagement

Mit 53 Abbildungen und 20 Tabellen

Springer

Dr. Alexander Keller
Johann-Sebastian-Bach-Straße 10
76437 Rastatt

Dr. Michael Lück
Amalienstraße 30
76133 Karlsruhe

Die Deutsche Bibliothek – CIP-Einheitsaufnahme

Keller, Alexander:
Der Einstieg ins Öko-Audit für mittelständische Betriebe durch modulares Umweltmanagement: mit 20 Tabellen / Alexander Keller ; Michael Lück. - Berlin; Heidelberg; New York; Barcelona; Budapest; Hong Kong; London; Mailand; Paris; Santa Clara; Singapur; Tokyo: Springer, 1996
ISBN-13: 978-3-642-80079-5 e-ISBN-13: 978-3-642-80078-8
DOI: 10.1007/ 978-3-642-80078-8

NE: Lück, Michael

Softcover reprint of the hardcover 1st edition 1996

Umschlaggestaltung: Springer-Verlag, Design & Production
Satz: Reproduktionsfertige Vorlage vom Autor

SPIN 10099158 30/3136 - 5 4 3 2 1 0 Gedruckt auf säurefreiem Papier

Vorwort

Dieses Buch ist mit der Absicht entstanden, mit dem Modularen Umweltmanagement MUM ein System darzustellen, welches gerade kleinen und mittleren Unternehmen erlaubt, sukzessive unter Berücksichtigung der individuellen Rahmenbedingungen einen effektiven betrieblichen Umweltschutz aufzubauen. Aus unserer Beratungstätigkeit wissen wir, daß gerade diese Unternehmen häufig Schwierigkeiten bei der Integration des Umweltschutzes in die technischen und organisatorischen Abläufe haben. Umweltschutz kann jedoch nur dann langfristig erfolgreich praktiziert werden, wenn Ökologie und Ökonomie nicht als Gegensatz, sondern als untrennbar verknüpftes System verstanden wird. Letztendlich können nur ökonomisch erfolgreiche Unternehmen einen umfassenden Umweltschutz, der über die bloße Einhaltung der Gesetze hinausgeht, betreiben. In Zeiten wachsenden Umweltbewußtseins wird nur der langfristig erfolgreich am Markt agieren können, der Umweltschutz als integrativen Bestandteil seiner Unternehmenspolitik begreift.

Die Autoren möchten mit diesem Buch Wege aufzeigen, wie sich der Umweltschutz nicht als zusätzliche Belastung auswirken muß, sondern bei aktiver Beschäftigung mit diesem Thema als Chance, auch in ökonomischer Hinsicht, verstanden werden kann.

Zum Schluß möchten wir an dieser Stelle all denjenigen danken, die durch ihr Mitwirken, in welcher Form auch immer, zum Gelingen dieses Buches beigetragen haben.

Rastatt, im Oktober 1995

Dr. Alexander Keller
Dr. Michael Lück

Inhaltsverzeichnis

Abkürzungsverzeichnis

AbfBestV	Abfallbestimmungsverordnung
AbfG	Abfallgesetz
AbfKlärV	Klärschlammverordnung
AbfRestÜberwV	Abfall- und Reststoffüberwachungsverordnung
AbfVerbrV	Abfallverbringungsverordnung
AbwAG	Abwasserabgabebgesetz
AbwHerkV	Abwasserherkunftsverordnung
aCKW-V	Chloraliphatenverordnung
AHB	Allgemeine Versicherungsbedingungen für die Haftpflichtversicherung
AltölV	Altölverordnung
AtomG	Atomgesetz
AtVfV	Atomrechtliche Verfahrensverordnung
BArtSchV	Bundesartenschutzverordnung
BfSG	Bundesamt für Strahlenschutz-Gesetz
BGB	Bürgerliches Gesetzbuch
BImSchG	Bundesimmissionsschutzgesetz
BImSchV	Bundesimmisionschutzverordnung
BNatSchG	Bundesnaturschutzgesetz
BWaldG	Bundeswaldgesetz
BzBlG	Benzinbleigesetz
ChemG	Chemikaliengesetz
ChemGefMerkV	Gefährlichkeitsmerkmaleverordnung
ChemGiftInfoV	Giftinformationsverordnung
ChemPrüfV	Prüfnachweisverordnung
CKW	Chlorierte Kohlenwasserstoffe
DBUG	Deutsche Bundesstiftung Umwelt-Gesetz
DDTG	DDT-Gesetz
DMG	Düngemitelgesetz
EnEG	Energieeinsparungsgesetz
FCKW	Fluor-Chlor-Kohlenwasserstoffe
FCKW-VO	FCKW-Halon-Verbotsverordnung
FluglärmG	Fluglärmgesetz
GefStoffV	Gefahrstoffverordnung

GenTG	Gentechnikgesetz
GetrVerpV	Getränkeverpackungsverordnung
HKWAbfV	Lösungsmittelentsorgungsverordnung
KMU	Kleinere und mittlere Unternehmen
KNV	Katalytische Nachverbrennung
KW	Kohlenwasserstoffe
MUM	Modulares Umweltmanagement
OwiG	Ordnungswidrigkeitengesetz
PCBV	PCB-, PCT-, VC-Verbotsverordnung
PCPV	Pentachlorphenolverbotsverordnung
PflSchG	Pflanzenschutzgesetz
RestBestV	Reststoffbestimmungsverordnung
SNCR	Selektive nicht katalytische Reduktion
StGB	Strafgesetzbuch
StromeinspG	Stromeinspeisungsgesetz
StrVG	Strahlenschutzvorsorgegesetz
TeerölV	Teerölverordnung
TierschG	Tierschutzgesetz
TNV	Thermische Nachverbrennung
TRA	Thermisch-regenerative Abluftreinigung
UBAG	Umweltbundesamt-Gesetz
UHM	Umwelthaftpflichtmodell
UMS	Umweltmanagement-Systeme
UmweltHG	Umwelthaftpflichtgesetz
UStatG	Umweltstatistikengesetz
UVPG	Umweltverträglichkeitsprüfung-Gesetz
VerpackV	Verpackungsverordnung
WHG	Wasserhaushaltsgesetz
WRMG	Wasch- und Reinigungsmittelgesetz

1 Einleitung

Umweltschutz in seinen verschiedenen Facetten ist eines der großen gesellschaftlichen Themen unserer Zeit. Dabei spielt der Umweltschutz sowohl im privaten, als auch im öffentlichen und gewerblichen Bereich eine große Rolle. So widmen immer mehr Bürger gerade im privaten Bereich Fragen wie dem Einsparen von Ressourcen, einer umweltschonenden Lebens- und Haushaltsführung und der ökologischen Komponente der von ihnen bezogenen Waren und Dienstleistungen zunehmende Aufmerksamkeit. Teils durch die Wandlung des Bewußtseins in der Öffentlichkeit, teils durch eigenen Antrieb hat auch im öffentlichen Bereich das Thema Umweltschutz seit den siebziger Jahren zunehmende Bedeutung erlangt, was sich zum einen in den Inhalten der verschiedenen Parteiprogramme niedergeschlagen hat, zum anderen in der steigenden Zahl von Gesetzen und Verordnungen zeigt.

Somit sehen sich Unternehmen, die erfolgreich am Wirtschaftstandort Deutschland operieren wollen, von zwei Seiten in die Pflicht genommen. Der Endverbraucher bzw. der industrielle Kunde bei den Produzenten von Zwischenprodukten wünscht sich zunehmend, daß die Produkte möglichst umweltschonend produziert, gebraucht und entsorgt werden können, während der Gesetzgeber seinerseits eine ganze Reihe von Vorgaben und Regelungen erläßt und so Maßstäbe für ökologisches Handeln vorgibt.

Für Unternehmen wird die Situation dadurch erschwert, daß sie sich dem internationalen Wettbewerb stellen müssen, mit Konkurrenten in Ländern, in denen nicht nur geringere Lohn- und Lohnnebenkosten anfallen, sondern auch nur geringe oder keine Umweltschutzauflagen existieren. Und leider ist es nun mal Fakt, daß ein höherer Preis mit der Begründung einer höheren Umweltschutzleistung im täglichen Geschäft nur sehr begrenzt durchsetzbar ist.

Insbesondere Betriebe der gewerblichen Wirtschaft sehen sich also in einer Zwickmühle gefangen. Um am Markt erfolgreich bestehen zu können, müssen sie ihre Produkte zu konkurrenzfähigen Preisen anbieten können. Andererseits ist eine langfristige Ausrichtung des Unternehmens auch in ökologischer Hinsicht zwingend geboten, um den steigenden gesetzlichen Anforderungen Rechung zu tragen und der gesellschaftlichen Entwicklung zu folgen. Abhängig von der Ertragssituation der Unternehmen werden zur Lösung des Problems von diesen verschiedene Wege eingeschlagen. Insbesondere große, ertragsstarke Firmen leisten sich eine Stabsstelle Umweltschutz und investieren viel Geld und Zeit sowohl in eine umweltfreundliche Produktion als auch in die Darstellung ihrer Bemühungen nach außen. Kleinere Firmen hingegen leisten oft nur den unmittelbar anstehenden gesetzlichen Anforderungen Genüge, erfüllen die sie direkt betreffenden Auflagen und verhalten sich ansonsten passiv. Dies muß dabei nicht Ausdruck eines mangelnden Umweltbewußtseins der Unternehmensführung sein, vielmehr zwingen mangelnde Information und die notwendige Konzentration auf das Tagesgeschäft, dieser weiteren Aufgabe eine nicht unbedingt hohe Priorität zuzuordnen.

Zusammenfassend kann somit gefolgert werden, daß in den meisten Fällen sowohl der Wille, die innere Einstellung und die Einsicht in die Notwendigkeit vorhanden ist, den Umweltschutzgedanken als integrativen Bestandteil der mittel- und langfristigen Unternehmenspolitik zu verstehen.

Nun stehen aber gerade kleinere und mittlere Unternehmen (KMU`s) vor einer komplexen Aufgabe, wenn es gilt, ökonomische Notwendigkeiten und ökologische Forderungen gleichermaßen zu erfüllen. In der gesamten Diskussion des betrieblichen Umweltschutzes ist es nun so, daß zwar eine Fülle von technischen Einzellösungen für eine weite Bandbreite von Problemen angeboten wird und auch zur organistorischen Umsetzung des Umweltschutzes im Betrieb (Umweltmanagement) eine ganze Reihe von Konzepten, Organisationsschemata, Musterhandbüchern, Checklisten und ähnlichem existieren, aus denen jedoch derjenige, der im Betrieb mit der konkreten Umsetzung betraut ist, für seine Arbeit im individuellen Fall hieraus nur ungenügende Unterstützung ableiten kann. Die Problematik liegt dabei vor allem darin, daß in der betrieblichen Praxis nicht der Idealfall eines den Umweltschutz in optimaler Weise ausfüllenden Musterunternehmens gefragt ist, der Fall, der sich in der theorielastigen Literatur am häufigsten findet, sondern der Umweltschutz sich in die sonstigen Ziele und Vorgaben der Unternehmenspolitik einzuordnen hat.

Das in diesem Buch vorgestellte Modulare Umweltmanagement MUM ist daher mit der Zielvorgabe entwickelt worden, einem Betrieb eine Handlungshilfe an die Hand zu geben, um in einem sukzessiven Prozeß, unter weitgehenden Nutzung eigener Kräfte, den betrieblichen Umweltschutz Schritt für Schritt in einer logischen Abfolge zu entwickeln und aufzubauen. Besonderen Wert wurde dabei auf die Beachtung der ökonomischen Komponente gelegt, denn die Praxis zeigt, daß betrieblicher Umweltschutz über die bloße Erfüllung der gesetzlichen Anforderungen hinaus nur dann erfolgreich um- und durchgesetzt werden kann, wenn die Kostenneutralität gewahrt bleibt bzw. sogar Einsparungen erzielt werden können.

Dabei wurde mehr Wert darauf gelegt, allgemein für möglichst viele Branchen und Anwendungsfälle die Vorgehensweise zu schildern und zu erläutern und bewußt darauf verzichtet, das MUM anhand eines konkreten Beispiels zu erläutern, da dieses zwar für den Leser ansprechend, aber doch zu speziell ist, um für einen weiteren Kreis eine wirkliche Hilfestellung darzustellen. Praxisbeispiele und Checklisten haben in der praktischen Umsetzung immer wieder ihre Schwächen gezeigt, so daß auf deren Darstellung zugunsten einer Beschreibung der Systematik verzichtet wurde, bei der das Grundprinzip und die Elemente ausführlich geschildert werden, die Details, die in jedem Betrieb ohnehin anders sind, aber von diesem mit Leben erfüllt werden müssen. Somit ist das MUM nicht als Musterhandbuch oder Vorlage zu verstehen, sondern soll dem betrieblichen Praktiker Wege aufzeigen, sich dem Problem des Umweltschutzes in seinem Betrieb auf eine Art und Weise zu stellen, wie es in seinem Alltag von ihm erwartet wird. Die Auseinandersetzung mit dem Thema Umweltschutz kann keinem erspart werden, jedoch trägt MUM entscheidend dazu bei, diese effektiv und zielorientiert zu gestalten.

Das Öko-Audit nach EG-Verordnung, das den teilnehmenden Unternehmen auf freiwilliger Basis erlaubt, ihre Umweltschutzleistungen durch eine unabhängige Stelle prüfen zu lassen und dann mit dem erteilten Zertifikat zu werben, kann dabei nur logische Konsequenz einer Unternehmenspolitik sein, die den Umweltschutz als integrativen Bestandteil begreift und umsetzt, der entscheidende Stützpfeiler kann das Öko-Audit aber nicht sein. MUM bietet die Möglichkeit, den Umweltschutz nach den Kriterien zu organisieren, die im Betrieb gefordert sind und erfüllt dabei sozusagen nebenbei die maßgeblichen Anforderungen der EG-Öko-Audit-Verordnung. Die Zertifizierung als Signal nach aussen hin ist dann nur noch ein logischer weiterer Schritt. Wer die Zertifizierung als Selbstzweck anstrebt, werden die gleichen schlechten Erfahrungen machen, wie sie aus dem Bereich der Qualitätssicherung bekannt sind und vergibt leichtfertig die sich ihnen bietenden Chancen.

2 Unternehmen und Umweltschutz

Ein Unternehmen wird heute in nahezu allen Bereichen mit Belangen des Umweltschutzes konfrontiert. In erster Linie sorgt dafür der Gesetzgeber, der, angefangen auf der Bundesebene bis hinunter in die Gemeinden, eine fast unüberschaubare Zahl von Gesetzen, Verordnungen und Auflagen geschaffen hat. Diese Maßnahmen erfolgten in erster Linie vor dem Hintergrund der weltweit stetig anwachsenden Produktion und Wirtschaftsleistung sowie der damit verbundenen Ressourcenausbeutung, die zu einer merklichen Verschiebung des ökologischen Gleichgewichtes auf der Erde geführt hat. Keine Woche vergeht mehr ohne Meldungen über Umweltkatastrophen wie Verschmutzung der Gewässer, Vergrößerung des Ozonloches, Erhöhung der Temperatur infolge des Treibhauseffektes, Auslaugung der Böden und damit Verlust an wertvollem Ackerboden. Diese Liste läßt sich beliebig weiterführen.

All diese Probleme lassen sich, wenn überhaupt, nur durch einen konsequenten Schutz der Umwelt auf allen Ebenen lösen. Der Bundesrepublik Deutschland kommt dabei in vielen Bereichen eine Vorreiterrolle zu. Auch als Wirtschaftsfaktor ist der Umweltschutz eine nicht zu vernachlässigende Größe. Die deutsche Umwelttechnik verfügt weltweit über einen hervorragenden Ruf, wovon in Zukunft vor allem die Exportwirtschaft profitieren wird.

2.1 Kosten des Umweltschutzes

Die privaten und öffentlichen Ausgaben für den Umweltschutz, bezogen auf das Bruttosozialprodukt, lagen 1994 in den alten Bundesländern bei 1,7%[1]. Trotz dieser gering erscheinenden Zahl steht die Bundesrepublik damit weltweit auf Platz zwei hinter Dänemark. Der Anteil der öffentlichen Hand an diesen Ausgaben beträgt ca. 50%.

Insbesondere im Produzierenden Gewerbe haben sich die Ausgaben für den Umweltschutz zu einem nicht mehr vernachlässigbaren Kostenfaktor entwickelt. Insgesamt wurden 1991 für Investitionen in den Bereichen Luftreinhaltung, Gewässerschutz, Abfallbeseitigung und Lärmbekämpfung sowie laufende Kosten zum Unterhalt bereits bestehender Umweltschutzeinrichtungen ca. 18,5 Mrd. DM aufgewendet (Abb. 2.1). Dabei war die Tendenz bei den Gesamtausgaben zum ersten Mal seit 1975 leicht rückläufig im Vergleich zum Vorjahr. Differenziert man nach Umweltschutzinvestitionen und laufenden Kosten, so zeigt sich, daß der Höhepunkt auf der Investitionsseite bereits 1988 überschritten wurde und die Ausgaben in den Folgejahren deutlich sanken. Die laufenden Kosten für den Umweltschutz steigen dagegen ständig weiter an. Größter Posten bei den Umweltschutzausgaben im Produzierenden Gewerbe ist die Luftreinhaltung, gefolgt von Gewässerschutz, Abfallbeseitigung und schließlich Lärmschutz[2].

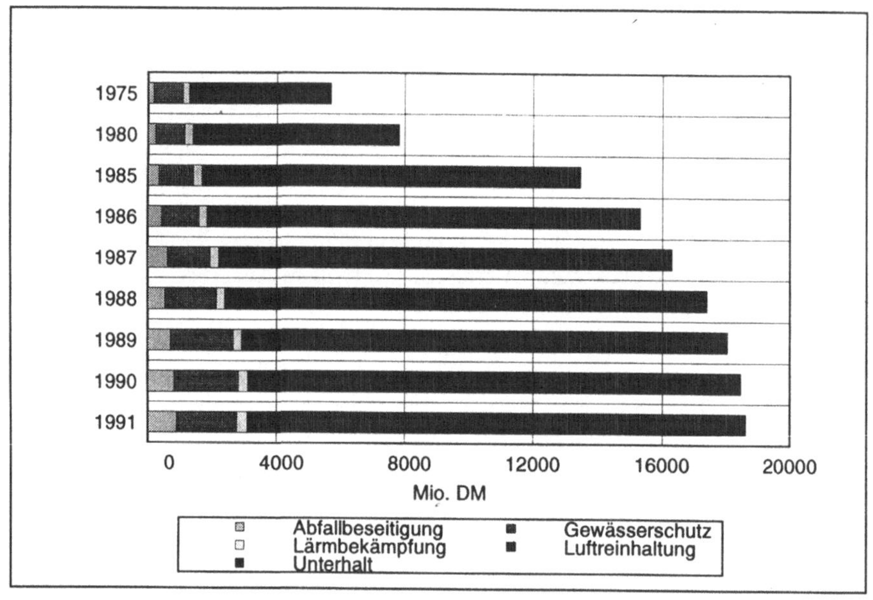

Abb. 2.1. Ausgaben des Produzierenden Gewerbes für den Umweltschutz

Zu den Ausgaben des Produzierenden Gewerbes kommen noch einmal aus Steuermitteln finanzierte ca. 22 Mrd. DM Staatsausgaben für den Umweltschutz. Bei den staatlichen Ausgaben dominieren im Gegensatz zum Produzierenden Gewerbe die Investitionen. Auch die Verteilung auf die Einzelbereiche differiert sehr stark, größter Posten mit ca. 12,7 Mrd. DM ist der Gewässerschutz, für Abfallbeseitigung wurden ca. 6,5 Mrd. DM ausgegeben. Die Lärmbekämpfung und insbesondere die Luftreinhaltung fallen im staatlichen Ausgabenblock dagegen kaum ins Gewicht (Abb. 2.2).

Die Umweltkosten lassen sich aber auch von einer anderen Warte aus betrachten. Trotz aller Anstrengungen entstehen laut einer Schätzung des Umweltbundesam-

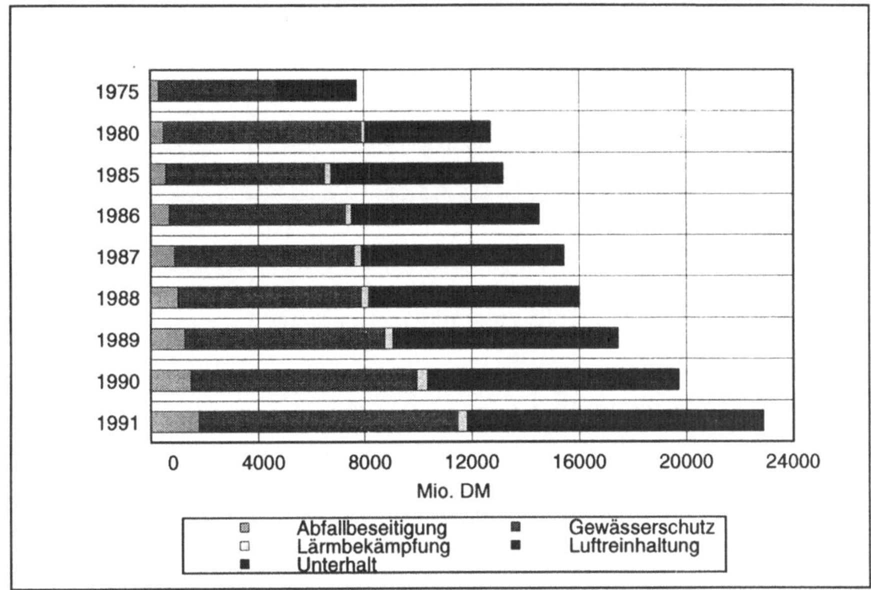

Abb. 2.2. Ausgaben des Staates für den Umweltschutz

tes aus dem Jahre 1992 derzeit jährliche Kosten durch Umweltverschmutzung in Höhe von über 100 Mrd. DM alleine in den alten Bundesländern, Tendenz weitersteigend. Bei dieser Schätzung wurden auch Ausgaben angeführt, die nicht direkt als Umweltkosten angesehen werden, aber dennoch aus der Umweltverschmutzung im weitesten Sinne resultieren und letzten Endes aufgebracht werden müssen, unter welcher Kostenstelle auch immer.

Alles in allem ergeben sich somit Kosten durch die Umweltverschmutzung von jährlich über 155 Mrd. DM in den alten Bundesländern. Erste Schätzungen bezüglich der neuen Bundesländer belaufen sich auf noch einmal ca. 70 Mrd. DM.

Tabelle 2.1. Wirtschaftliche Konsequenzen der Umweltverschmutzung*

Ursache	Betroffener Bereich	Kosten [Mrd. DM]
Luftverschmutzung	Gesundheitswesen	5,4
	Gebäudesanierung	3,6
Gewässerverschmutzung	Trinkwasserversorgung	20,0
Bodenverschmutzung	Nahrungsmittelversor-gung	bis 3,9
	Biotopschutz	bis 5,6
	Altlastensanierung	bis 48,9
Lärm	Gesundheitswesen und	
	Schallschutz	bis 27,9
	gesamt	115,3

*pro Jahr, in den alten Bundesländern, Stand 1992

2.2 Die Rolle des Staates im Umweltschutz

Nahezu alle Betriebe der gewerblichen Wirtschaft sehen sich auf dem Gebiet des Umweltschutzes komplexen Anforderungen gegenüber, die in detaillierter Weise in zahlreichen Gesetzen und Verordnungen beschrieben werden. Darüber hinaus erheben Bund, Ländern und Kommunen eine Reihe von Umweltsteuern und -abgaben. Andererseits bietet der Staat den Unternehmen eine Vielzahl an finanziellen Unterstützungen in Form von Zuschüssen und/oder verbilligten Krediten an, um gerade in kleinen und mittleren Unternehmen den betrieblichen Umweltschutz zu unterstützen.

2.2.1 Die Umweltgesetzgebung[3]

Die Bundesrepublik Deutschland verfügt über eine sehr umfassende Umweltgesetzgebung (Abb. 2.3). Die Grundlagen dafür wurden im Jahre 1970/71 geschaffen, als im Rahmen des Umweltprogrammes der Bundesregierung der Begriff der Umweltpolitik erstmals in Form von Zielen definiert wurde. Danach sind Maßnahmen zu treffen, die dem Menschen die Umwelt sichern, die Wasser, Luft und Boden sowie Flora und Fauna vor nachteiligen Eingriffen durch den Menschen schützen und durch die Schäden oder Nachteile als Folge menschlicher Eingriffe beseitigt werden. Das Umweltrecht gliedert sich im wesentlichen in allgemeines und besonderes Umweltverwaltungsrecht sowie in Umweltprivatrecht und Umweltstrafrecht.

Mit dem allgemeinen Umweltverwaltungsrecht wurden Instrumentarien zur Durchführung staatlicher Umweltaufgaben geschaffen. Aufgabe des 1974 initiierten Umweltbundesamtes als eine selbständige Oberbehörde war die Erledigung von Verwaltungsaufgaben auf dem Gebiet der Umwelt, die ihm durch Bundesgesetze zugewiesen wurden. Darüber hinaus sollte das Umweltbundesamt den Bundesminister für Umwelt, Naturschutz und Reaktorsicherheit in allen rechtlichen Angelegenheiten, vor allem was deren praktische Umsetzung anging, in wissenschaftlichen Fragen und bei der Öffentlichkeitsarbeit unterstützen.

Zur statistischen Erfassung der Umweltdaten wurde 1980 das Umweltstatistikgesetz verabschiedet. Zweck des Gesetzes ist die Erfassung von Umweltbelastungen und Umweltschutzmaßnahmen. Diese Daten sind die Basis für eine längerfristige Umweltplanung.

Damit die Auswirkungen bestimmter Vorhaben, wie beispielsweise die Errichtung von Anlagen, von denen eine Gefahr für die Umwelt ausgeht, frühzeitig und umfassend ermittelt, beschrieben, bewertet und den zuständigen Entscheidungsträgern vorgelegt werden, wurde 1990 das Gesetz über die Umweltverträglichkeitsprüfung in Kraft gesetzt.

Um schließlich auch die benötigten Finanzmittel bereitstellen zu können, wurde ebenfalls im Jahre 1990 per Gesetz die „Deutsche Bundesstiftung Umwelt" mit einem Stiftungskapital von über 2,5 Mrd. DM errichtet. Die Stiftung soll insbesondere die mittelständische Wirtschaft bei Vorhaben zum Schutze der Umwelt unterstützen.

Das besondere Umweltverwaltungsrecht besteht aus Gesetzen und Verordnungen zur praktischen Durchführung des Umweltschutzes. Es setzt sich im wesentlichen aus sieben Teilen zusammen: der Naturpflege, dem Gewässerschutz, der Vermeidung und Entsorgung von Abfällen, dem Immissionsschutz, dem Strahlenschutz und der Reaktorsicherheit, der Energieeinsparung sowie dem Schutz vor gefährlichen Stoffen. Das Umweltverwaltungsrecht unterliegt einer hohen gesetzgeberischen Dynamik. Wegen der ständigen Herabsetzung von Grenzwerten und durch Einschränkungen des Gebrauchs bestimmter Stoffe bis hin zu deren Verbot, ist heute praktisch jedes Produzierende Gewerbe vom besonderen Umweltverwaltungsrecht betroffen.

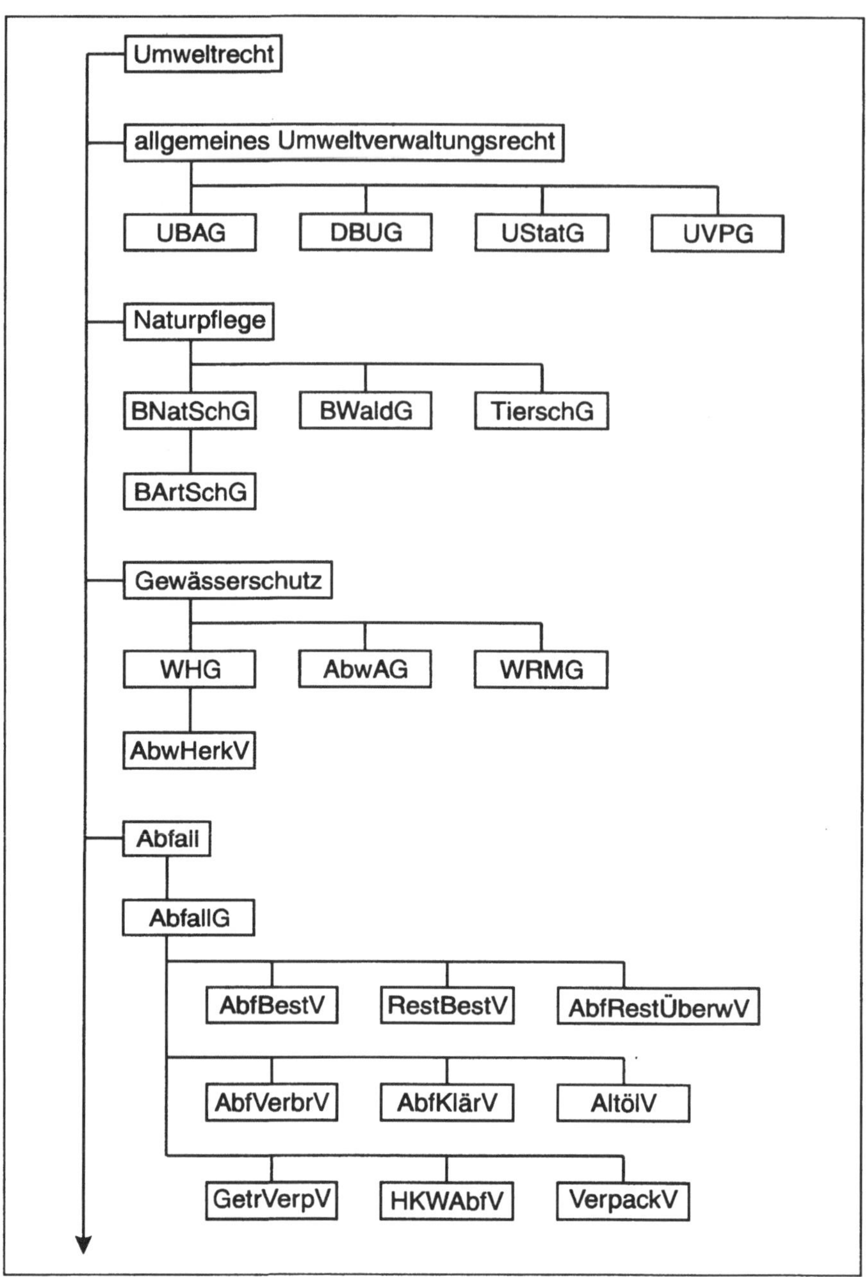

Abb. 2.3. Umweltgesetzgebung in Deutschland

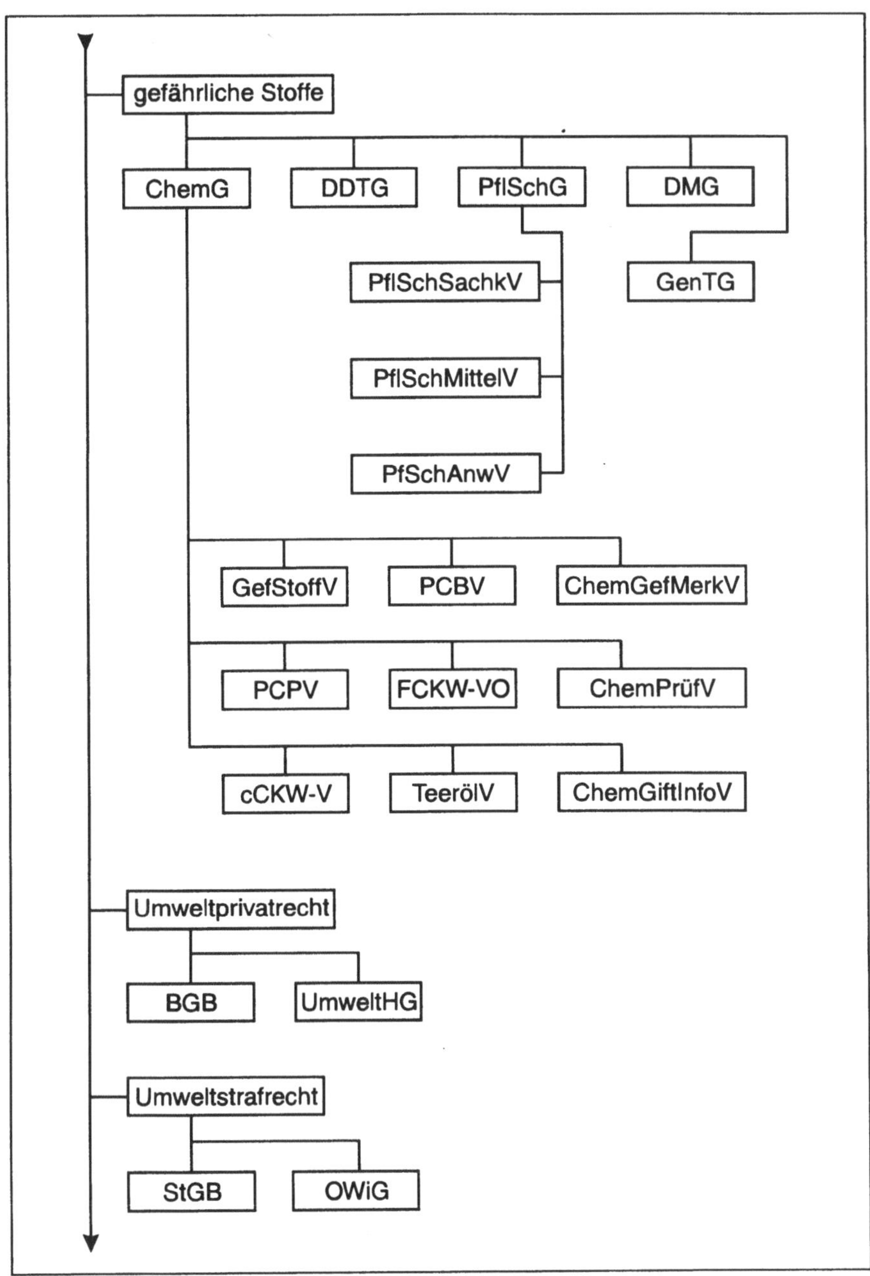

Abb. 2.3. Umweltgesetzgebung in Deutschland (Fortsetzung)

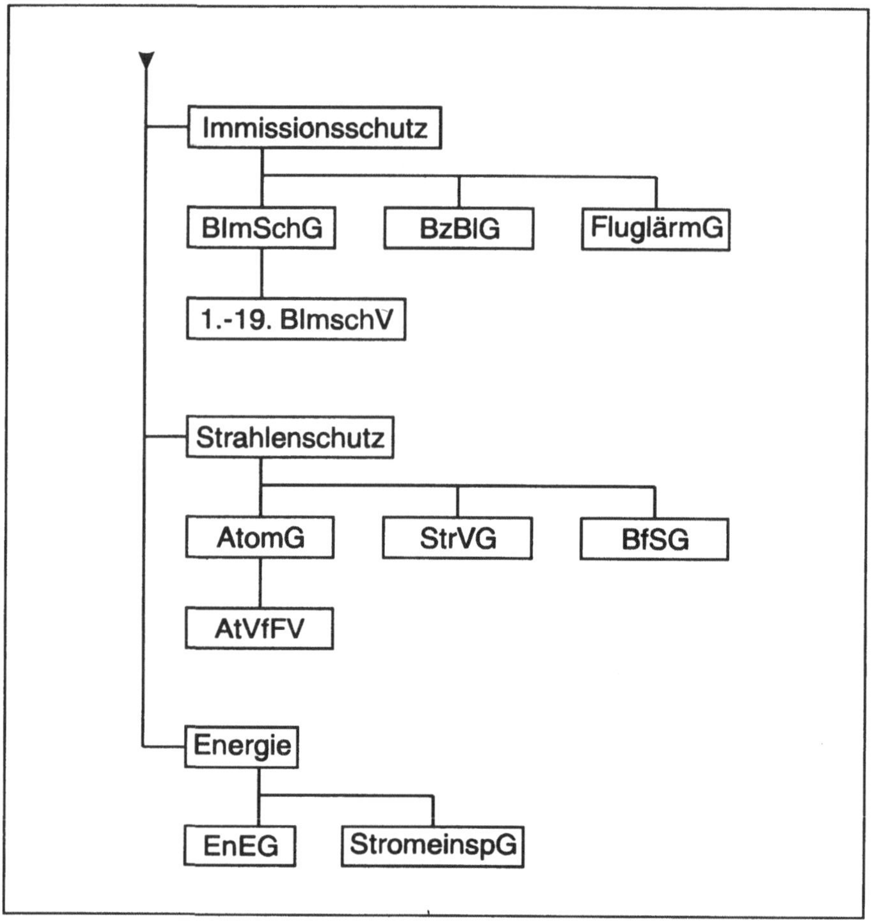

- Immissionsschutz
  - BImSchG
    - 1.-19. BImschV
  - BzBlG
  - FluglärmG
- Strahlenschutz
  - AtomG
    - AtVfFV
  - StrVG
  - BfSG
- Energie
  - EnEG
  - StromeinspG

Abb. 2.3. Umweltgesetzgebung in Deutschland (Fortsetzung)

Seit dem Jahr 1987 ist das Strafgesetzbuch im achtundzwanzigsten Abschnitt um Straftaten gegen die Umwelt erweitert. Strafbar ist unter bestimmten Voraussetzungen die Verunreinigung von Gewässern, die Verunreinigung von Luft, die Erzeugung von Lärm, die umweltgefährdende Abfallbeseitigung, das unerlaubte Betreiben von Anlagen, der unerlaubte Umgang mit Kernbrennstoffen, die Gefährdung schutzbedürftiger Gebiete, die schwere Umweltgefährdung sowie die schwere Gefährdung durch Freisetzung von Giften. Das Strafmaß für Straftaten gegen die Umwelt bewegt sich je nach Delikt und Ausmaß von einer Geldstrafe bis zu einer Haftstrafe von maximal 10 Jahren. Strafrechtlich belangbar sind ausschließlich Personen, die über Entscheidungsbefugnis verfügen, also Gesellschafter, leitende Angestellte und ausdrücklich eigenverantwortlich arbeitende Beauftragte. Auf diese Weise soll verhindert werden, daß Verantwortung auf Weisungsgebundene abgewälzt werden kann.

Wesentlicher Bestandteil des Umweltprivatrechtes ist das Umwelthaftpflichtgesetz. Wegen der ständig steigenden Anzahl an Umweltschäden, bedingt nicht zuletzt auch durch die Verschärfung weiter Teile des besonderen Umweltverwaltungsrechtes, wurde 1990 das Umwelthaftpflichtgesetz beschlossen und 1991 in Kraft gesetzt. Im Rahmen des Gesetzes wurde erstmals für bestimmte Betriebe und Anlagen das Erbringen einer Deckungsvorsorge gefordert. Falls keine entsprechende Freistellungs- oder Gewährleistungsverpflichtung des Bundes, eines Landes oder eines dazu befugten Kreditinstitutes vorliegt, muß zu diesem Zwecke eine entsprechende Haftpflichtversicherung abgeschlossen werden. Dies und auch die erheblich steigenden Aufwendungen für die Beseitigung von Umweltschäden nahmen die Haftpflichtversicherer zum Anlaß zu einer völligen Neustrukturierung der Umwelthaftpflichtversicherung. In Kapitel 10 wird darauf noch detailliert eingegangen.

Neben der Umweltgesetzgebung auf Bundesebene verfügt jedes Bundesland zusätzlich noch über ein eigenes Gesetzeswerk zum Umweltschutz. Im Rahmen dieser Umweltgesetze kann im Prinzip jede Gemeinde ihre eigenen Umweltauflagen und Grenzwerte festlegen, weswegen es regional zu starken Unterschieden bezüglich der zu ergreifenden Umweltschutzmaßnahmen durch die Unternehmen kommen kann.

2.2.2 Umweltsteuern und -abgaben[4]

Das bundesdeutsche Umweltsteuer- und Umweltabgabensystem zeigt sich recht uneinheitlich, es ist regional sehr unterschiedlich und dazu geeignet, wesentlichen Einfluß auf die Standortwahl eines Produktionsbetriebes zu nehmen. Differenzieren kann man im wesentlichen zwischen Steuern und Abgaben, die direkt auf der Verursachung von Umwelteinwirkungen basieren, was aber nicht heißt, daß diese Steuern auch zweckgebunden für Umweltschutzreparaturen eingesetzt werden, und Steuern und Abgaben, die nicht direkt auf die Verursachung von Umwelteinwirkungen erhoben werden, teilweise jedoch dem Umweltschutz zugute kommen.

Direkte Umweltabgaben und -steuern. Derzeit einzige bundesweit gültige Umweltabgabe für Unternehmen ist die Abwasserabgabe für das Einleiten von Abwasser in Gewässer. Näheres regelt das Abwasserabgabengesetz sowie die einzelnen Landeswasser- und -abwassergesetze. Eine bundesweit einheitliche Regelung ist auch hier nicht gegeben. Die einzelnen Bundesländer haben darüber hinaus eigene Umweltabgaben geschaffen. In Baden-Württemberg wird eine Ausgleichsabgabe für Eingriffe in die Natur und Landschaft erhoben (Naturschutzgesetz Baden-Württemberg), eine Abfallabgabe für die Erzeugung besonders überwachungsbedürftiger Abfälle (Abfallabgabengesetz) und für die mittleren und großen Wasserverbraucher ein sogenannter "Wasserpfennig" eingeführt (Landeswassergesetz). Hessen verfügt über eine Sonderabfallabgabe, mit der die Erzeugung von Sonderabfällen belegt ist (Hessisches Sonderabfallabgabengesetz) und über eine Grundwasserabgabe, die auf die Entnahme von Grundwasser erhoben wird. In Niedersachsen existiert eine Abfallabgabe für besonders überwachungsbedürftige Abfälle (Niedersächsisches Abfallabgabengesetz). Ein Lizenzentgeld für die Sondermüllentsorgung wird in Nordrhein-Westfalen erhoben. Das Lizenzentgeld resultiert aus einer Lizenzpflicht der Sondermüllentsorger (Landesabfallgesetz Nordrhein-Westfalen). In Hamburg wird eine Grundwassergebühr fällig und zwar für die Eigenförderung von Grundwasser. In Berlin schließlich nennt sich die Abgabe für die Entnahme von Grundwasser Grundwasserentnahmegeld (Berliner Wassergesetz).

Diese kurze Aufstellung erhebt keinerlei Anspruch auf Vollständigkeit. Neben den genannten Steuern und Abgaben existieren insbesondere auf kommunaler Ebene noch zahlreiche weitere Gebühren. Darüber hinaus sind derzeit insbesondere auf Bundesebene zahlreiche weitere Umweltsteuern und -abgaben im Planungsstadium. Auch sollen einige der genannten Abgaben, die bisher nur auf Landesebene existieren, in anderen Bundesländern oder sogar bundesweit eingeführt werden.

Die zur Zeit wohl am intensivsten diskutierte Umweltabgabe ist die CO_2-Steuer, die auf CO_2-Emissionen erhoben werden soll. Als Alternative dazu ist auch eine CO_2/Energie-Kombisteuer, mit der Energie- und Kohlenstoffgehalt nicht regenerierbarer Energieträger besteuert werden soll, vorgeschlagen worden. Im Bereich der Luftreinhaltung bestehen darüber hinaus Bundesratsinitiativen einzelner Bundesländer für die Einführung einer SO_2-Abgabe auf SO_2-Emmissionen aus Großfeuerungsanlagen und eines „Waldpfennigs", einer Abgabe auf Schadstoffe aus Kohlekraftwerke. Weitere Regierungsentwürfe liegen vor für die bundesweite Einführung einer Naturschutzabgabe, wie sie in Baden-Württemberg bereits existiert, sowie für eine Abfallabgabe auf die Deponierung bestimmter Abfälle.

Es ist zu hoffen, daß diese Steuern und Abgaben, die wohl nicht mehr abzuwenden sind, so ausgelegt werden, daß sie wirklich zum Schutze der Umwelt beitragen und nicht nur zu einer Verschlechterung des Industriestandortes Bundesrepublik Deutschland führen. Eine für die Unternehmen aufkommensneutrale Form der neuen Umweltsteuern ist dabei für den Umweltschutz wenig nützlich, vielmehr müssen durch eine intelligente Steuergestaltung Anreize für Umweltinvestitionen geschaffen werden, ohne wirtschaftliche Nachteile oder im Idealfall sogar zum Vorteil für umweltfreundliche Unternehmen.

Steuern, die dem Umweltschutz zugute kommen. Steuern und Abgaben, die nicht direkt auf Umwelteinwirkungen erhoben werden, aber zumindest teilweise für den Umweltschutz eingesetzt werden, sind im wesentlichen die Einkommen- und Körperschaftssteuer, die Vermögenssteuer, die Grunderwerbssteuer, die Mineralölsteuer, die Erdgassteuer, die Kraftfahrzeugsteuer und die Umsatzsteuer.

Aus der eingenommenen Einkommen- und Körperschaftssteuer stammen im wesentlichen die Gelder für Umweltschutzinvestitionen und Energiesparmaßnahmen.

Über die steuerliche Begünstigung von Wasserkraftwerken wird darüber hinaus die Einsparung von fossilen Energieträgern angestrebt. Auch über die Vermögenssteuer werden Wasserkraftwerke begünstigt, außerdem die Rückstellungen für Altlastensanierungen. Im Rahmen der Grunderwerbssteuer kann auf Länderebene eine Befreiung bei Erwerbsvorgängen im Interesse des Umwelt- und Naturschutzes gewährt werden.

Die Mineralölsteuer muß ebenfalls als indirekte Umweltsteuer betrachtet werden, da sie nicht auf die aus dem Kraftstoff resultierenden Umweltbelastungen, die von der Art und der Ausstattung des Verbrennungsmotors abhängen, erhoben wird, sondern auf den Kraftstoff selbst. Die Mineralölsteuer soll dazu beitragen, den Individualverkehr einzuschränken und, durch die Staffelung, den Absatz von bleifreiem Benzin zu fördern. Ein geringer Teil der Mineralölsteuer fließt in die Förderung energiesparender Technologien sowie in Versuchsvorhaben zur Weiterentwicklung von Abgaskatalysatoren und Rußfilter für Dieselmotoren.

Die Erdgassteuer ist analog der Mineralölsteuer angelegt, sie zielt sekundär ebenfalls auf die Minderung des Verbrauchs des Energieträgers und somit auch auf eine Reduzierung der CO_2-Bildung.

Die Kraftfahrzeugsteuer orientiert sich am Hubraum der Fahrzeuge und der Kraftstoffart, die sie benötigen, nicht aber an der Umweltbelastung, die vom Fahrzeug ausgeht, sie taugt damit auch nicht als direkte Umweltsteuer. Außerdem werden über die Kraftfahrzeugsteuer Elektrofahrzeuge begünstigt, obwohl deren Umweltverträglichkeit objektiv betrachtet fraglich ist. Allenfalls eine Verlagerung der Umwelteinwirkung hin zum Stromproduzenten kann ihnen bestätigt werden.

Die Einnahmen aus der Umsatzsteuer schließlich kommen auch zum Teil dem Umweltschutz zugute und zwar durch die Förderung des Personennahverkehrs und die Unterstützung von Umweltbildungsinstitutionen sowie gemeinnütziger Umweltorganisationen.

Dieser kurze und bei weitem nicht vollständige Einblick in das System der Umweltsteuern und -abgaben macht deutlich, daß vom Standpunkt des Umweltschutzes aus eine ökologische Steuerreform dringend notwendig ist. Allerdings muß eine solche Steuerreform aufkommensneutral gestaltet werden und wirklich dem Umweltschutz zugute kommen. Alle Reformen, die unter dem Deckmantel Umweltschutz lediglich auf die Konsolidierung des Staatshaushaltes zielen und nur zu weiteren Steuererhöhungen führen, schaden dem Industriestandort Bundesrepublik Deutschland und langfristig auch dem Umweltschutz, denn nur ein Wirtschaftssystem, in dem es noch möglich ist, Gewinne zu machen, kann sich Umweltschutz überhaupt leisten.

2.2.3 Fördermittel[5,6,7]

Durch entsprechende Förderprogramme und verbilligte Kredite hat die öffentliche Hand seit Anfang der 80er Jahre verstärkt versucht, Anreize für die Durchführung von Umweltschutzmaßnahmen auf freiwilliger Basis zu schaffen oder die Erfüllung gesetzlicher Vorgaben unterstützt. Daneben flossen große Summen in Forschung und Entwicklung. Dabei wurden zunächst End-of-pipe-Techniken favorisiert, die vermeintlich schnelle Abhilfe versprachen. Längerfristig hat sich jedoch gezeigt, daß reine End-of-pipe-Maßnahmen häufig nur zu einer Verlagerung des Umweltproblems führten. So entsteht beispielsweise bei der Verbrennung oder der katalytischen Umsetzung von schädlichen Kohlenwasserstoffen CO_2, das zwar nicht mehr toxisch oder kanzerogen ist, dafür aber zum Treibhauseffekt beiträgt. Um eine wirklich durchgreifende Wirkung beim Umweltschutz zu erzielen, ist der einzig gangbare Weg der Ersatz von umweltschädlichen Verfahren durch umweltfreundlichere Produktionsmethoden.

Einem Unternehmen stehen eine Vielzahl von Förderprogrammen im Umweltschutz zur Verfügung, hauptsächlich in Form von Zuschüssen oder zinsverbilligten Darlehen. Fördereinrichtungen werden vom Bund, den Ländern aber auch, in beschränkten Umfang, von Kreisen, Städten und Gemeinden unterhalten.

Größter Fördermittelgeber in der Bundesrepublik Deutschland ist das European Recovery Program (ERP) mit im Jahre 1994 verteilten 4,3 Mrd. DM, davon 2,3 Mrd. DM in den neuen Bundesländern. Vom ERP werden insgesamt 3200 Projekte vorwiegend über zinsverbilligte, langlaufende Kredite unterstützt. Die gewährten Kredite reichen von DM 5.000 bis DM 1.000.000. Weitere große Förderinstitutionen sind die Deutsche Ausgleichsbank (DA), die auch das ERP verwaltet, die Kreditanstalt für Wiederaufbau (KfW) sowie die Bundesstiftung Umwelt. Jede dieser Institutionen verfügt über ein weitgefächertes Angebot an Fördermöglichkeiten. Die einzelnen Förderprogramme sind in der Regel in den Bereichen Abluft, Abwasser, Boden, Lärm oder Abfall zusammengefaßt.

Anlaufstelle für Kredite im Rahmen des ERP oder von der Deutschen Ausgleichsbank bzw. der Kreditanstalt für Wiederaufbau ist in aller Regel die eigene Hausbank. Dort können detaillierte Informationen bezüglich der betreffenden Förderrichtlinien und der Antragsformulare erhalten werden.

Grundsätzlich soll an dieser Stelle aber auch darauf hingewiesen werden, daß auf Fördermittel, bis auf ganz wenige Ausnahmen in den neuen Bundesländern, kein Rechtsanspruch besteht, auch wenn alle Förderkriterien erfüllt sind. Trotz der doch in großem Umfang zur Verfügung stehenden Gelder können aus finanziellen Gründen bei weitem nicht alle beantragten Projekte gefördert werden.

Neben der Förderung auf Bundesebene existiert noch eine große Zahl an regionalen Förderprogrammen. Jedes Bundesland hat hier seine eigenen Förderschwerpunkte gesetzt, die oftmals auch mit der regionalen Lage zusammenhängen. Informationen zu diesen Programmen erhält man am besten bei den jeweiligen Umwelt- bzw. Wirtschaftsministerien, den Landeskreditbanken oder auch den zuständigen Wirtschaftsverbänden wie Industrie- und Handelskammern und Handwerkskammern.

In verschiedenen Bundesländern gibt es auch spezielle Förderprogramme für kleine und mittlere Unternehmen für die Inanspruchnahme externer Umweltberater, um einen besseren Einstieg in einen unternehmensgerechten Umweltschutz zu ermöglichen.

In vielen Fällen ist es auch möglich, KfW- und ERP-Kredite mit Länderprogrammen zu kumulieren.

Neben den angesprochenen Fördermöglichkeiten gibt es noch die Darlehensförderung. Dabei können bis zu 70% der förderfähigen Kosten um bis zu fünf Prozentpunkte verbilligt werden. Außerdem können Investzuschüsse bis zu 30% der förderfähigen Kosten gewährt werden.

Trotz dieser Möglichkeiten tut sich das Produzierende Gewerbe etwas schwer mit der Inanspruchnahme staatlicher Fördermittel. Dies betrifft insbesondere die mittleren und kleinen Unternehmen, denen diese staatlichen Mittel eigentlich zugute kommen sollen. Vordergründig ist der „bürokratische Faktor“ gefürchtet, häufig herrscht aber auch der Gedanke vor, was den Umweltschutz angeht, erst einmal stillzuhalten und abzuwarten, da eben auch geförderte Umweltschutzmaßnahmen Geld kosten. Längerfristig ist dieser Weg falsch. Eines Tages müssen die Umweltschutzauflagen erfüllt werden und es gilt die Regel, je später mit dem Umweltschutz begonnen wird, desto teurer wird dessen Umsetzung.

In vielen Fällen herrscht aber auch einfach Unkenntnis über das Vorhandensein vieler Fördereinrichtungen insbesondere auf Länderebene und auch über das weite Spektrum von Fördermöglichkeiten. Selbst kleinere Umweltmaßnahmen, wie beispielsweise der Einbau eines Filters, wird möglicherweise durch ein regional angelegtes Förderprogramm unterstützt. Bescheid hierüber weiß auch in diesem Fall sicher der zuständige Wirtschaftsverband oder aber der Hersteller des entsprechenden Gerätes.

2.3 Umweltschutz aus der Sicht des Unternehmens

Umweltschutz wird bei vielen Unternehmern, insbesondere mittelständischen, immer noch als unangenehmer Kostenfaktor gesehen. Mehr und mehr setzt sich aber auch die Erkenntnis durch, daß sich Umweltschutz für ein Unternehmen lohnen kann. Bestätigt wird das durch eine jüngst unter Unternehmen durchgeführten Umfrage[8]. Gefragt wurde, welche Unternehmensziele durch Engagement im Umweltschutz gefördert werden. Die Ergebnisse sind in Abbildung 2.4 dargestellt.

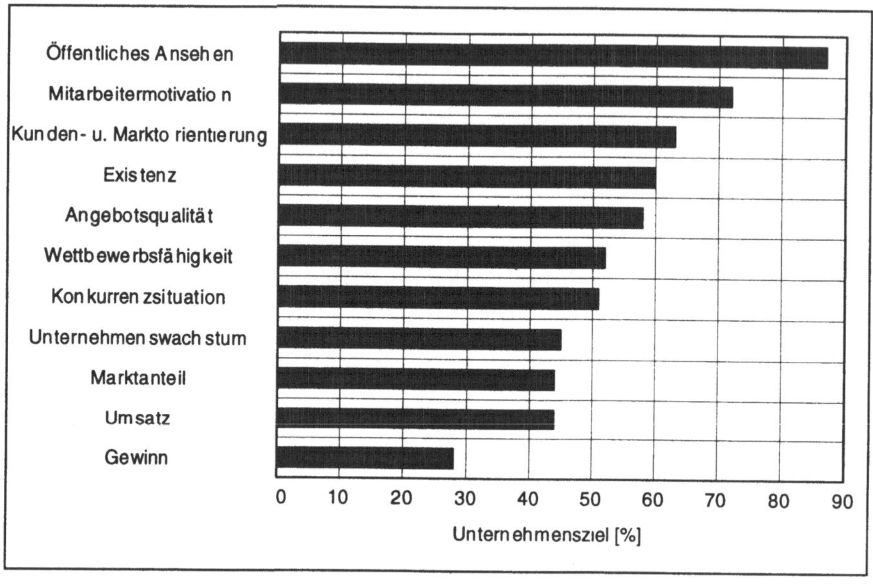

Abb. 2.4. Unternehmensziele und Umweltschutz

Die Aufwertung des Firmenimages und dadurch verbesserte Wettbewerbsfähigkeit stehen im Vordergrund. Der Druck des Verbrauchers spielt dabei häufig eine größere Rolle als die Forderungen der zuständigen Behörden. Während der Staat, der Kreis oder die Gemeinde oftmals unter dem Aspekt der Arbeitsplatzsicherheit oder eventuell ausbleibender Steuereinnahmen zu Kompromissen oder Fristverlängerungen bereit ist, reagiert der Verbraucher oftmals unvermittelt. Ein als Umweltverschmutzer in Verruf geratenes Produkt eines Unternehmen wird einfach nicht mehr gekauft, das Image ist angeschlagen. Das Paradebeispiel unserer Tage hierfür ist der Versuch der Fa. Shell, eine ausgediente Bohrinsel auf hoher See zu versenken. Obwohl offensichtlich alle Vorschriften und Auflagen der Behörden erfüllt worden waren, verhinderte der Protest und der Boykott der Verbraucher das Versenken der Bohrinsel.

Betrachtet man in der Befragung die Punkte Unternehmenswachstum, Marktanteil, Umsatz und Gewinn, so sieht ein nicht unbeträchtlicher Teil der Unternehmer aber auch eine Chance im Umweltschutz. Immerhin über ein Viertel der befragten Unternehmen erhofft sich durch verstärkte Aktivitäten im Umweltschutz einen höheren Gewinn.

Fazit: Hinter vielen Umweltschutzmaßnahmen stehen wirtschaftliche Interessen, Ökologie und Ökonomie müssen sich nicht zwangsläufig widersprechen. Im Gegenteil, intelligenter Umgang mit Umweltschutz führt in vielen Fällen zu Synergieeffekten zwischen ökologischen Notwendigkeiten und ökonomischen Forderungen.

2.4 Staat - Unternehmen - Umweltschutz, ein Fallbeispiel

Ein großes ökologisches Problem stellen die Abfälle dar. Während früher die Abfallkosten keine betriebswirtschaftlich relevante Größe darstellten, hat sich das heute geändert. Deponieraum, insbesondere für Sonderabfälle, wird immer rarer und damit teurer. Verbrennungsanlagen sind unbeliebt und werden kaum noch gebaut, da langwierige Genehmigungsverfahren und Bürgerproteste einen rentablen Betrieb einer solchen Anlage in Frage stellen. Neue Technologien wie Thermoselect schaffen hier möglicherweise Abhilfe, aber sie sind sicher nicht billiger als herkömmliche Verfahren und darüber hinaus längst nicht auf alle Abfallarten anwendbar. Die einzige Möglichkeit, Abfallkosten zu senken ist die Vermeidung von Abfällen oder, wo nicht möglich, das Recycling von Abfällen. Letzteres setzt allerdings voraus, daß bereits bei der Produktion entsprechende Materialien eingesetzt werden.

Ein gutes Beispiel, wie ein zeitgemäßer Umgang mit Abfall aussehen könnte, ist der Elektronikschrott. Bereits frühzeitig war abzusehen, daß Elektronikschrott, insbesondere durch die rasante Entwicklung auf dem PC-Markt, sich zu einer nicht vernachlässigbaren Größe beim Abfall, vor allem auch beim Sonderabfall entwickeln würde. Der Gesetzgeber reagierte schnell und entwarf die sogenannte Elektronikschrottverordnung. Dadurch in Zugzwang geraten, ergriff die Elektronikindustrie Maßnahmen, den Elektronikschrott zu minimieren und damit Kosten zu vermeiden.

Um entsprechende Maßnahmen ergreifen zu können, mußte jedoch zunächst einmal der Elektronikschrott in seiner Gesamtheit erfaßt und die Einzelkomponenten aufgeschlüsselt bilanziert werden. In Tabelle 2.2 ist die Zusammensetzung des jährlichen Elektronikschrotts mit Entsorgungsmöglichkeiten dargestellt.

Die Aufstellung zeigt, daß bereits zum heutigen Zeitpunkt über drei Viertel des Elektronikabfalls vollständig und noch einmal 20% zumindest teilweise wiederverwertbar sind. Lediglich 3,2% müssen noch entsorgt werden, das sind allerdings immer noch 48.000 Tonnen allein in Deutschland.

Anhand einer solchen Abfallbilanz können aber nicht nur die Mengen an nicht recyclebaren Komponenten festgestellt werden, es ist darüber hinaus auch möglich, die abfalltechnisch schwerer handhabbaren Bestandteile elektronischer Geräte zu benennen und nach Ersatzmaterialien zu suchen.

Tabelle 2.2. Bestandteile, Menge und Entsorgung von Elektronikabfällen in der BRD 1994[9,10]

	Tonnen	Anteil an E-Abfall in %	Entsorgung
Eisenschrott	900.000	60	komplett
NE-Metalle	112.500	7,5	recyclebar
Aluminium	61.500	4,1	
Edelmetalle Leiterplatten	49.500	3,3	
wiederverwendbare Teile (Klemmen, Stecker etc.	28.500	1,9	
Bildröhren, Glas	123.000	8,2	teilweise
Kunststoff ohne Flammhemmer	93.000	6,2	recyclebar
Verpackung, Papier	84.000	5,6	
Kunststoffe mit Flammhemmer	34.500	2,3	nicht
Sondermüll	13.500	0,9	recyclebar

Die hier am Elektronikschrott exemplarisch dargestellte Vorgehensweise kann, weiter gefaßt und allgemein formuliert, als ein sicherer Weg zur Erreichung eines optimalen Umweltschutzes in der Zukunft betrachtet werden:

Definition des Problems
↓
Erfassung des Datenmaterials
↓
Bilanzierung
↓
Schwachstellenanalyse
↓
Lösungsvorschläge
↓
Maßnahmen
↓
Optimierung

Diese allgemeine Vorgehensweise ist übertragbar auf einzelne Produkte, auf ganze Verfahren und schließlich auf das gesamte Unternehmen.

3 Modulares Umweltmanagement (MUM) - Einstieg in einen umfassenden betrieblichen Umweltschutz

Unternehmen, die sich der Problematik des Umweltschutzes gestellt haben, stehen nach der grundsätzlichen Entscheidung, sich dieses Problemkreises annehmen zu wollen, vor einer Reihe von Möglichkeiten, konkret den Umweltschutzgedanken im betrieblichen Alltag umzusetzen.

Dabei wird, gerade in Zusammenhang mit der Diskussion um die EG-Öko-Audit-Verordnung, oft zur "Generalmobilmachung" in Sachen Umweltschutz aufgerufen. Betriebe sollen auf einen Schlag in allen Fragen des Umweltschutzes begutachtet, bewertet und technologisch und organisatorisch auf den neuesten umweltschutztechnischen Stand gebracht werden. So reizvoll der Gedanke auf den ersten Blick auch sein mag, sozusagen "mit einem Schlag" reinen Tisch zu machen, so unübersehbar sind bei dieser Vorgehensweise auch die Nachteile.

Gerade für kleinere und mittlere Unternehmen (KMU's) stellen sich, besonders in Bezug auf die Kosten und den zeitlichen Aufwand, eine Reihe von Problemen bei der Umsetzung. So sind beispielsweise immer wieder Akzeptanzprobleme bei den Belegschaften zu beobachten, denen nur schwer zu vermitteln ist, wieso eingespielte und langjährig erprobte Betriebsabläufe nun mit einem Mal anders abzulaufen haben. Gerade diese für einen langfristigen Erfolg unerläßliche Beteiligung der unmittelbar Betroffenen, nämlich der Angestellten und Arbeiter, wird bei diesen Komplettmaßnahmen vielmals nicht nur von der Unternehmensleitung, sondern auch von den oft hinzugezogenen externen Beratern vernachlässigt. Dabei gilt hier noch mehr wie in anderen Bereichen:

Umweltschutz muß gelebt werden !

Es ist ein oft beobachtetes Vorgehen, daß gerade externe Berater unter Vernachlässigung der vorhandenen Betriebsstrukturen ihre "erprobten" Schemata und ihre eingespielten Systematiken anwenden und dann den Betrieb mehr oder minder ratlos mit einer Fülle von Unterlagen zurücklassen. Dies führt nicht selten dazu, daß die mit großem Aufwand und Kosten erstellten Umweltschutzhandbücher, Maßnahmenkataloge oder wie auch immer diese Unterlagen genannt werden, stillschweigend in der Schublade verschwinden. Was mit viel Engagement und Begeisterung begonnen wurde, endet häufig mit großer Ernüchterung und Enttäuschung. Wertvolle Ideen und Anregungen bleiben so ungenutzt.

Die Alternative hierzu ist die leider zu oft praktizierte "Vogel-Strauß-Politik" der Unternehmen, die darauf hinausläuft, nur das Allernotwendigste zu tun, um den gesetzlichen Anforderungen zu genügen. Das Unternehmen agiert nicht mehr aktiv, sondern reagiert nur noch auf die sich verändernden gesetzlichen Rahmenbedingungen. Zwangsläufig kommt es so zu betrieblichen Fehlentwicklungen sowohl in Hinsicht der Produkt- als auch der Produktionsentwicklung, da der gesetzliche, gesellschaftliche und technische Fortschritt in allen Fragen des Umweltschutzes nicht die laufende Beachtung erfährt, die diesem Thema angemessen ist. Beispiele für Betriebe, die auf diese Weise eklatante wirtschaftliche Einbußen hinnehmen mußten, weil sie z.B. bei der Produktentwicklung nicht genügend Aufmerksamkeit auf den Produktrecycling-Gedanken verwendet haben, finden sich zur Genüge.

Um an dieser Stelle Mißverständnissen vorzubeugen, sei mit aller Deutlichkeit folgendes gesagt: Die EG-Öko-Audit-Verordnung, mehr aber noch der Gedanke, der hinter ihr steht, ist nicht zu verwerfen oder schlecht zu heißen. Ganz im Gegenteil, der Anspruch und die Absicht, den Umweltschutz mit zu einer tragenden Säule des unternehmerischen Denkens zu machen und zu verankern, ist vollkommen richtig. Die grundsätzliche Überzeugung, daß ohne das Gut Umwelt in seiner ursprünglichen Bedeutung zu erfassen, unternehmerisches Handeln in dieser Gesellschaft keine dauerhaft tragfähige Basis haben kann, wird sich in Zukunft mit Sicherheit durchsetzen.

Gerade im Rahmen der EG-Verordnung wird jedoch von manchen Seiten nur davon gesprochen, wie man am schnellsten und billigsten zur Zertifizierung gelangt, ohne das eigentliche Wie und Warum zu hinterfragen. Wir möchten an dieser Stelle zeigen, daß, ohne den Umweltschutz zum Selbstzweck werden zu lassen, bereits der Weg zu dieser Zertifizierung viele wertvolle Anregungen und Hilfen geben kann, Umweltschutz im Unternehmen ernst zu nehmen und gleichzeitig effizient im betriebswirtschaftlichen Sinne zu arbeiten.

Wieso also nicht bereits den Weg als Chance begreifen, um etwas Schritt für Schritt aufzubauen, das sich dann ganz von alleine zu dem zusammenfügt, was im Rahmen einer Zertifizierung gefordert wird ?

Diejenigen Unternehmen, die die Zertifizierung jetzt mit Minimalaufwand als Selbstzweck ohne Inhalt betreiben, werden, wie Beispiele aus der Qualitätssicherung beweisen, mittel- und langfristig nicht nur den schlechteren Weg gewählt haben, sondern auch ohne wirkliche Resultate dastehen.

Es besteht also der Bedarf an einem geeigneten Instrumentarium, das es erlaubt, den betrieblichen Umweltschutz in übersichtlichen, logisch gegliederten Abschnitten anzugehen, ohne dabei den Überblick über das ganze zu verlieren und auch langfristig die Anforderungen, wie sie beispielsweise die Zertifizierung nach der EG-Öko-Audit-Verordnung stellt, zu erfüllen.

Das **Modulare Umweltmanagement (MUM)** erlaubt es jedem Betrieb, eine individuell auf seinen Betrieb zugeschnittene Marschroute in Sachen Umwelt zu finden und diese in der Art und Weise zu beschreiten, wie es die jeweiligen Verhältnisse am besten zulassen. Dabei ermöglichen die logisch in sich abgeschlossenen Bausteine eine kontinuierliche Erfolgskontrolle und tragen so durch frühzeitig sichtbare Ergebnisse zur Steigerung der Akzeptanz bei der Belegschaft und der Unternehmensleitung bei. Umweltschutz kann sich so im Unternehmen zu dem dynamischen, kontinuierlichen Prozeß entwickeln, der allein auf lange Sicht hinaus die ökologische und damit auch ökonomische Zukunft des Unternehmens sichert.

Das **kostenorientierte MUM** und das **betriebsablauf-orientierte MUM** sind zwei Wege, den modularen Umweltschutz im Unternehmen einzuführen. Beide Wege eignen sich gleichermaßen und sind lediglich in ihrer Grundintention verschieden angelegt. Gemein ist beiden Vorgehensweisen weiterhin, daß der Betrieb mit relativ geringem Aufwand in die Lage versetzt wird, die Basisarbeit zum großen Teil in Eigenregie zu erledigen und externe Berater erst dann hinzuzuziehen, wenn diese ihr Fachwissen zielgerichtet und effektiv einsetzen können.

Beim kostenorientierte MUM wird der Umweltschutz als eigenständiger Teil des Unternehmens unter betriebswirtschaftlichen Aspekten betrachtet. Ziel des kostenorientierten MUM ist eine betriebswirtschaftliche Optimierung und somit Senkung der umweltbezogenen Unternehmenskosten bei gleichzeitiger Bestandsaufnahme, Organisation und Aufbau umweltbezogener Betriebsstrukturen.

Am Beginn steht die Auswahl der umweltrelevanten Unternehmensteile. Dabei wird eine räumliche, nicht organisatorische Abgrenzung der entsprechenden Bereiche vorgenommen und diese nach einem spezifischen Schema dokumentiert.

Im Rahmen der Analyse der umweltrelevanten Verfahrens- und Betriebsabschnitte wird der gesamte umweltrelevante Betriebsablauf in seine Einzelkomponenten zerlegt. Die Tiefe dieser Gliederung ist individuell in jedem Betrieb festzulegen. Die Aufgliederung selbst orientiert sich am zweckmäßigsten an den im Betrieb eingesetzten oder hergestellten beziehungsweise entstehenden umweltgefährdenden Stoffen. Alle Betriebsteile oder -abläufe, in denen diese Stoffe verarbeitet oder produziert werden, müssen als potentiell umweltgefährdend eingestuft werden. Dabei ist nicht nur vom bestimmungsgemäßen Gebrauch der Stoffe auszugehen, auch mögliche Störfälle sind in die Betrachtungen mit einzubeziehen. Nachdem alle umweltrelevanten Verfahrens- und Betriebsabschnitte erfaßt und dargestellt sind, kann das Personal miteinbezogen werden. Es ist ratsam, für jede umweltrelevante Tätigkeit mindestens eine Person zu benennen, die mit dieser Tätigkeit beauftragt ist und dies zu dokumentieren.

Nachdem die umweltgefährdenden Betriebsbereiche definiert sind, bietet es sich an, sie zunächst einmal auf ihre Gesetzeskonformität hin zu überprüfen. Das gestaltet sich in der Praxis mitunter recht kompliziert, da für jedes betroffene Unternehmen meist eine Vielzahl von Gesetzen und Verordnungen auf Bundes-, Landes- und kommunaler Ebene zur Anwendung kommt. Eine, in den meisten Fällen nicht sehr beliebte, intensive Beschäftigung mit der aktuellen Gesetzeslage und geplanten Neuerungen ist aber wegen beabsichtigter Investitionen und Modernisierungen oder aus Haftungsgründen dringend angeraten.

Parallel zur Betrachtung der Betriebsteile findet im Rahmen des kostenorientierten MUM die Erhebung und Zuordnung der umweltrelevanten Kosten statt. Dazu ist es notwendig, die Dokumentation der umweltrelevanten Betriebsteile so zu gestalten, daß eine Kostenzuordnung ohne größeren Aufwand möglich ist.

Die Erhebung der umweltrelevanten Kosten dient dazu, die Kostenart, die oft bei anderen Betriebskosten versteckt wird, transparent zu machen. Nur Kostentransparenz läßt Einsparpotentiale erkennen, eine gezielte Investitionspolitik zu und geht in die Produktpolitik ein. Bei der Erfassung der Umweltkosten werden diese zweckmäßigerweise in zwei Sparten unterteilt, zum einen in die „allgemeinen umweltrelevanten Tätigkeiten“ und zum anderen in die „Umwelttätigkeiten“. Damit können auch reine Umwelt-Dienstleistungen kostenmäßig erfaßt und den entsprechenden Betriebsabschnitten zugeteilt werden.

Für die Zuordnung der umweltrelevanten Kosten gibt es im wesentlichen zwei Möglichkeiten. Zum einen die Schaffung einer kompatiblen Gliederung der Umwelttätigkeiten und der Umweltkosten-Arten, zum anderen die Erhebung der umweltrelevanten Kosten zu jeder umweltrelevanten Tätigkeit.

Die Zuordnung der Kosten zu den jeweiligen umweltrelevanten Tätigkeiten führt zu einer detaillierten Beschreibung der Umweltkostensituation des gesamten Unternehmens. Damit sind die Grundlagen geschaffen, um den Handlungsbedarf im Unternehmen zu erkennen und Handlungsschwerpunkte festzulegen. Da meist mehrere Handlungsschwerpunkte existieren, wird eine Prioritätenliste aufgestellt, in der auch die Kostensituation berücksichtigt wird. Die Aufstellung der Prioritätenliste kann unter zwei unterschiedlichen Gesichtspunkten erfolgen, dem „prozeßintegrierten Umweltschutz" und den „end-of-pipe-Umweltschutz“. Welcher Aspekt für einen Betrieb geeigneter ist, muß vor Ort entschieden werden, unter Berücksichtigung aller Einflußfaktoren.

Sind alle Projekte zur Verbesserung des Umweltschutzes im Unternehmen festgelegt, wird eine Präferenzliste erstellt, in der die kurz-, mittel- und langfristige Umsetzungsplanung festgeschrieben wird, wobei insbesondere bei der langfristigen Planung eine regelmäßige Aktualisierung durchgeführt werden muß.

Das betriebsablauf-orientierte MUM verzichtet auf die beim kostenorientierten MUM zu Beginn durchgeführte Gesamtbestandsaufnahme. Der Betrieb wird quasi Schritt für Schritt von außen nach innen untersucht und bei jeder abgeschlossenen Untersuchungseinheit werden umgehend die notwendigen Maßnahmen getroffen. Der Betriebsablauf soll dabei zu Beginn so weit wie möglich unbeeinflußt bleiben, die Intensität der Maßnahmen sollen erst mit fortschreitender Durchführung des betriebsablauf-orientierten MUM gesteigert werden. Besonders geeignet ist diese Methode für Unternehmen, die sich aus welchen Gründen auch immer, nur langsam einem umfassenden Umweltschutz nähern wollen oder können und bei jeder Maßnahme ein sofort sichtbares Ergebnis wünschen. Das betriebsablauf-orientierte MUM ist in vier Phasen aufgeteilt. Begonnen wird mit der Phase 0, einer Bestandsaufnahme und Analyse des Istzustandes. Für dabei festgestellte Problemfelder werden dann in Phase 1 direkt umsetzbare Lösungsansätze unter Beibehaltung der Produktionsintegrität erarbeitet. Darauf aufbauend können in einer Phase 2, bei Aufgabe der Produktionsintegrität aber unter Beibehaltung der Produktintegrität, diese Ansätze um weitere Lösungsmöglichkeiten ergänzt werden. Für noch weitergehende Maßnahmen ist dann in Phase 3 auch die Aufgabe der Produktintegrität notwendig.

Innerhalb der einzelnen Phasen werden Kriterien für die Bewertung benötigt. In der Praxis haben sich hierfür die vier sogenannten Hauptthemenfelder Abfall, Abwasser, Abluft und Energie als geeignet erwiesen. In einigen Fällen müssen darüber hinaus auch noch Faktoren wie Lärmemission, Störfallträchtigkeit etc. mit einbezogen werden. Werden die Hauptthemenfelder in Bezug zu den vier Untersuchungsphasen des betriebsablauf-orientierten MUM gesetzt, so ergibt sich von Phase zu Phase eine zunehmende Komplexität der Untersuchung, eine zunehmende Vernetzung der Themenfelder sowie ein zunehmender Abstimmungsbedarf mit anderen Unternehmensbereichen.

Die Bestandsaufnahme erfolgt zunächst getrennt nach den vier Hauptthemenfeldern. Am einfachsten läßt sich Abfall erfassen und den einzelnen Abfallarten zuordnen. Beim Abfall liegt auch ein hohes Einsparpotential. Im Rahmen des betriebsablauf-orientierten MUM wird nun wie folgt vorgegangen: Nach Erfassung und Zuordnung zu den einzelnen Abfallarten in Phase 0, wird in Phase 1 versucht, den anfallenden Abfall ökologischer und ökonomischer zu entsorgen. In Phase 2 wird dann der Produktionsprozeß im Hinblick auf Abfalleinsparpotentiale hin untersucht, wobei es häufig nicht ausbleiben kann, den Produktionsprozeß unter dem Aspekt der Abfallvermeidung zu modifizieren. In Phase 3 schließlich wird das Produkt selbst in Bezug auf den von ihm erzeugten Abfall hin untersucht. In diese Betrachtung fließt nicht nur die Produktionsphase des Produktes ein, sondern auch die für die Produktion notwendigen Rohstoffe, der Gebrauch des Produktes sowie seine Entsorgung. In Extremfällen kann das Ergebnis dieser Untersuchungen sein, ein Produkt völlig vom Markt zu nehmen, da es mittel- oder längerfristig wegen seiner ökologischen Eigenschaften nicht mehr sinnvoll am Markt plazierbar ist. In den verbleibenden drei Hauptthemenfeldern wird analog der eben beschriebenen Vorgehensweise verfahren.

Mit zunehmender Tiefe findet beim betriebsablauf-orientierten MUM eine immer weiterreichende Vernetzung der vier Hauptthemenfelder statt. Auf diese Weise wird wie beim kostenorientierten MUM ein umfassendes Umweltmanagement-System aufgebaut.

Fester Bestandteil eines jeden Umweltmanagementsystems ist ein effektives **Umwelt-Controlling**. Aufgabe des Umwelt-Controllings ist, ausgehend von der Betrachtung von Umweltaus- und -einwirkungen, die Lösung von Planungs-, Lenkungs-, und Kontrollaufgaben im Unternehmen wirkungsvoll zu unterstützen.

Eine Vielzahl von Informationen, die für das Umwelt-Controlling benötigt werden, sind in der betrieblichen Kostenrechnung bereits vorhanden, weshalb es sinnvoll ist, das Umwelt-Controlling im Unternehmen hier auch organisatorisch anzusiedeln.

Wie bereits in der betriebswirtschaftlichen Beurteilung eines Unternehmens üblich, werden in Zukunft auch bei der ökologischen Bewertung vermehrt Kennzahlen zum Einsatz kommen. Die Umweltleistungen bzw. die Umwelteinwirkungen lassen sich im wesentlichen durch physikalische und monetäre Größen beschreiben. Es ist deshalb naheliegend, für beide Bereiche entsprechende Kennzahlen zu definieren.

Anhand der physikalischen Kennzahlen kann die Unternehmensentwicklung im Umweltschutz schnell und einfach dargestellt werden. Darüber hinaus ist aber auch der Vergleich mit Konkurrenzbetrieben innerhalb der Branche und somit eine Bewertung der eigenen Umweltleistung möglich. Zur Beschreibung der Umweltkostensituation werden in Form von monetären Kennzahlen die Umweltkosten in Bezug zu den anderen betriebswirtschaftlich relevanten Größen gesetzt. Zur Vervollständigung und richtigen Erfassung aller für die Kennzahlen benötigter Daten ist das kostenorientierte MUM ein geeignetes Verfahren. Die dort erhobenen Daten müssen lediglich noch in eine geeignete Form gebracht werden, was ohne großen Aufwand möglich ist. Am Ende dieser Arbeiten steht dann das für das Umweltmanagement benötigte Umwelt-Controlling.

Das kostenorientierte und das betriebsablauf-orientierte MUM sind geeignete Methoden, Umweltschutz unter Berücksichtigung ökonomischer Faktoren schrittweise in Form eines Umweltmanagement-Systems in ein Unternehmen zu integrieren. Neben dem bereits beschriebenen Umwelt-Controlling ist auch die

Umweltorganisation, d.h. die personelle Struktur, ein wesentlicher Bestandteil eines Umweltmanagement-Systems. Nach erfolgter technischer Bestandsaufnahme und entsprechender Dokumentation findet eine Stellenzuordnung zu den umweltrelevanten Tätigkeiten bei gleichzeitigem Aufbau einer durchgehenden Personalstruktur statt. Die Stellenzuordnung dient dazu, für alle umweltrelevanten Tätigkeiten eine dafür zuständige Arbeitskraft zu benennen und so Zuständigkeiten festzulegen. Zweckmäßigerweise wird für jede umweltrelevante Tätigkeit eine Arbeitsanweisung mit allen relevanten Informationen von der Art der Tätigkeit bis hin zum Verhalten bei nicht bestimmungsgemäßem Betrieb abgefaßt. Im Rahmen der Schaffung einer durchgehenden Personalstruktur werden Kompetenzen und Weisungsbefugnisse durch alle hierarchischen Ebenen festgelegt.

Eine nicht zu vernachlässigende Größe, die das Funktionieren eines Umweltmanagments erst richtig möglich macht, ist der Informationsaustausch zwischen den mit Umweltaufgaben betrauten Personen, insbesondere auch abteilungs- und fachübergreifend sowie die Informationsbeschaffung von außen. Dazu werden zweckmäßigerweise zum einen Informationsplattformen geschaffen, auf denen sich die verschiedenen Betriebsebenen austauschen können sowie zum anderen Informationsplattformen, auf denen die Betriebsebene mit externen Ebenen zusammentreffen kann.

Für die Problembewältigung innerhalb des Unternehmens ist es zweckmäßig, ein entsprechendes Forum, einen sogenannten Problem-Pool zu installieren. In den Problem-Pool fließen zunächst einmal alle für eine Problemlösung verfügbaren Informationen aus den unterschiedlichsten internen und externen Quellen ein. Bestehende Problemstellungen werden in Form einer kurzen Beschreibung, die die wichtigsten Informationen enthält, in den Pool eingebracht. Zu einer optimalen Bearbeitung des Problem-Pools ist es sinnvoll, ein möglichst heterogen zusammengesetztes, in regelmäßigen Abständen tagendes Gremium zu schaffen. Der einberufene Personenkreis sowie die Tagungsabstände müssen dabei auf die individuellen Gegebenheiten eines jeden Unternehmens abgestimmt werden. Ziel des Problem-Pools ist es, Spezialisten aller Sparten an einen Tisch zu bekommen, um so Doppelarbeiten zu vermeiden.

Das alles erfordert entsprechend qualifiziertes und motiviertes **Personal**. Letzten Endes funktioniert ein Umweltmanagement-System nur, wenn sich alle Mitarbeiter aktiv daran beteiligen. Um das zu erreichen, ist es häufig notwendig, die Mitarbeiter zu motivieren. Das beginnt mit der Information der Mitarbeiter über Umweltthemen und endet idealerweise mit einer regelmäßigen Umweltbildung des Personals. Dafür stehen zahlreiche Instrumentarien wie Workshops, Projektarbeiten, Lehrgänge etc. zur Verfügung. Ebenfalls zur Motivation geeignet ist die Einführung eines Prämiensystems für Verbesserungen im betrieblichen Umweltschutz sowie die Förderung privater Maßnahmen der Mitarbeiter im Umweltschutz.

Die eigentliche Umweltarbeit im Unternehmen wird vom „Umweltpersonal“ geleistet. Dazu gehören zunächst einmal die vom Gesetzgeber unter bestimmten Voraussetzungen vorgeschriebenen Beauftragten für Immissionsschutz, Gewässerschutz, Abfall und/oder Störfälle. Für ein Unternehmen, das ein Umweltmanagement-System betreibt, ist es darüber hinaus notwendig, eine Stelle des Umweltschutzbeauftragten oder Umweltmanagers zu schaffen, ausgestattet mit den entsprechenden Kompetenzen und Handlungsbefugnissen auf Geschäftsführungsebene.

Während die Aufgaben der vom Gesetzgeber vorgeschriebenen Beauftragten im Gesetzestext klar definiert sind, gibt es für Umweltmanager und Umweltbeauftragte kein klar definiertes Aufgabengebiet. In einem großen Unternehmen mit einer Vielzahl von umweltrelevanten Betriebsteilen ist es empfehlenswert, einen Umweltmanager als Mitglied der Geschäftsleitung zu berufen. Damit ist es möglich, bei allen Entscheidungen eine unter ökologischen und ökonomischen Gesichtspunkten optimale Lösung zu finden. Wegen der Komplexität und dem Umfang des Tätigkeitsfeldes des Umweltmanagers ist es außerdem zweckmäßig, dem Umweltmanager einen Umweltbeauftragten beizuordnen, der zuarbeitet und als Bindeglied zum betrieblichen Umweltpersonal dient.

In kleinen und mittleren Unternehmen ist eine so umfassende personelle Umweltorganisation aus ökonomischen Gründen natürlich nicht realisierbar. Hier werden in der Regel alle verantwortlichen Umweltpositionen vom Geschäftsführer und Betriebsleiter in Personalunion begleitet, was in einzelnen Unternehmen zu erheblichen Mehrbelastungen dieser Positionen führt und das Praktizieren eines wirklich effektiven Umweltschutz oft nicht zuläßt.

Ein Umweltmanagement-System bringt dem Unternehmen auch Vorteile, was die **Umweltschadenhaftung** angeht. Wegen der stark gestiegenen Kosten bei der Beseitigung von Umweltschäden und nach Inkrafttreten des neuen und umfassenden Umwelthaftpflichtgesetzes sahen sich die Haftpflichtversicherer gezwungen, ein neues Umwelthaftpflichtversicherungsmodell zu entwickeln. Dieses aus sieben Bausteinen bestehende Haftpflichtmodell hat den Vorteil, im Rahmen einer Umweltpolice unterschiedliche Umwelt-Haftpflichtrisiken zu versichern. Allerdings nahmen die Versicherer die Gelegenheit wahr, um den gewährten Versicherungsschutz mit zahlreichen, vom Unternehmen zu erfüllenden Auflagen zu verknüpfen.

Viele der Bedingungen für den Abschluß einer Umwelt-Haftpflichtversicherung, die von den Versicherungen verlangt werden, sind bereits Bestandteil eines Umweltmanagement-Systems. Dazu gehört die Einhaltung geltender Gesetze, Verordnungen, Auflagen und Erlasse, die Ergreifung von Maßnahmen zur Vermeidung von Umweltschäden, die Einhaltung des Standes der Technik, die Bereitstellung ständig aktualisierter Daten sowie ein in Bezug auf Umweltschutz geschultes und motiviertes Personal.

Ein konsequent eingesetztes Umweltmanagement versetzt das Unternehmen vor allem bei der Aushandlung von Versicherungsprämien in eine gute Position. Darüber hinaus aber werden bereits frühzeitig stör- und unfallträchtige und somit in der Versicherung teure Anlagen ausgemacht und können modifiziert oder ersetzt werden. Bei besonders stör- und unfallträchtigen Anlagen kann eine Versicherung den Versicherungsschutz verweigern, wenn nicht entsprechende, meist sehr teure Auflagen erfüllt werden. Im Extremfall kann es bei nach dem Gesetz versicherungspflichtigen Anlagen zu Stillegungen kommen.

Durch ein verändertes Umweltbewußtsein beim Verbraucher spielt das **Umweltmarketing** eine immer größere Rolle. Insbesondere Unternehmen, die ihre Produkte direkt am Markt plazieren, machen vom Werbeargument Umweltschutz gerne Gebrauch. Bisher erfolgte das in erster Linie durch Kennzeichnung der einzelnen Produkte mit Ökolabeln, wie beispielsweise dem "blauen Engel". Durch die Einführung von Umweltmanagement-Systemen und dem Öko-Audit verändert sich jedoch die Werbestrategie zunehmend. Ein mit einem Umweltmanagement-System bzw. einem Öko-Audit ausgestattetes Unternehmen kann nicht nur umweltfreundliche Produkte vorweisen, sondern einen in der Gesamtheit umweltfreundlichen Betrieb. Ein positives Umweltimage ist natürlich ein noch stärkeres Werbeargument beim kritischen Verbraucher, der ohnehin in der Mehrzahl der Meinung ist, die Unternehmen müßten mehr für den Umweltschutz tun.

Im Gegensatz zu anderen Marketingstrategien unterliegt das Umweltmarketing allerdings betriebsinternen und externen Besonderheiten. Entschließt sich ein Unternehmen für eine Umweltmarketingstrategie, so ist das gesamte Unternehmen davon betroffen. Schon ein einziger umweltschädigender Bereich kann die Glaubwürdigkeit des Unternehmens zunichte machen und die Marketingstrategie ins Leere laufen lassen. Wirbt ein Unternehmen mit dem Umweltargument, so muß bei vielen Produkten erst einmal der Bezug des Produktes zur Umwelt beim Verbraucher hergestellt werden. Umweltschutz birgt das Problem, daß er nicht direkt erlebbar ist, wie beispielsweise der schöne Anblick oder die einfache Bedienbarkeit eines Produktes. Eine wesentliche Aufgabe des Umweltmarketings liegt somit auch in der Sensibilisierung des Konsumenten und der Herstellung des Bezugs zwischen Kaufverhalten und Umweltschutz.

Kein Unternehmen kann einer konstruktiven Auseinandersetzung mit dem Thema Umweltschutz mehr aus dem Wege gehen. Verbraucher wie Gesetzgeber werden in Zukunft den Unternehmen auf diesem Gebiet noch mehr abverlangen. Das Argument, Umweltschutz koste nur Geld, hat seine Berechtigung verloren. Umweltmanagement-Systeme eröffnen Wege zu ökonomisch attraktivem Umweltschutz, das Modulare Umweltmanagement zeigt Möglichkeiten für einen unternehmensorientierten Einstieg in dieses Feld auf. Konsequent praktizierter Umweltschutz auf allen Ebenen bringt dem Unternehmen mittel- und längerfristig ein positives Image, Rechtssicherheit, Betriebssicherheit, motiviertes Personal und vor allem Marktvorteile und damit Zukunftssicherheit.

4 Kostenorientiertes MUM

Kostenorientiertes Umweltmanagement wendet die betriebswirtschaftlichen Kriterien zur Kostensenkung im Unternehmen konsequent auf den Umweltschutz an. Analog zur Kostensenkung, beispielsweise bei der Produktion, werden die Kostenverursacher ermittelt, Einsparpotentiale untersucht und bei positiver Prüfung entsprechende Maßnahmen durchgeführt.

Umweltschutz wird hier nicht als vom Unternehmen zusätzlich zu tragende Last verstanden, sondern genau wie alle anderen Bereiche eines Unternehmens als optimierungsfähige Einheit begriffen. Dabei gilt es, zwischen der erbrachten Dienstleistung für die anderen Betriebsbereiche (=Erfüllung der gesetzlichen Auflagen, positives Unternehmensimage) und den dadurch verursachten Kosten (=Entsorgungskosten, Energiekosten, Investkosten für Reinigungsanlagen etc.) das betriebswirtschaftliche Optimum zu finden. Unter Berücksichtigung der umweltspezifischen Vorgaben lassen sich so zwei Effekte gleichzeitig erreichen:

- betriebswirtschaftliche Optimierung und Senkung der umweltbezogenen Unternehmenskosten
- gleichzeitige Bestandsaufnahme, Organisation und Aufbau umweltbezogener Betriebsstrukturen

Die Vorgehensweise beim kostenorientierten MUM läßt sich in drei Abschnitte unterteilen:

- Auswahl und Eingrenzung der umweltrelevanten Unternehmensbereiche
- Erhebung und Zuordnung der umweltrelevanten Kosten
- Analyse und Verifizierung der Ansatzpunkte zum Erkennen realistischer Handlungsschwerpunkte

Der Aufbau erfolgt, wie auch aus Abb. 4.1 ersichtlich ist, in zwei Abschnitten, der Auswahl und Analyse der umweltrelevanten Betriebs-/Verfahrensabschnitte auf der einen Seite sowie der Ermittlung und Zuordnung der umweltbezogenen Kosten auf der anderen Seite. Aus der Zusammenführung und Bewertung der Ergebnisse ergibt sich dann zwangsläufig die Prioritätenliste der in Angriff zu nehmenden Maßnahmen.

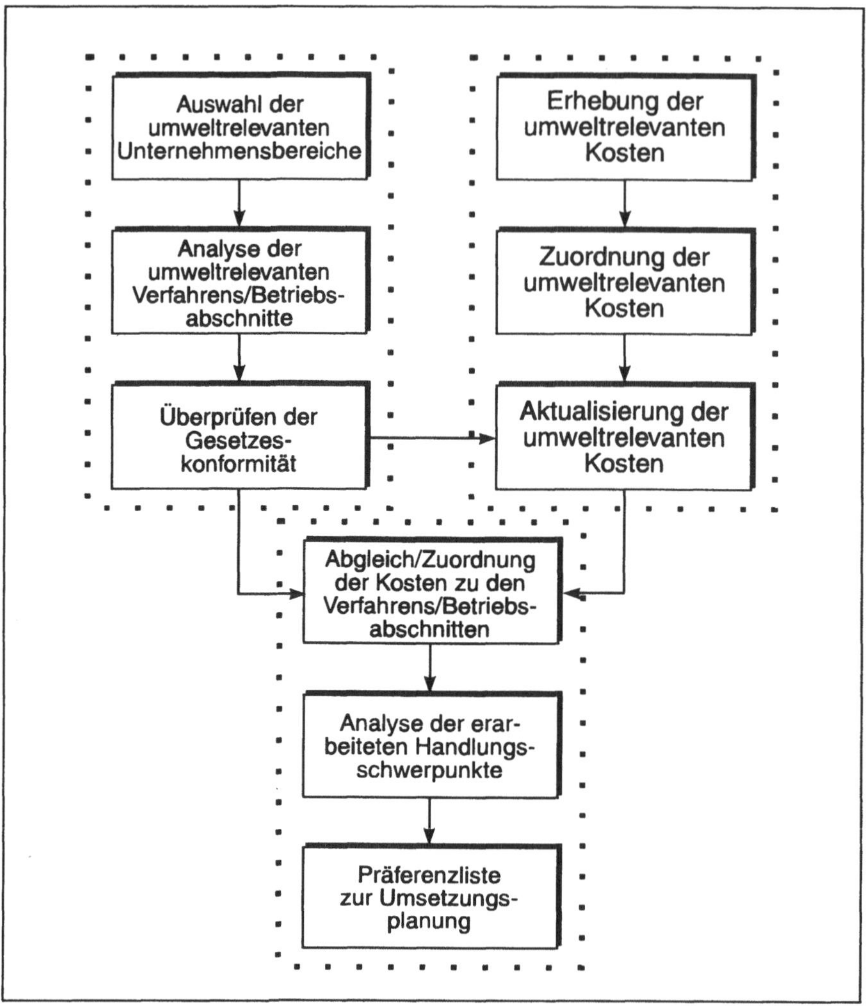

Abb. 4.1. Grundschema zum kostenorientierten Umweltmanagement

4.1 Auswahl und Eingrenzung der umweltrelevanten Unternehmensbereiche

4.1.1 Auswahl der umweltrelevanten Unternehmensbereiche

Die erste Aufgabe, die sich stellt, besteht darin, diejenigen Unternehmens-/ Betriebsbereiche mit Umweltrelevanz von denjenigen ohne Umweltrelevanz zu trennen. Die Unterscheidung ist hierbei nicht nach organisatorischen Unternehmensbereichen wie Produktion, Vertrieb, Marketing, Verwaltung etc. vorzunehmen, sondern bezieht sich primär auf die **räumliche** Abgrenzung der genannten Bereiche. Für die spätere organisatorische Durchgestaltung des Umweltmanagements ist es ratsam, die vorgenommene Unterscheidung in geeigneter Weise zu dokumentieren und zu begründen (z.B. in Form von Tabelle 4.1).

Die Tiefe der Gliederung sowie Fragen der Trennung bzw. Zusammenlegung von Betriebsteilen müssen natürlich in Abhängigkeit von der Größe des Betriebes, den speziellen Gegebenheiten, der Branche sowie dem produzierten Produktspektrum entschieden werden und ergeben sich im Regelfall von ganz alleine.

Es ist zu diesem Zeitpunkt eher davon abzuraten, eine über das Qualitative hinausgehende Bewertung der umweltrelevanten Unternehmens-/Betriebsteile vorzunehmen, da eine Quantifizierung zu einem Mehraufwand führt, der an dieser Stelle nicht notwendig und adäquat erscheint.

Tabelle 4.1. Dokumentation - Übersicht zu den umweltrelevanten Unternehmens-/Betriebsbereichen

Unternehmens-/Betriebsbereich	**Art der Umweltrelevanz**								
	Abwasser Relevanz			Abluft Relevanz			Abfall Relevanz		
	hoch	mittel	niedrig	hoch	mittel	niedrig	hoch	mittel	niedrig
1. Verwaltung									
2. Produktion									
2.1 Prod. Vorprodukt 1									
2.2 Prod. Vorprodukt 2									
2.3 Montage Produkt 1									
2.4 Veredelung Produkt 1									
2.5 Transport Produkt 1									
2.6 Umfüllen Produkt 1									
3. Lager									
3.1 Eingangslager Rohstoffe									
3.2 Lager Zwischenprodukte									
3.3 Ausgangslager Prod.1									
3.4 Lager Betriebsstoffe									
3.5 Betriebstankstelle									
4. Sonstiges									
4.1 Werkstätten									
4.2 Zentrale Abwasserbehandlung									
etc.									

Für diejenigen Betriebsteile jedoch, die bereits jetzt von einer weiteren Betrachtung ausgeschlossen werden, ist es empfehlenswert, dies in Form eines Protokolls zu dokumentieren und zu begründen. Inhaltlich sollte dieses Protokoll mindestens folgende Punkte umfassen:

- Bezeichnung des Unternehmens-/Betriebsteils
- Lage
- Beschreibung der vorhandenen Aktivitäten
- Begründung des Ausschlusses
- Name/Funktion/Unterschrift des für den Betriebsteil Verantwortlichen
- Name/Funktion/Unterschrift des Umweltverantwortlichen
- Benachrichtigungshinweis bei Veränderungen

Grundsätzlich ist in der Praxis ein zweistufiges Vorgehen zu empfehlen.

1.Stufe: Räumliches Abtrennen der Gebäude-/Unternehmensseinheiten ohne Umweltgefährdungspotential

Am Anfang ist es im Sinne einer übersichtlichen Gliederung angeraten, Gebäude-/ Unternehmenseinheiten, die offensichtlich über kein Umweltgefährdungspotential verfügen, räumlich abzutrennen und von der weiteren Betrachtung auszunehmen. Hierzu zählen meist reine Verwaltungsgebäude ohne Labors oder ähnliches, Rohstofflager mit unbedenklichen Stoffen sowie Produktionseinheiten, in denen umweltrelevante Stoffe weder verwandt noch erzeugt werden bzw. auf sonstige Weise (Störfälle) entstehen können.

Wichtig ist es an dieser Stelle, nicht nur die primäre, sondern auch die sekundäre Umweltgefährdung in die Betrachtung mit einzubeziehen. Auf den ersten Blick unbedenkliche Betriebskomponenten wie Endlager können im Brandfall beispielsweise durch Verbrennung der Kunststoffverpackungen eine Quelle schädigender Emissionen darstellen, oder es können durch chemische Reaktionen beim Vermischen von einzeln unbedenklichen Chemikalien (z.B. beim Auslaufen) toxische Stoffe entstehen. Zur realistischen Einstufung solcher sekundären Umweltgefährdungen können im Einzelfall Schemata aus der Sicherheitsanalyse hilfreich sein (PAAG-Verfahren[11]).

Primäre Umweltgefährdung = Stoffe bzw. Verfahren, die im bestimmungsgemäßem Betrieb Stoffe mit unmittelbarer Umweltrelevanz erzeugen

Sekundäre Umweltgefährdung = Stoffe bzw. Verfahren, die Stoffe erzeugen die im nicht bestimmungsgemäßen Betrieb eine Umweltrelevanz haben

2.Stufe: Ausgliederung der Betriebseinheiten ohne Umweltgefährdungspotential aus den nach Stufe 1 verbliebenen Gebäude-/Unternehmenseinheiten

In der zweiten Stufe werden die nach Stufe 1 verbliebenen Gebäude-/Unternehmenseinheiten detaillierter betrachtet. Sinn ist es wiederum, innerhalb dieser doch recht großen Einheiten eine weitergehende Unterteilung zu finden und in diese Einheiten integrierte Komponenten auszugliedern, die bei einer späteren Betrachtung nicht berücksichtigt werden müssen. Es ist darauf zu achten, daß an dieser Stelle nicht bereits eine Unterteilung in einzelne Verfahrensschritte stattfindet, sondern nur komplette Komponenten abgetrennt werden sollen. Die detaillierte Untersuchung und Beschreibung jeder einzelnen umweltrelevanten Tätigkeit findet erst im nächsten Schritt (=Analyse der umweltrelevanten Verfahrens-/ Betriebsabschnitte) statt.

Diese Vorgehensweise mag auf den ersten Blick etwas aufwendig erscheinen, gewährleistet jedoch eine nach Umweltgesichtspunkten umfassende Betrachtung und Strukturierung des Betriebes. In der Praxis ergeben sich natürlich je nach Betriebsgröße und Produktionsspektrum unterschiedliche Schwerpunkte und das Verfahren gestaltet sich an der einen oder anderen Stelle recht kurz, allerdings gewährleistet erst das Durchhalten der Gesamtsystematik mit Gewißheit die gewünschte und notwendige vollständige Übersicht.

4.1.2 Analyse der umweltrelevanten Verfahrens-/Betriebsabschnitte

Die Analyse der umweltrelevanten Verfahrens-/Betriebsabschnitte dient dazu, den gesamten umweltrelevanten Betriebsablauf in Einzelkomponenten zu zerlegen und darzustellen.

Die Tiefe dieser Gliederung ist ein oft diskutiertes Thema und kann nicht pauschal beantwortet werden. Verschiedene Gesichtspunkte sind an dieser Stelle zu beachten und bei der Entscheidung hinzuzuziehen.

Für eine hinreichend tiefe Gliederung sprechen allerdings eine Reihe von Argumenten. Zuallererst ist dabei zu beachten, daß auf diese Weise eine außerordentlich hohe Transparenz des betrieblichen Umweltschutzes geschaffen wird und so auch dem einzelnen Mitarbeiter unmittelbar und direkt die Bedeutung und die möglichen Folgen seines Tuns vergegenwärtigt werden. Weiterhin bietet sich die Möglichkeit, in jedem konkreten Einzelfall Maßnahmen ergreifen zu können, die in größerem Rahmen entweder nicht so überschaubar wären oder aber gar nicht entdeckt würden.

Bei der konkreten Umsetzung im Betrieb löst sich dieses Problem meist von alleine, indem man sich an den tatsächlichen Gegebenheiten orientiert.

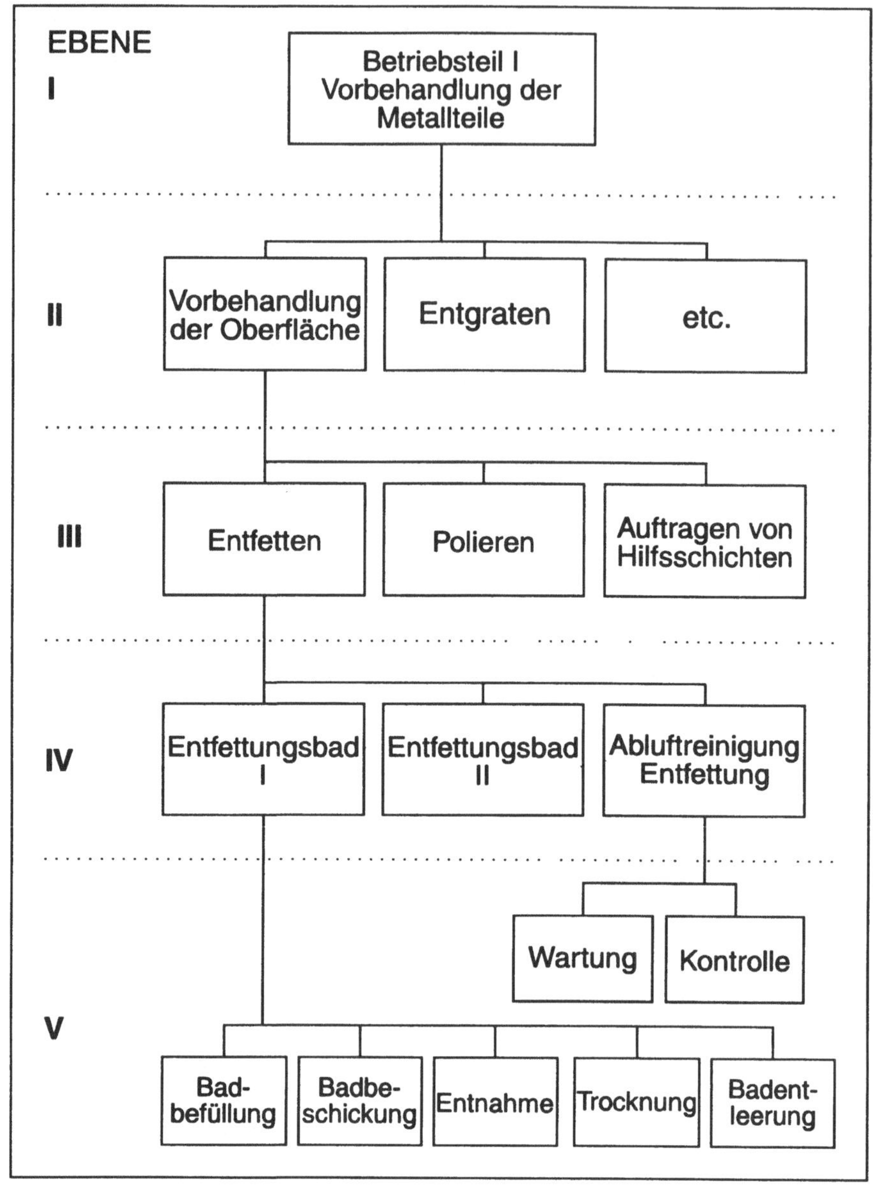

Abb. 4.2. Baumstruktur - Erfassung der umweltrelevanten Verfahrensabschnitte

Es kann sich an dieser Stelle als praktikabel erweisen, eine Aufgliederung in Form einer Baumstruktur vorzunehmen, wobei darauf zu achten ist, daß mindestens eine Ebene (nicht unbedingt die unterste) zur Umweltkostenerfassung kompatibel ist, um den gewünschten Abgleich vornehmen zu können. Wie eine solche Baumstruktur aussehen kann, ist in Abbildung 4.2 beispielhaft für einen Betrieb dargestellt, der sich mit der Oberflächenbehandlung von metallischen Drehteilen beschäftigt.

Es besteht auch die Möglichkeit, erst diese Strukturen aufzustellen und dann die Umweltkosten-Erfassung auf die so geschaffenen "Umweltkostenstellen" abzustimmen.

In der weiteren Perspektive bietet es sich an, aus dieses Strukturen heraus das Umweltorganigramm des Unternehmens zu entwickeln, da hierin von den elementaren umweltrelevanten Tätigkeiten ausgehend die Zuständigkeits- und Verantwortungshierarchien aufgebaut werden.

Aus Abbildung 4.2 können beispielsweise folgende Elemente direkt entnommen und weiterentwickelt werden (siehe auch Abbildung 8.5):

Ebene I : Umweltverantwortlicher Betriebsteil I
Ebene II : Verantwortlicher Abschnitt Oberflächenbehandlung
Ebene III : Verantwortlicher Betriebsabschnitt Entfettung
Ebene IV : Zuständiger Abluftreinigung Entfettung
Ebene V : Unmittelbarer Empfänger der Handlungsanweisung

Zum Aufbau einer solchen Struktur hat es sich als praktikabel erwiesen, zuerst im einzelnen eine abstrakte Aufstellung sämtlicher umweltrelevanter Vorgänge vorzunehmen, ohne bereits eine Verknüpfung zum damit befaßten Personal herzustellen. Die eigentlich umweltrelevanten Vorgänge lassen sich nach dem Schema in Abbildung 4.3 ordnen und dokumentieren. Eine besondere Vorgehensweise ist im Abfallbereich vorzunehmen, da die hier zu behandelnden Schwerpunkte anders gelagert sind (Abb. 4.3, Komplex II).

Als eigentlicher Leitfaden ist es zweckmäßig, sich an den umweltgefährdenden Stoffen selbst zu orientieren. Ein Stoff, der aufgrund seiner wie auch immer gearteten Toxizität eine Umweltgefährdung darstellt, ist die eigentlich bestimmende Komponente. Überall wo ein solcher Stoff im bestimmungsgemäßen Betrieb vorhanden ist oder im nicht bestimmungsgemäßen Betrieb entstehen kann, ist ein reale oder potentielle Quelle zur Umweltverschmutzung (Abb. 4.3, Komplex I). Werden nun alle möglichen Vorkommen solcher Stoffe mit allen betrieblichen Vorgängen, in denen diese Stoffe verwendet werden, in Bezug gesetzt, sind auf diese Weise alle umweltrelevanten betrieblichen Vorgänge, wie gefordert, erfaßt.

Vorteilhaft an dieser Vorgehensweise ist, daß selbst in Betrieben mit keiner oder nur sehr unvollständig ausgebildeter Umweltmanagement-Struktur in den allermeisten Fällen über die eingesetzten, verwendeten und/oder als Zwischen- und Endprodukte hergestellten Stoffe umfangreiche Aufzeichnungen, auch in Form der vorgeschriebenen Sicherheitsdatenblätter existieren, die als geeignetes Fundament für die darauf aufbauende Untersuchung dienen können.

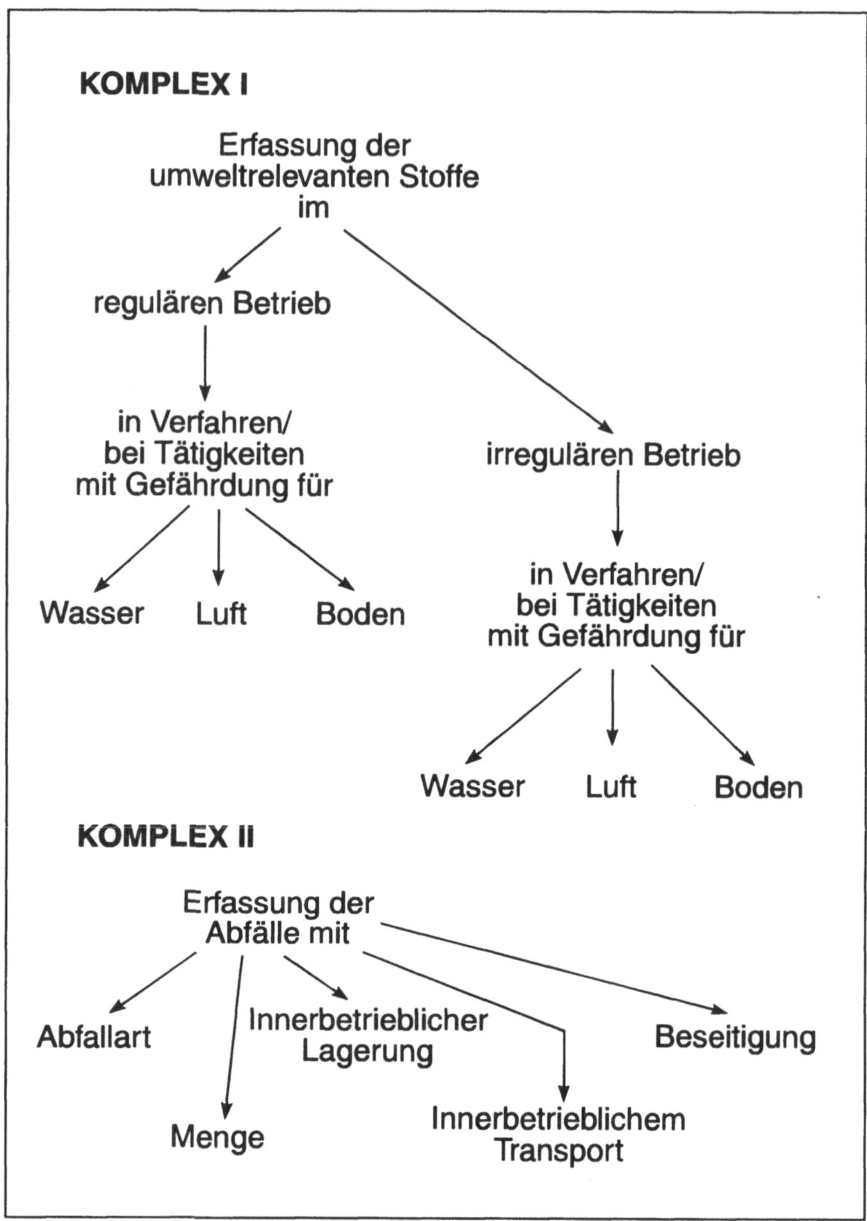

Abb. 4.3. Erfassungsschema umweltrelevanter Tätigkeiten - stofforientiert

Prinzipiell ist es so, daß ein toxischer Stoff natürlich immer für alle drei Medien Wasser, Luft und Boden eine Gefährdung darstellt. Im Rahmen dieser Betrachtung ist deswegen zunächst zu unterscheiden und geeignet zu dokumentieren, welcher Schwerpunkt der Umweltgefährdung jeweils im bestimmungsgemäßen

Betrieb vorliegt. Zu beachten ist hierbei, daß nicht nur Vorgänge im eigentlichen produktiven Bereich erfaßt werden (z.B. Bohren von Löchern, Behandeln von Oberflächen, Chemische Reaktionen), sondern auch die "Umweltschutzdienstleistungen" wie das Betreiben von Luftfilteranlagen, Abwasser-Reinigungsanlagen etc.. Erst die Einbeziehung auch dieser Tätigkeiten erlaubt eine umfassende Betrachtung und personelle Zuordnung, die aus Gründen der Vollständigkeit anzustreben und nach EG-Öko-Audit-Verordnung auch gefordert wird.

Erst danach können in einer erweiterten Betrachtung die möglichen Gefährdungsszenarien im nicht bestimmungsgemäßen Betrieb erfaßt und bewertet werden.

In einem weiteren Schritt erfolgt die Zuordnung des abstrakten Vorgangs zur Personalebene. Für eine spätere Verwendung und Erweiterung ist es ratsam, eine Charakterisierung der Tätigkeiten vorzunehmen und schon jetzt zu erfassen. Im Rahmen des EG-Öko-Audits ist es später nötig, für alle umweltrelevanten Tätigkeiten Verfahrens- bzw. Handlungsanweisungen zu erstellen (⇒ siehe Kapitel 8.2, 8.3). Diese sind in ihrer Charakteristik je nach Art der Tätigkeit schwerpunktmäßig anders auszulegen.

Dabei sind sieben Fälle zu unterscheiden:

1. Rein manuelle Tätigkeiten
2. Halb-manuelle Bedienungstätigkeiten
3. Steuernde Tätigkeiten
4. Überwachende Tätigkeiten
5. Tätigkeiten mit direkter Eingriffsmöglichkeit im Störfall (unmittelbare Schadensbegrenzung)
6. Tätigkeiten mit nachträglicher Eingriffsmöglichkeit im Störfall (mittelbare Schadensbegrenzung)
7. Wartungs- und Reparaturtätigkeiten

Es ist an dieser Stelle zu gewährleisten, daß letztendlich zu **jeder** umweltrelevanten Tätigkeit mindestens eine Person benannt wird, die mit dieser Tätigkeit betraut ist. Sind wechselnde Personen mit einer Tätigkeit beauftragt, beispielsweise bei Schichtdienst oder bei Arbeitsplatzwechseln, sind **alle** in Frage kommenden Personen zu benennen. Diese Unterlagen können später im Rahmen des EG-Öko-Audits dazu benutzt werden, die nötige Qualifikation der Beschäftigten zu prüfen, zu aktualisieren und zu dokumentieren (⇒ siehe auch Kapitel 9).

4.1.3 Überprüfen der Gesetzeskonformität

Aus den bisherigen Arbeiten ist ein umfassendes Bild entstanden, das sämtliche umweltrelevanten Tätigkeiten des Unternehmens umfassend und klar gegliedert darstellt.

An dieser Stelle ist es ratsam, zunächst einmal die Gesetzeskonformität der betrieblichen Tätigkeit zu überprüfen. Unabhängig von Kosten oder Aufwand ergibt es sich zwingend, daß die jeweils relevanten Gesetze und Verordnungen, die die Unternehmenstätigkeit betreffen, eingehalten werden müssen. Diese zunächst recht banale Forderung gestaltet sich aber in der betrieblichen Praxis oft komplizierter, als es auf den ersten Blick den Anschein hat. Die Unternehmensleitung und die mit dem Umweltschutz Befaßten stehen einer Vielzahl von Gesetzen und Verordnungen und Auflagen auf Bundes-, Landes- und kommunaler Ebene gegenüber, deren detaillierte Ausgestaltung und Auslegung oftmals noch von Regierungsbezirk zu Regierungsbezirk schwanken kann.

In Kapitel 2, Abbildung 2.3 ist eine, bei weitem nicht vollständige, Übersicht über Gesetze und Verordnungen gegeben, die im Umweltbereich Relevanz haben können. Je nach Produktionsspektrum und Betriebsgröße ergeben sich daraus noch eine Vielzahl von Unterscheidungen und Abstufungen, die nur im konkreten Einzelfall von Bedeutung sind.

In der täglichen Praxis lautet eine oft gestellte Frage, ob sich die intensive Beschäftigung mit diesem Thema überhaupt lohnt oder ob gar dadurch Belastungen auf den Betrieb zukommen können, die bisher gar nicht beachtet wurden. Es ist nämlich ein oft beobachteter Fakt, daß von behördlicher Seite eine ganze Reihe von Auflagen entweder aus Unkenntnis keine Anwendung finden oder aber aus Arbeitsüberlastung, mangelnder Betriebskenntnis und anderen Gründen nicht durchgesetzt werden. So gilt in der Industrie oft noch die Maxime, erst dann tätig zu werden, wenn der behördliche Druck so groß wird, daß der erwartete Schaden durch angedrohte Bußgelder oder bevorstehende Betriebsstillegungen größer als die Kosten der geforderten Maßnahme sein würde.

Einerseits ist dieses Verhalten sehr gut zu verstehen, andererseits sind die damit verbundenen Nachteile aber nicht zu übersehen. Der Betrieb gerät auf diese Weise in die Rolle des Reagierenden und handelt nicht mehr aktiv, ein Zustand der nicht nur im Bereich des Umweltschutzes über kurz oder lang an sich schon mehr Nachteile als Vorteile birgt. Außerdem hat es sich in einer Vielzahl von Beispielen erwiesen, daß eine aktive, partnerschaftliche Zusammenarbeit mit den Behörden nicht nur sehr gut möglich ist, sondern langfristig auch mehr Nutzen einbringt als die konstante Verweigerungshaltung, die sich manche Betriebe zu eigen gemacht haben. Allein schon eine reibungslose Abwicklung von eventuellen Neu- oder Nachgenehmigungen mit den daraus resultierenden Konsequenzen wie schnelleren Baugenehmigungen kann betriebswirtschaftlich erhebliche Potentiale darstellen. Ist die Gesetzeslage im Umweltbereich gut bekannt, können außerdem beisämtlichen betrieblichen Entscheidungen auch in dieser Hinsicht die richtigen Weichen gestellt werden. Dies reicht von der Investitions- und Modernisierungsplanung bis hin zur sach- und fachgerechten Schulung des Personals.

4.2 Erhebung und Zuordnung der umweltrelevanten Kosten

4.2.1 Erhebung der umweltrelevanten Kosten

Im Normalfall verfügt ein Unternehmen nicht über eine gesonderte Umwelt-Kostenrechnung. Die Kosten für die Entsorgung von Abfällen, für Abluftreinigungsanlagen u.ä. werden entweder im jeweiligen Betriebsteil erfaßt und die jeweiligen Investitionen und Betriebskosten den Produktionsanlagen direkt zugerechnet oder aber als nicht unmittelbar zurechenbare Kosten innerhalb der Gemeinkosten erfaßt. Die zweite Variante ist beispielsweise bei den Entsorgungskosten weit verbreitet.

Im Prinzip ist das notwendige Zahlenmaterial zur Erstellung einer Umwelt-Kostenrechnung in der überwiegenden Zahl der Fälle nahezu vollständig vorhanden, muß jedoch dem Zweck entsprechend neu strukturiert und in der Erfassung umorganisiert werden. In einigen Fällen kann es zwar notwendig werden, Daten nachzuerheben bzw. bei unzureichender Untergliederung des Zahlenmaterials (z.B. bei Sammelerfassungen im Bereich des Energieverbrauchs) zu individualisieren. Der dafür notwendige Aufwand ist jedoch vergleichsweise gering.

Die sorgfältige Erhebung und Zuordnung der Umweltkosten ist ein wichtiger Baustein, den Umweltschutz im Unternehmen zielgerichtet und effektiv anzugehen.

Umweltkosten müssen transparent werden !

Die getrennte Erfassung und Zuordnung der umweltrelevanten Kosten ist nicht nur in den Unternehmen selbst umstritten. Die Befürchtungen gehen dahin, daß der "Kostentreiber" Umweltschutz auf diese Weise noch stärker gebrandmarkt würde und Bemühungen, einen besseren Umweltschutz zu realisieren, dadurch noch mehr erschwert würden.

In der umgekehrten Schlußfolgerung müßte der Umweltschutz somit versteckt werden und nicht auffallen, um keinen Schaden zu erleiden. Es ist ohne weiteres einsichtig, daß diese Argumentation bei genauerer Betrachtung ins Leere geht. Hierfür gibt es eine Reihe von Gründen:

- Kostentransparenz läßt erst Einsparpotentiale erkennen

  Nur wer die umweltbezogenen Kosten genau kennt, weiß, wo Handlungsbedarf besteht und an welcher Stelle, mit welchem Aufwand und wie gespart werden kann.

- Kostentransparenz läßt erst gezielte Investitionspolitik zu

  Maßnahmen zum Umweltschutz lassen sich heute nicht mehr isoliert von den übrigen Investitionsentscheidungen sehen. Sie sind ein zwingender, notwendiger Bestandteil derselben geworden. Nur wenn die mit einer Produktion verbundenen Umweltschutzaufwendungen bekannt und verifizierbar sind, ist eine Beurteilung und Begutachtung überhaupt möglich. Auf den ersten Blick teure technische Lösungen können so bei Neuinvestitionen oder Modernisierungen bei realistischer Betrachtung aller relevanten Kosten den Vorzug gegenüber vermeintlich günstigeren Alternativen haben. Leider sind immer noch eine Vielzahl von Betrieben von dieser ganzheitlichen Betrachtung entfernt. Die konsequente Vorbereitung, Planung und Entscheidung von Investitionsobjekten nicht nur nach den üblichen Kriterien wie Abschreibung, Betriebs- und Personalkosten sowie Produktionsleistung, sondern auch unter Einbeziehung und Betrachtung der folgenden Umweltschutzkosten als gleichberechtigte Säule wird in Zukunft zwangsläufig immer mehr übernommen werden.

- Kostentransparenz geht in die Produktpolitik ein

  Nicht nur bei der Produktion einer Ware, sondern auch in der Ware selbst sind entsprechende Kosten zu beachten und zu bewerten. Die steigende Bedeutung von Rücknahmepflichten (z.B. nach der Elektronikschrott-Verordnung) zwingt dazu, mögliche im gesamten Lebenszyklus eines Produktes auf den Hersteller zukommende Kosten zu kennen. Auch hier gilt wieder: Nur wer die gesamten Kosten kennt, kann entsprechend handeln und an dieser Stelle bereits in die Produktion des Produktes eingreifen. Fehlentwicklungen können so vermieden und langfristig erfolgreiche Produkte am Markt plaziert werden.

Die kurze Übersicht verdeutlicht, daß es, nicht nur im Hinblick auf das Modulare Umweltmanagement, von nicht zu unterschätzender Bedeutung ist, die umweltschutzbezogenen Kosten zu kennen und auch in die gesamte betriebswirtschaftliche Rechnung mit einzubeziehen.

Um es an dieser Stelle nochmals klar zu sagen: Umweltschutz muß als ein Unternehmensziel von der Unternehmensleitung akzeptiert und erkannt werden. Ein fundiertes Zahlenmaterial zu diesem Thema ist jedoch Vorbedingung, um diesen Themenkomplex vernünftig und zielgerichtet anzugehen.

Zur Erfassung der Umweltkosten ist es anfangs nötig, die Gesamtmenge der umweltrelevanten Tätigkeiten (siehe auch "Analyse der umweltrelevanten Betriebs-/Verfahrensabschnitte") in zwei Teile zu trennen. Zu unterscheiden sind hierbei zum einen die "allgemein umweltrelevanten Tätigkeiten" von den "Umwelttätigkeiten". Während zu den ersteren alle Tätigkeiten gehören, die direkt oder indirekt Auswirkungen auf den Umweltschutz haben können, sind letztere nur solche Tätigkeiten, die den Umweltschutz an sich als Ziel haben. Mit ein Ziel dieser Untersuchung ist es ja, wie weiter oben beschrieben, diese Dienstleistungen, die nicht direkt produktiver Art sind, kostenmäßig zu erfassen und darzustellen. Dazu einige Beispiele:

Allgemein umweltrelevante Tätigkeiten =

z.B.: Befüllen eines chemischen Reaktors mit einer wassergefährdenden Flüssigkeit

z.B.: Innerbetrieblicher Transport von Gasflaschen mit umweltrelevantem Inhalt (beispielsweise SO_2)

Umwelttätigkeiten =

z.B.: Betrieb, Wartung und Kontrolle einer Abgas-Reinigungsanlage

z.B.: Sortierung und Konditionierung von Abfällen

Innerhalb des betrieblichen Umweltschutzes haben sich bisher im wesentlichen folgende Kostenblöcke ergeben, die sich in der betrieblichen Kostenrechnung wenigstens zum Teil wiederfinden:

Block 1 : Anlageinvestitionskosten
Block 2 : Anlagebetriebskosten
Block 3 : Anlagepersonalkosten
Block 4 : Allgemeine Personalkosten
Block 5 : Entsorgungskosten
Block 6 : Aus- und Weiterbildungskosten, Öffentlichkeitsarbeit

Um eine korrekte Aufteilung und Zuordnung der Umweltkosten zum jeweiligen Betriebsabschnitt zu gewährleisten, ist folgende Vorgehensweise nötig: Der Betrieb wird, wie bereits geschehen, in umweltrelevante Betriebsteile aufgeteilt und diese Betriebsteile nochmals in Betriebsabschnitte unterteilt. Es ist darauf zu achten, daß innerhalb eines Betriebsabschnittes hinsichtlich der dort ausgeübten Tätigkeiten eine hinreichende Homogenität herrschen muß. Nur so ist gewährleistet, daß später bei der Beurteilung von Maßnahmen zur Kostenreduzierung eine zielgenaue Planung und Umsetzung erfolgen kann. Es muß sichergestellt sein, daß die unmittelbare Auswirkung jeder geplanten Einzelmaßnahme auf die Kostensituation nachvollzogen werden kann. Die Tiefe dieser Gliederung ist natürlich wiederum abhängig von der Betriebsgröße, dem Produktionsspektrum und den sonstigen spezifischen Gegebenheiten und muß von Fall zu Fall im einzelnen entschieden werden.

4.2.2 Zuordnung der umweltrelevanten Kosten

Parallel zu der Erhebung der umweltrelevanten Kosten müssen diese den Umwelttätigkeiten zugeordnet werden. Es hat sich an dieser Stelle als zweckmäßig erwiesen, eine Gliederung der Umwelttätigkeiten sowie der Umweltkosten-Arten vorzunehmen und diese dann aufeinander abzustimmen.

Eine andere Möglichkeit besteht darin, nach der Erfassung der umweltrelevanten Tätigkeiten zu jedem Unterpunkt alle betreffenden Kosten zu erheben und diesem dann direkt zuzuordnen. In der betrieblichen Praxis steht man meistens vor dem Problem, daß eine ganze Reihe von Punkten (im wesentlichen Anlageninvestitions- und Betriebskosten) einfach und schnell abgehakt werden können. Schwierig wird es vor allen Dingen dann, wenn entweder Kosten z.B. für zentral arbeitende Kläranlagen anteilig auf die Verursacher umgelegt werden sollen oder aber andere Betriebseinheiten, wie die Instandhaltung im Bereich der Wartung und Reparatur, Dienstleistungen erbringen.

Ein weiterer schwieriger Punkt sind die Kosten für Personal, das, wenn auch oft nur zum Teil, im Umweltschutz tätig ist und nicht direkt einer Anlage zugeordnet werden kann. Hierzu zählen beispielsweise die gesetzlich vorgeschriebenen Beauftragten für Immissionschutz oder der Störfallbeauftragte. In den meisten Fällen ist jedoch die Zuordnung dieser (anteiligen, wenn der Funktionsinhaber noch andere Aufgaben im Betrieb wahrnimmt) Personalkosten einfacher, als es auf den ersten Blick den Anschein hat. Die Pflicht zur Gestellung eines solchen Beauftragten wird in der Regel durch einen ganz bestimmten Anlagenteil ausgelöst, in dem bestimmte Mengen an Stoffen verwendet bzw. Durchsätze überschritten werden. Für den Störfallbeauftragten beispielsweise ergibt sich die Pflicht zur Bestellung aus §§ 58a - 58d BImSchG in Verbindung mit der 12. BImSchV (Störfallverordnung). Konsequenterweise hat dann auch der auslösende Betriebsabschnitt diese Kosten zu tragen.

Um es nochmals zu betonen: Es geht hier nicht darum, den einzelnen Betriebsabschnitt, der besonders umweltrelevant ist, über Gebühr zu belasten oder gar ins schlechte Licht zu rücken. Nur bei einer wirklichen Zuordnung der Kosten ist es aber möglich, Investitions- und andere Entscheidungen richtig zu bewerten und darüber zu befinden. Wird beispielsweise in einem Betriebsabschnitt durch eine Investition eine Mengenschwelle unterschritten, die den Störfallbeauftragten entbehrlich macht, ist diese Kosteneinsparung auch unmittelbar an dieser Stelle zu berücksichtigen und nicht, wie es in der Praxis leider oft üblich ist, bei der Jahresabschlußrechnung als "Bonbon" mitzunehmen.

Solche Kostenumlagen für zentral arbeitende Anlagen sind gerade in kleineren und mittleren Betrieben oft noch nicht üblich. In der chemischen Großindustrie beispielsweise sind anteilige Kostenumlagen für die Abwasserreinigung, die in einer zentralen Kläranlage erfolgt, seit vielen Jahren gebräuchlich. So wird bei der BASF AG am Standort Ludwigshafen jedem Betriebsteil, der die werkseigene Kläranlage in Anspruch nimmt, in Abhängigkeit von Menge, Schadstoffgehalt und -zusammensetzung eine entsprechende Gebühr innerbetrieblich berechnet. Diese Maßnahme trägt dazu bei, daß sich die Transparenz der Umweltschutzkosten für jeden Betriebsteil verbessert und Kostensenkungsmaßnahmen in jedem einzelnen Betriebsteil, beispielsweise durch Verringerung der Schadstofffracht, auszahlen. Würden dagegen die Kosten für die Abwasserreinigung pauschal am Ende als Kostenblock dazuaddiert, wäre der Anreiz zur Verbesserung der Abwassersituation, wie leicht einzusehen ist, weitaus geringer.

An diesem Beispiel wird deutlich, daß eine vollständige Erfassung und detaillierte Zuordnung der Umweltschutzkosten im Sinne des ganzen Unternehmens liegen muß. Die angesprochene Zuordnung der anteiligen Kosten, die in zentral arbeitenden Anlagen anfallen, zu den jeweiligen Betriebsabschnitten, ist hierbei ein wesentlicher Bestandteil. Geht man auf die Weise vor, daß die Umweltkosten und die Umwelttätigkeiten erst getrennt erfaßt und dann zugeordnet werden, ist die Gefahr, etwas zu übersehen, weitaus geringer. Treten Umweltkosten auf, die keiner entsprechenden Tätigkeit zugeordnet werden können, oder gibt es im Gegenteil Tätigkeiten, die sich in den Kosten nicht widerspiegeln, muß das entsprechende Pendant gefunden und die Aufstellung entsprechend ergänzt werden.

Im folgenden wird für beide Blöcke, die Umwelttätigkeiten sowie die Umweltkosten-Arten, eine exemplarische Mustergliederung vorgestellt und darauf folgend die Verknüpfung zwischen beiden hergestellt.

Die Gliederung der Umwelttätigkeiten nach Tabelle 4.2 kann im wesentlichen in drei Abschnitte unterteilt werden. Im ersten Abschnitt (Punkt 1 und 2) werden die Tätigkeiten erfaßt, die in der heutigen Praxis am ehesten als Umweltschutz erkannt werden. Es handelt sich hierbei um die Tätigkeiten, die bei Betrieb, Wartung und Reparatur von technischen Anlagen oder Anlagenteilen anfallen, die unmittelbar dem Umweltschutz dienen. Zum großen Teil fallen diese Anlagen oder Anlagenteile unter die Rubriken "End-of-pipe-Technologie", d.h. es handelt sich um Techniken bzw. Verfahren, die der nachträglichen Reinigung von Abluft und Abwasser aus Produktions- und anderen Anlagen dienen oder "Störfallvorsorge und -begrenzung". Diese Anlagenkomponenten sind in vielerlei gesetzlichen Verordnungen und Vorschriften beschrieben und müssen vom Anlagenbetreiber installiert werden, um umweltrelevante Folgen von Störfällen zu verhindern bzw. zu begrenzen. Dazu zählen beispielsweise Leckanzeigegeräte, Auffangtassen, Emissionsüberwachungseinrichtungen und vieles mehr. Vernachlässigt

Tabelle 4.2. Gliederung der Umwelttätigkeiten

1. Betrieb, Reparatur und Wartung von direkt in einem Betriebsabschnitt arbeitenden Anlagen	z.B.	• Arbeitsplatzabsaugungen • Leckanzeigegeräte • Abgaswäscher • Dezentral arbeitende Spaltanlagen für Emulsionen
2. Betrieb, Reparatur und Wartung von übergeordnet arbeitenden Anlagen	z.B.	• zentrale Abwasserbehandlung
3. Entsorgungstätigkeiten	z.B.	• Sortierung, Sammlung von hausmüllähnlichen Gewerbeabfällen • Sortierung, Sammlung von Sonderabfällen • Konditionierung und Lagerung der Abfälle • Organisation der Fremdentsorgung • Durchführung der Eigenentsorgung
4. Dem Anlagenbetrieb nicht zurechenbare Tätigkeiten	z.B.	• Tätigkeiten der gesetzlich vorgeschriebenen Beauftragten • Tätigkeit des Umweltbeauftragten • Anteilige Tätigkeit des zuständigen Geschäftsführungsmitgliedes • sonstige Öffentlichkeitsarbeit
5. Sonstige Umwelttätigkeiten	z.B.	• Aus- und Weiterbildung des Personals • Hinzuziehung von externen Kräften • Genehmigungsverfahren, Behördengespräche

wird in dieser Hinsicht oftmals, daß solche Anlagenkomponenten nicht nur angeschafft, sondern auch gewartet und kontrolliert werden müssen.

Im zweiten Abschnitt (Punkt 3) werden die Entsorgungstätigkeiten behandelt. Es muß darauf geachtet werden, daß alle Tätigkeiten, die in dieses Gebiet fallen, berücksichtigt werden. Dabei sind neben den eigentlichen Entsorgungstätigkeiten wie der Organisation der Fremdentsorgung auch die Sammlung, Zwischenlagerung und behördliche Abwicklung nicht zu vergessen. Ebenso zählt, gerade in größeren Betrieben, die Logistik und der Mehraufwand für die Sammlung, Trennung und Organisation eine Rolle.

Zum dritten Abschnitt (Punkt 4 und 5) zählen alle Tätigkeiten, die nicht im unmittelbar verfahrensorientierten Umweltschutz oder der Entsorgung anzusiedeln sind. Neben übergeordnet administrativen Tätigkeiten wie der Arbeit des Umweltschutzbeauftragten zählen Aus- und Weiterbildung des Personals und die Hinzu-

Tabelle 4.3. Gliederung der Umweltkosten-Arten

1. Investitions- und Investitionsvorbereitungskosten	z.B.	• Direkte Anlageninvestitionen • Umbau bzw. Adaption der zugehörigen Produktionsanlage • Investitionsvorbereitung wie Planung, Genehmigung, Ausschreibung etc.
2. Anlagenbetriebskosten	z.B.	• Energie- und Medienkosten (Strom, Dampf, Kälte, Kühlwasser) • Betriebsstoffe (Chemikalien, Filterstoffe, Schmierstoffe) • Reparatur- und Wartungskosten (Ersatzteile) • vorgeschriebene Funktionsüberprüfungen (auch von Externen)
3. Direkt Anlagen zurechenbare Personalkosten	z.B.	• Personalkosten für Betrieb, Regelung und Überwachung • Personalkosten für Wartung und Reparatur • Schulungen
4. Entsorgungskosten	z.B.	• Kosten für Sammlung und Sortierung der Abfälle • Abfallagerinvestitionskosten • Abfallagerbetriebskosten • Konditionierungskosten • Personalkosten • interne Entsorgungskosten • externe Entsorgungskosten • Kosten für die behördliche Abwicklung (Begleitscheinverfahren)
5. Nicht direkt Anlagen zurechenbare Personalkosten	z.B.	• Personalkosten der unter Punkt 4, Tabelle 3.2 genannten Personen
6. Sonstige Umweltkosten	z.B.	• Aus- und Weiterbildung des Personals • Externe Beratungskosten • Seminare, Kongresse • Erfüllung sonstiger behördlicher Auflagen wie Schadstoffmessungen, Sicherheitsanalysen, Protokolle • Umweltbedingter Mehraufwand bei Produktions- und Lagerprozessen, der nicht einzeln erfaßt wird

ziehung von externen Beratern ebenso dazu wie Ausgaben für Öffentlichkeitsarbeit und Umwelt-Sponsoring.

In Tabelle 4.3 finden sich die Umwelttätigkeiten in ihrer finanziellen Ausformung wieder. Im ersten Abschnitt werden die Kosten für die Anschaffung (Punkt 1), den Betrieb (Punkt 2) und die Betreuung (Punkt 3) der technischen Anlagen aufgeführt. Zu den umittelbaren Investitionskosten werden auch der Aufwand für den eventuell nötigen Umbau bzw. die Adaption der betreffenden Produktionsanlage sowie Kosten für Genehmigungsverfahren dazugezählt. Weiterhin werden in diesem Abschnitt die für den Betrieb nötigen laufenden Betriebskosten sowie die Personalkosten für das unmittelbar damit befaßte Personal erfaßt.

Im zweiten Abschnitt (Punkt 4) finden sich die gesammelten Entsorgungskosten wieder, aufgeteilt nach internen Sammel- und Konditionierkosten und den Kosten für die eigentliche inner- oder außerbetriebliche Abfallentsorgung. Nicht zu vernachlässigen ist, insbesondere bei den besonders überwachungsbedürftigen Abfällen, der Aufwand für die korrekte behördliche Abwicklung.

In Abschnitt 3 (Punkt 5 und 6) schließlich werden die sonstigen Umweltkosten verzeichnet, die nicht direkt einem der o.g. Punkte zurechenbar sind. Dazu zählen beispielsweise Aus- und Weiterbildungsmaßnahmen, Kosten für die externe Beratung oder aber Medien- und Öffentlichkeitsarbeit.

4.3 Analyse und Verifizierung der Ansatzpunkte zum Erkennen der Handlungsschwerpunkte

4.3.1 Abgleich/Zuordnung der Kosten zu den Verfahrens-/ Betriebsabschnitten

Durch den Abgleich bzw. die Zuordnung der Kosten zu den Tätigkeiten entsteht so für jeden Betriebsabschnitt, jeden Betriebsteil und schließlich den gesamten Betrieb ein detailliertes Bild der Umweltkostensituation (Abb. 4.4). Neben einer summenmäßigen Bestandsaufnahme der Umweltkostensituation ist mit dieser Aufstellung ein weiterer wichtiger Informationsgehalt verbunden. Außer dem Vergleich der Umweltkosten von Betriebsabschnitt zu Betriebsabschnitt sowie von Betriebsteil zu Betriebsteil, der wichtige Hinweise für zukünftige Einsparpotentiale liefert, wird vor allem, und das ist fast wichtiger, die Struktur der Umweltkosten innerhalb dieser Einheiten transparent.

Die Struktur der Umweltkosten innerhalb der Betriebseinheiten liefert im wesentlichen zwei wichtige Informationen:

Erstens kann durch die Verteilung der Umweltkosten auf die verschiedenen Teilbereiche wie Abluftreinigung oder Entsorgung genau analysiert werden, wo die Kostenschwerpunkte dieses Betriebsabschnittes im Umweltbereich liegen, und wo dementsprechend bevorzugt Änderungsmaßnahmen anzugehen sind. Es macht am Anfang ohne Zweifel mehr Sinn, ein, wie es in der Praxis wohl immer der Fall ist, beschränktes Budget so einzusetzen, daß die maximale Wirkung resultiert, als vordergründig vielleicht als dringend erachtete Projekte anzugehen, die dann aber nicht den erhofften Effekt, auch in ökonomischer Hinsicht, zeigen. Die betriebliche Realität zeigt immer wieder, daß auf der Basis eines detaillierten Zahlenfundamentes sehr oft Handlungsbedarf an vorher nicht vermuteten Stellen erkennbar wird.

Zweitens ergibt sich auf diese Weise die Möglichkeit, die Kosten, die übergeordnet bzw. zentral arbeitende Anlagen verursachen, auch den jeweiligen ursächlichen Betriebseinheiten zuzuordnen. Diese Kostentransparenz führt nicht nur dazu, daß beispielsweise die Betriebskosten für eine zentrale Kläranlage nicht mehr als "anonymer Block" innerhalb der Betriebskosten anfallen und auf die verantwortlichen Verursacher aufgeschlüsselt werden können, sondern gibt im Umkehrschluß auch die Möglichkeit, die Entscheidung über Modernisierungsprojekte innerhalb der Betriebseinheiten oder Betriebsabschnitte wirklich unter Einbeziehung der Gesamtkostensituation zu fällen. Eine Kostenersparnis innerhalb der zentralen Kläranlage durch eine Minimierung der Abwassermenge oder der Schadstofffrachten gehört hier selbstverständlich in die Berechnung mit hinein und kann den Entschluß pro oder contra eines Projektes entscheidend beeinflussen.

An dieser Stelle muß aber darauf hingewiesen werden, daß gerade bei Kläranlagen das Einsparpotential auch durch die Größe und Art der Anlage festgelegt wird. Zum einen sind da die durch die Kläranlage verursachten Kosten. Diese setzen sich aus Fixkosten und variablen Kosten zusammen. Wird in einem Betriebsteil die Abwassermenge wesentlich verringert und werden somit an dieser Stelle Kosten gespart, so bedeutet das für die anderen angeschlossenen Betriebsteile einen höhereren Fixkostenanteil und somit höhere Abwasserkosten. Zum anderen lassen sich, insbesondere bei Kläranlagen mit biologischem Becken, die Schadstofffrachten nicht beliebig senken, ohne die Funktion der Kläranlage einzuschränken. Diese beiden Aspekte sollten bei einer umfangreicheren Abwasserminderung in einem Betriebsteil immer bedacht werden. Vorhandene, auf einen bestimmten Durchsatz ausgelegte Anlagen sind nur in bestimmten Grenzen ökonomisch und ökologisch sinnvoll zu betreiben.

Bei der Planung einer neuen Kläranlage sollten allerdings im Vorfeld ausnahmslos alle Betriebsteile auf Abwasserminderungspotentiale untersucht werden. U.U. kann nach Ausschöpfung aller Möglichkeiten auf den Neubau einer Kläranlage verzichtet werden.

Die vorstehend beschriebenen Arbeiten dienen dazu, sich zum einen einen umfassenden Überblick über alle umweltrelevanten Tätigkeiten und Aspekte des Betriebsablaufes zu verschaffen und haben zum anderen das Ziel, die Kosten, die im

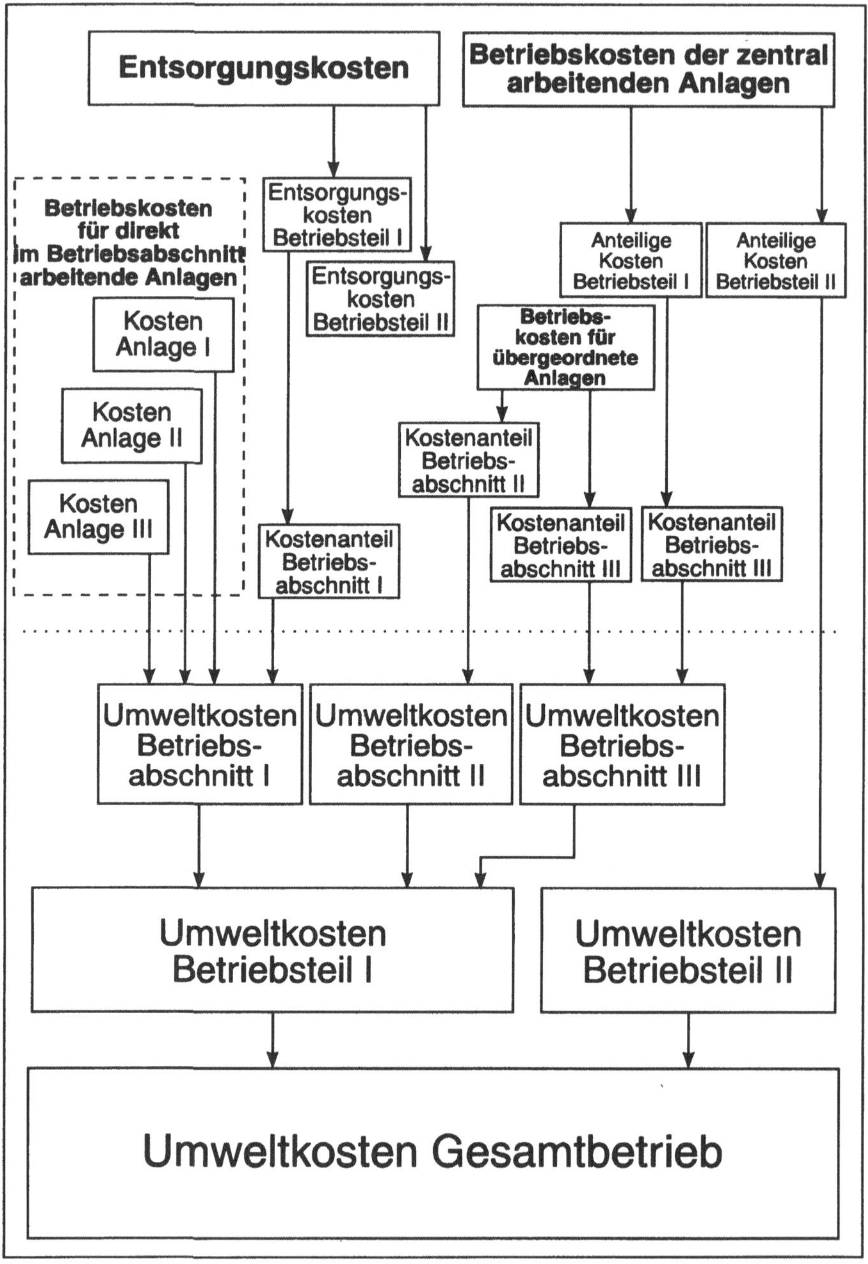

Abb. 4.4. Zuordnung der umweltrelevanten Kosten (ohne nicht direkt zurechenbare Personalkosten)

Unternehmen durch den gesamten Bereich des Umweltschutzes verursacht werden, zu erfassen und in nötiger Genauigkeit den jeweiligen Verursachern zuzuordnen.

Somit ist die Basis für die eigentliche Arbeit gelegt, nämlich anhand der gewonnenen Übersicht und der erhobenen Daten diejenigen Handlungsschwerpunkte im Unternehmen zu erkennen und zu analysieren, die kurz-, mittel- und langfristig dazu geeignet sind, mit der Durchführung geeigneter Projekte attraktive Einsparpotentiale wahrzunehmen. Begonnen wird mit der Aufstellung von Prioritätenlisten, die eine Rangfolge der Umweltkosten, zugeordnet den Umwelttätigkeiten, darstellen.

Zur Aufstellung und späteren Analyse dieser Prioritätenlisten ist die Anwendung zweier unterschiedlicher Gesichtspunkte hilfreich:

In der Liste, erstellt nach dem ersten Gesichtspunkt, wird sich die Gliederung nach den Betriebsabschnitten orientieren, also eine Abfolge der Umweltkosten nach betriebsfunktionellen Gesichtspunkten darstellen. Es wird daraus ersichtlich, wo genau im Betrieb hohe Kosten für den Umweltschutz anfallen. Dies gilt nach dem vorher gesagten sowohl für die unmittelbar im Betriebsabschnitt anfallenden Kosten wie auch für die Kosten für "zugekaufte" Dienstleistungen wie Personal oder zentral arbeitende Reinigungsanlagen (Alternative 1).

In der Liste, erstellt nach dem zweiten Gesichtspunkt, wird eine Gliederung nach Umweltschutzkosten-Arten vorgenommen. In diesem Fall wird für die Unternehmensleitung deutlich, welche Art von Umweltschutz im eigenen Betriebes die höchste Bedeutung hat, d.h. die höchsten Kosten verursacht. Notwendig ist aber, eine hinreichend genaue Definition der Umweltkosten-Art vorzunehmen, um die erforderliche Homogenität zu gewährleisten. Dies sei an einem Beispiel verdeutlicht: Werden die gesamten Entsorgungskosten als Block dargestellt, ist ein hinreichende Bestimmung, welcher Abfall denn die höchsten Kosten verursacht, nicht gewähleistet. Besser ist es, die Entsorgungskosten für die Hauptabfallarten getrennt darzustellen. Nur so ist es möglich, richtige Entscheidungen über die spätere Maßnahme zu treffen (Alternative 2).

Die Zielsetzung beider Listen ist unterschiedlich. Alternative 1 dient dazu, Maßnahmen zu beurteilen, die in den betrieblichen Ablauf, also beispielsweise in den Produktionsprozeß selbst eingreifen. Es kann die kostenmäßige Auswirkung des Wechsels von Einsatzstoffen, der Änderung des Produktionsverfahrens oder der Reorganisation der betrieblichen Abläufe (z.B. Kreislaufführung von Spülflüssigkeiten) beurteilt werden. Der Auslöser solcher Projekte in diesem *prozeßintegrierten Umweltschutz* kann wie hier der unmittelbare Wunsch nach Einsparungen im Umweltschutz sein, jedoch können auf diese Weise auch bei Erweiterungs- und Umbaumaßnahmen die damit verbundenen (oder eingesparten) Umweltschutzkosten ihre angemessene Einbeziehung erfahren.

Alternative 2 ermöglicht es, aus der Sicht der Umweltschutztätigkeiten diese ohne Eingriff in den Produktionsablauf nach Einsparmöglichkeiten zu durchforsten. Auch in diesem *end-of-pipe-Umweltschutz* gibt es eine ganze Reihe von Möglichkeiten, Kosten zu sparen. Dies gilt von der Optimierung der Entsorgungswege bis hin zur Anwendung neuer Technologien bei der Abluftreinigung.

4.3.2 Analyse der erarbeiteten Handlungsschwerpunkte

Nachdem nun eine quantitative Darstellung der Umweltschutzkosten und ihrer Zuordnung existiert, ist es an der Zeit, die gefundenen Kostenschwerpunkte auf Ansätze zur möglichen Kostensenkung zu untersuchen. Leider ist es in der Praxis nur sehr selten der Fall, daß die höchsten Kosten auch am einfachsten und schnellsten zu senken sind. Es ist deswegen nötig, sich anhand einiger einfacher Kriterien vorab zu überlegen, welche Einzelprojekte den Aufwand einer genaueren Betrachtung verdienen und bei welchen ein realistisches Einsparpotential nicht ohne weiteres zu erwarten ist. In Tabelle 4.4 sind einige Anhaltspunkte aufgeführt, die einen ersten Eindruck geben können, ob in welchem Maße Kostensenkungen erwartet werden können.

Im Falle des kostenorientierten Umweltschutzes ist es angebracht, beide Gesichtpunkte, sowohl nach Liste 1 als auch nach Liste 2 nebeneinander zu beachten. Dies gilt schon aus dem einfachen Grund, da eine Verzahnung natürlicherweise gegeben ist.

Von der Reihenfolge her ist es sinnvoller, mit der Untersuchung der Liste 1 zu beginnen, da Eingriffe in den Produktionsablauf zugunsten einer umweltfreundlicheren Produktionssituation natürlich auch Auswirkungen auf die nachgeschalteten Reinigungsanlagen, erforderlichen Genehmigungen, Messungen und vieles mehr haben. Umgekehrt erscheint es zudem nicht sinnvoll, über die Modernisierung im Sinn von end-of-pipe-Maßnahmen nachzudenken, wenn eben diese Maßnahmen durch Eingriffe in den Produktionsprozeß überhaupt überflüssig werden.

Nach herrschender Meinung, und dieser schließen sich die Autoren an, ist der prozeßintegrierte Umweltschutz, also der schonendere Umgang mit der Umwelt durch Veränderungen im Produktionsprozeß selbst (verfahrensimmanenter Umweltschutz) oder durch Veränderungen auf Seiten der Roh-, Hilfs- und Betriebsstoffe (substitutioneller Umweltschutz) den end-of-pipe-Maßnahmen eindeutig vorzuziehen. Auch die Rahmenbedingungen gesetzlicher und wirtschaftlicher Art (z.B. in Form von öffentlichen Fördermitteln) weisen die selbe Präferenz auf.

Unwidersprochen ist jedoch auch, daß der prozeßintegrierte Umweltschutz in vielen Fällen komplexer zu handhaben und damit auch einzusetzen ist.

Tabelle 4.4. Anhaltspunkte zur Abschätzung von Einsparpotentialen - Überblick

	Mögliches Einsparpotential	
	Niedrig	Hoch
Kriterium	Ausgestaltung des Kriteriums	
• **Technologische Maßnahmen**		
Alter der Anlage	neu	alt
Maßnahme im Rahmen von anderen Investitionen	nein	ja
Verschärfung der gesetzlichen Bestimmungen in Sicht	nein	ja
Technische Neuentwicklungen marktreif	nein	ja
Verhältnis Betriebskosten/ Neuinvestitionen	klein	groß
• **Entsorgung**		
Höhe der Entsorgungskosten	niedrig	hoch
Homogenität der Abfälle	niedrig	hoch
gesetzliche Eingriffe	relevant	nicht relevant
Ausnutzung Verwertung/ Kreislaufführung	hoch	niedrig
• **Personal**		
Abdeckung der Aufgabengebiete durch eigenes Personal	niedrig	hoch
Ausbildungsstand	hoch	niedrig
Ausbildungsbedarf	niedrig	hoch

Es kann an dieser Stelle jedoch nicht ein Entweder - Oder geben, sondern nur ein Sowohl - Als-auch. Beide Maßnahmenstränge haben ihre spezifischen Anwendungsbereiche und Schwerpunkte. Der herrschende Meinungsstreit, der zum Teil in einen Glaubenskrieg ausartet, ist im Grunde genommen vollkommen überflüssig.

Wieso sollen end-of-pipe-Maßnahmen nicht dort konsequent eingesetzt werden, wo in den Prozeß eingreifende Maßnahmen entweder nicht möglich oder z.Z. nicht absehbar sind? Wieso sollen end-of-pipe-Technologien nicht solange eingesetzt werden, bis Verfahrensumstellungen oder der substitutionelle Einsatz unproblematischer Stoffe in die betriebliche Praxis überführt werden? Entscheidend ist nur, daß das eine prinzipiellen Vorrang vor dem anderen hat. Über das wie, wann und wo hat der jeweilige Einzelfall zu entscheiden. Nur wer beides vorbehaltlos prüft, kann letztendlich sicher sein, für die Umwelt, aber auch für den Betrieb die optimale Lösung gefunden zu haben.

Es kann an dieser Stelle keine abschließende Aufstellung von Maßnahmen nach Liste 1 (prozeßintegrierter Umweltschutz) oder nach Liste 2 (end-of-pipe-Umweltschutz) geben, die alle möglichen Aspekte, wo und in welcher Weise ein Betrieb im Bereich des Umweltschutzes Geld sparen kann, behandelt. Es existiert eine Fülle von Literatur, die entweder Speziallösungen vorstellt, die praktisch nur in dem für sie entwickelten Betrieb Anwendungen finden können und in ihrer Übertragbarkeit sehr begrenzt sind oder aber sogenannte "Fragenkataloge", die versprechen, dem Leser das Nachdenken abzunehmen und durch die Beantwortung eine weitgehende Einkreisung der Problemlösung zu bieten.

Die einzig praktikable Lösung besteht darin, daß für jeden Betrieb selbst ein maßgeschneidertes Paket geschnürt wird, welches alle individuellen Gegebenheiten und Vorstellungen berücksichtigt und mit den vorhandenen technischen und organisatorischen Möglichkeiten der heutigen Zeit kombiniert.

Jeder, aber auch jeder Betrieb bietet für sich eine Reihe von Handlungsmöglichkeiten, die individuell zu erfassen und anhand der konkreten Situation zu optimieren sind. Eine weitgehende Standardisierung versperrt die Sicht auf manche Möglichkeit, die so ungenutzt bleibt.

Der Aufwand für eine individuelle Arbeitsweise ist dabei, allen gegensätzlichen Behauptungen zum Trotz, vergleichsweise gering. Jeder Betrieb ist, wie gezeigt, aus sich heraus in der Lage, mit nur geringer Unterstützung von außen seine Problemfelder zu konkretisieren und erst dann zu deren spezieller Lösung auf die entsprechenden Fachleute zurückzugreifen.

Aus diesen Gründen soll es an dieser Stelle bewußt unterbleiben, näher auf die Fülle der möglichen Problemlösungen einzugehen und es sei sowohl dem betrieblichen Praktiker als auch dem externen Berater gesagt:

**Hüten Sie sich vor Pauschallösungen !
Niemand kann Ihnen das Nachdenken ersparen !**

Um die vielfältigen Möglichkeiten, die sich im Felde des Umweltschutzes bieten, zu illustrieren, werden im Kapitel 6 aus den verschiedenen Bereichen des betrieblichen Umweltschutzes eine Auswahl von Möglichkeiten vorgestellt, ohne einen Anspruch auf Allgemeingültigkeit oder Vollständigkeit zu erheben. Die Beispiele sollen vielmehr Mut machen, den Weg zu gehen und sich dieses Themas anzunehmen.

4.3.3 Präferenzliste zur Umsetzungsplanung

Aus den beschriebenen Vorarbeiten hat sich bis zu diesem Punkt, ausgehend von der Erfassung der Umweltsituation über die Zuordnung der umweltrelevanten Kosten bis hin zur Analyse der erarbeiteten Handlungsschwerpunkte, eine Eingrenzung derjenigen Themenfelder ergeben, die sowohl aus Kosten- als auch aus sonstigen betrieblichen Gründen einen konkreten Handlungsbedarf erkennen lassen. Da in den meisten Fällen sowohl personell als auch organisatorisch eine

Tabelle 4.5. Zeitlicher Ablauf der Umsetzung - Anhaltspunkte

• kurzfristige Umsetzungsplanung	⇒	Projekte, bei denen durch sofortige Maßnahmen unmittelbar Einsparungen erfolgen und die mit keiner oder nur geringer Investitionstätigkeit verbunden sind (Amortisationszeit < 3 Monate)
• mittelfristige Umsetzungsplanung	⇒	schnell umsetzbare Maßnahmen mit keinem oder nur geringem Planungsaufwand (Planungszeitraum < 3 Monate), mit überschaubarem Investitionsaufwand und vergleichsweise kurzen Amortisationszeiten (< 12 Monate)
• langfristige Umsetzungsplanung	⇒	Maßnahmen mit erheblichem Planungs- und Investitionsaufwand (Planungszeitraum > 6 Monate) und/oder Amortisationszeiten > 2 Jahre
	⇒	Maßnahmen, die nur im Rahmen von in Zukunft ohnehin anstehenden Mo-

	dernisierungen, Erweiterungen oder ähnlichem attraktiv sind, dann aber mit berücksichtigt werden sollten
⇒	Maßnahmen, die im Moment (aus finanzieller Sicht) nicht attraktiv sind oder aus sonstigen Gründen z.Z. keine Präferenz haben, bei veränderten Rahmenbedingungen politischer, gesellschaftlicher oder wirtschaftlicher Art aber Beachtung finden sollten

sofortige Inangriffnahme sämtlicher Projekte weder zweckmäßig noch möglich erscheint, ist es sinnvoller, eine Präferenzliste von der kurz- über die mittel- bis hin zur langfristigen Umsetzungsplanung zu erstellen. Insbesondere im Bereich der langfristigen Planung muß darauf geachtet werden, eine fortlaufende Überprüfung und Aktualisierung vorzunehmen, um sich ändernde Rahmenbedingungen rechtzeitig mit einfließen zu lassen.

Die Tabelle 4.5 bietet eine gewisse Hilfestellung zur Einordnung der zeitlichen Abfolge der Projekte.

5 Betriebsablauf-orientiertes MUM

In Kapitel 4 wurde vorgestellt, wie sich das Modulare Umweltmanagement MUM als Kostenoptimierungsinstrument ausgestalten läßt. Ziel war es dort, alle umweltrelevanten Kosten zu erfassen und dann an derjenigen Stelle anzugreifen, die bei niedrigstem Investitionsaufwand die höchsten Einsparungen verspricht.

Betriebsablauf-orientiertes MUM verfolgt ein anderes Konzept. Die beim kostenorientierten MUM nötige anfängliche Gesamtbestandsaufnahme wird vermieden und statt dessen eine Vorgehensweise vorgeschlagen, die den Betrieb sozusagen von außen nach innen untersucht (Abb. 5.1) und aus jedem Ergebnis sofort Maßnahmen ableitet. Dabei wird insbesondere darauf geachtet, daß die Eingriffe in den Betriebsablauf am Anfang möglichst klein gehalten werden und sich die Eingriffsintensität langsam steigert.

Einen auf den ersten Blick ähnlichen Ansatz macht *Jacobs*[12]. Der Autor beschreibt vier idealtypische Strategien, nach denen Umweltschutz im Unternehmen organisiert werden kann:

- abwehrorientierte Strategie
- outputorientierte Strategie
- prozeßorientierte Strategie
- zyklusorientierte Strategie

Diese stellen eine fortlaufende Vertiefung bzw. verstärkte Durchdringung des Umweltschutzgedankens in das unternehmerische Handeln dar. Sie werden als Auswahlmöglichkeit, auch im Mischformen, mit ihren organisatorischen und betrieblichen Konsequenzen beschrieben.

Eine Zuordnung zu den genannten Typen, insbesondere zu den ersten beiden, ist in der Tat in vielen Fällen möglich. Die Motive, die zu solchem, nur beschränkt aktivem Handeln im Umweltschutz führen, sind schon hinreichend diskutiert worden. Unter praxisgerechten Gesichtspunkten reicht es jedoch nicht aus, nur einzelne Strategien zu beschreiben und die umfassendste zu favorisieren. Wichtiger ist es, dem betrieblichen Praktiker einen Weg zu zeigen, sich vorwärts zu bewegen, möglichst schrittweise und in überschaubaren Stufen.

Das betriebsablauforientierte MUM erlaubt es, jedem Unternehmen in seinem jetzigen Zustand des betrieblichen Umweltschutzes, so hoch oder niedrig dieser ausgeprägt sei, einzusteigen und sich in logischen Schritten fortzuentwickeln. Somit werden keine Reihe von Einzellösungen vorgestellt, sondern ein strukturiertes System, das, immer wieder auf das Erarbeitete aufbauend, von Stufe zu Stufe entwickelt werden kann.

Abb. 5.1. Schale-Kern Methodik des betriebsablauf-orientierten MUM

Diese Methode ist daher insbesondere für Betriebe geeignet, die sich dem Umweltgedanken allmählich nähern wollen und großen Wert auf sofort sichtbare Resultate legen. Das stufenweise Vorgehen ermöglicht eine Adaption an die jeweiligen spezifischen Gegebenheiten des Betriebes und erlaubt zudem durch fortwährende Rückübertragung und Kontrolle der Ergebnisse eine ständige Optimierung des Gesamtprozesses. Durch die schnelle Erarbeitung von greifbaren Resultaten wird dabei die immens wichtige innerbetriebliche Akzeptanz gefördert.

Die vier Phasen lassen sich durch folgende Eingriffscharakteristiken in den betrieblichen Ablauf typisieren:

Phase 0:	Bestandsaufnahme und Analyse
Phase I:	Beibehalten der Produktionsintegrität
Phase II:	Beibehalten der Produktintegrität
Phase III:	Aufgabe der Produktintegrität

Nach der Bestandsaufnahme in Phase 0 werden in Phase I ausschließlich Aspekte betrachtet, welche die Unternehmensperipherie betreffen, also nicht in den eigentlichen Produktionsprozeß eingreifen. Entsprechend leicht und schnell sind hier Veränderungen vorzunehmen. In der Phase II wird dann auf den eigentlichen Produktionsprozeß Einfluß genommen. Die hier in Frage kommenden Maßnahmen können eine weite Bandbreite zwischen einfachen Verfahrensabänderungen und umfangreichen Eingriffen, die den gesamten Produktionsprozeß betreffen, einnehmen. In der möglichen Phase III wird das hergestellte Produkt selbst in die Untersuchung mit einbezogen. Je nach Ergebnis kann hier die Einstellung eines Produktes oder einer Produktlinie, die Veränderung seiner stofflichen und technischen Zusammensetzung und Konstruktion oder auch die Erweiterung der Produktpalette am Ende als Ergebnis stehen. Während in der zweiten Phase "lediglich" technische Fragen betriebsinterner Art zu klären sind, werden in der dritten Phase weitreichende Probleme, die das Unternehmen als Ganzes betreffen, aufgeworfen.

5.1 Bewertungsmethoden im betriebsablauf-orientierten MUM

Bevor die einzelnen Phasen im Detail dargestellt werden, muß man sich prinzipiell über die in Frage kommenden Bewertungsmethoden klar werden. In jeder der drei Phasen sind aus Umweltgesichtspunkten heraus 4 Hauptthemenfelder zu betrachten, die für die größte Zahl produzierender Unternehmen das umweltrelevante Handeln im wesentlichen abdecken.

- Abfall
- Abwasser
- Abluft
- Energie

In Einzelfällen kann es nötig sein, noch weitere Aspekte wie z.B. Lärmemissionen oder Störfallträchtigkeit zu berücksichtigen, wobei bei letzterem, ebenso wie beim Umgang mit gefährlichen Stoffen, sich die Frage der Überlappung mit Aspekten der Arbeitssicherheit stellt. Die folgende Darstellung soll jedoch auf die o.g. Punkte beschränkt bleiben (Abb. 5.2).

Untersuchungsphase / Themenfelder	Phase O **Analyse und Bestandsaufnahme**	Phase I **Beibehaltung der Produktionsintegrität**	Phase II **Beibehaltung der Produktintegrität**	Phase III **Aufgabe der Produktintegrität**
Abfall	Analyse des Betriebsabschnittes	Optimierung des Betriebsabschnittes	Modifikation des Betriebsabschnittes	Modifikation der Produktpalette
Abwasser	"	"	"	"
Abluft	"	"	"	"
Energie	"	"	"	"

zunehmende Komplexität der Untersuchungsstufen →

zunehmende Vernetzung der Themenfelder →

zunehmender Abstimmungsaufwand mit anderen Unternehmensbereichen →

Abb. 5.2. Themenfelder und Untersuchungsphasen beim betriebsablauf-orientierten MUM

Die betriebliche Praxis hat gezeigt, daß diese Einschränkung auch zweckmäßig ist, um den Untersuchungsaufwand nicht ausufern zu lassen und eine Beschränkung auf das wesentliche vorzunehmen. Die oft geäußerte Kritik, daß nur die Output- aber nicht die Inputseite berücksichtigt wird, verfehlt ihr Ziel. In der überwiegenden Zahl der Fälle ist es so, daß die Verwendung gefährlicher Stoffe auch zu entsprechend umweltrelevanten Abfällen, Abwässern oder Abgasen führt, so daß diese bei der Output-Betrachtung automatisch mit erfaßt werden und sich auf diese Weise das Gesamtverfahren vereinfacht.

Um die Bewertungsproblematik in den einzelnen Phasen besser zu beleuchten, muß man sich über die Zielsetzung und die Anforderungen, die jeweils maßgebend sind, im einzelnen klar werden. Es ist ohne weiteres einsichtig, daß mit der steigenden Komplexität der Untersuchung und der zunehmenden Vernetzung der Themenfelder auch die Ansprüche an die Bewertungskriterien steigen müssen. So sind bei Produktlinienentscheidungen, die ja längerfristig angelegt sind, neben einer reinen Kostenbetrachtung beispielsweise auch gesellschaftliche Entwicklungen und die zukünftige Rohstoffverfügbarkeit zu beachten. Ein weiteres Problem liegt darin, daß nicht alle Kriterien exakt quantifizierbar sind, wie es die Umweltkosten beim kostenorientierten MUM waren. Von verschiedenen Seiten wird zur Bewertung solcher Probleme die sogenannte ABC-Analyse vorgeschlagen (siehe auch [13,14,15]). Unter Verzicht auf eine exakt zahlenmäßig vergleichbare Darstellung wird eine Zuordnung des jeweiligen Untersuchungspunktes zu einem der drei Niveaus vorgenommen. Dabei gilt allgemein:

A = hohe Problemrelevanz
B = mittlere Problemrelevanz
C = niedrige bzw. keine Problemrelevanz

Das eigentlich wichtige an dieser seit langem bekannten Methode ist die Aufstellung der Kategorien, nach denen die ABC-Bewertung des Untersuchungspunktes erfolgt.

Stahlmann[16] schlägt im Rahmen der Erstellung von Ökobilanzen 6 Kategorien zur Durchführung einer Gesamtbewertung vor:

Kategorie 1:	Umweltrechtliche/-politische Anforderungen Grundlagen sind nationales, EU- und internationales Umweltrecht
Kategorie 2:	Gesellschaftliche Akzeptanz Anforderungen ökologisch sensibler "stakeholder" (Kunden, Verbände, Gewerkschaften etc.) sowie Kritik, die auf alle unternehmensrelevanten Aktivitäten des Unternehmens gerichtet ist und über die vom Gesetzgeber geregelten Sachverhalte hinausgeht
Kategorie 3:	Gefährdungs-/Störfallpotential Einstufung des biotischen und abiotischen Risikopotentials von Stoffen und Verfahren

Kategorie 4: Internalisierte Umweltkosten
Ermittlung internalisierter Umweltkosten (Vermeidungs-, Schadens-Beseitigungs-, Ausweich- und Reduzierungskosten), die sich auf Produkte, Stoffe, Verfahren, Anlagen etc. beziehen

Kategorie 5: Negative externe Effekte auf Vor- und Nachstufen
Untersuchung der Umweltbelastung von Werkstoffen bis zum Einsatz im Unternehmen sowie ab Auslieferung der Produkte bis zur Nachkonsumphase

Kategorie 6: Erschöpfung nichtregenerativer/regenerativer Ressourcen
Voraussichtliche Reichweite der nicht nachwachsenden Rohstoffreserven sowie Berücksichtigung, ob nachwachsende Rohstoffe bzw. Tiere übernutzt bzw. ausgebeutet werden

Das Vorgehen besteht nun darin, sämtliche denkbaren Aspekte des betrieblichen Geschehens vom Input über den eigentlichen betrieblichen Prozeß bis zum Output nach diesem Schema komplett durchzubewerten. Der eigentliche Vorteil des ABC-Verfahrens, durch schnelle qualitative Aussagen die Spreu vom Weizen zu trennen, wird so durch den weitgesteckten Rahmen teilweise wieder aufgehoben. Zudem muß klar herausgestellt werden, daß mit einer Bewertung nach dieser Methode noch keinerlei Aussagen über Veränderungs- und damit Verbesserungspotentiale getroffen werden können. Es handelt sich lediglich und ausschließlich um eine wertende Bestandsaufnahme.

Im betriebsablauf-orientierten MUM wird dieses Schema ebenfalls genutzt, jedoch erweitert und an die spezifischen Erfordernisse adaptiert. Im Gegensatz zum oben beschriebenen ABC-Verfahren wird, um der stärkeren Orientierung an der Praxis Rechnung zu tragen, der Schwerpunkt auf die Bewertung der Bestandsaufnahme und die daraus resultierenden Konsequenzen gelegt.

In der Phase 0 findet eine Bestandsaufnahme der betrieblichen Umweltsituation aus der Output-Perspektive in den vier genannten Bereichen statt. Diese erfolgt zunächst wertfrei, d.h. lediglich registrierend.

Die weitere Vorgehensweise ist nun so, daß die Einzelkomponenten der Output-Analyse (Abfall, Abwasser, Abluft, Energie) nicht wie sonst isoliert, sondern in Abhängigkeit von der gewählten Lösungstiefe bewertet werden. Dabei ist sofort einsichtig, daß ein Lösungsansatz der Phase I wesentlich weniger Beurteilungskriterien standhalten muß, um verwirklicht zu werden, als ein Lösungsansatz der Phase III, der bis in die Produktpalette des Unternehmens eingreift (Abb. 5.3). Da die einzelnen Phasen logisch aufeinander aufbauen, tritt insgesamt auch kein Mehraufwand auf.

Vorteil an dieser Vorgehensweise ist zum einen, daß keine zweckfreie Problembewertung stattfindet, sondern die Beurteilung bereits im Rahmen der Lösungsansätze erfolgt. Gleichzeitig wird der Beurteilungsaufwand am Anfang reduziert und durch Betrachtung aller vier Phasen ein komplettes Gesamtbild erstellt. Die Phase 0 in ihrer lediglich registrierenden Form kann dazu genutzt werden, einen Problem-Pool aufzubauen, in der die umweltrelevanten Probleme der Unternehmung zusammengefaßt und in ihren Schwerpunkten gegliedert werden (siehe auch Kapitel 8.4.1).

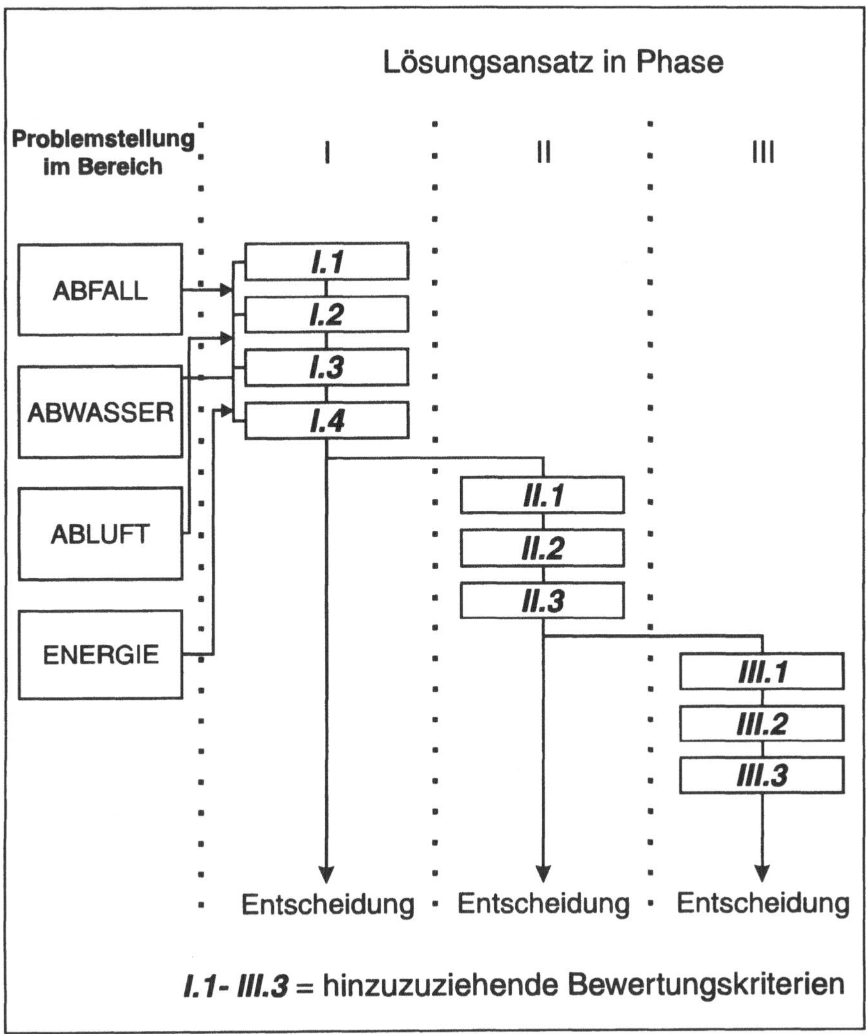

Abb. 5.3. Abgestufte Bewertungstiefe zur Entscheidungstiefe beim betriebsablauforientierten MUM

Zum anderen wird durch die hergestellte Verbindung zwischen Lösungsansatz und Problemstellung eine sofortige Entscheidung und damit direkte Umsetzung ermöglicht.

Der gesamte Ansatz ist somit nicht darstellungs-, sondern ergebnisorientiert. Über die (statische) Darstellung und Konkretisierung der existierenden Problemfelder hinaus, wird die (dynamische) Umsetzung von möglichen Potentialen mit einbezogen.

Der einzelne zu betrachtende Bewertungskomplex besteht somit immer aus einem Problem-Lösung-Paar. Während das Problem (z.B. ein bestimmter Produktionsabfall oder ein Abgasstrom) gleich bleibt, variieren die Lösungsansätze von Phase zu Phase, in dem sie immer weiter in den Betriebsablauf eingreifen. Die Vorteile dieses Verfahrens liegen auf der Hand: Während eine reine Problembeschreibung und Bewertung auch in allen ihren Facetten aufschlußreich sein mag, so ändert sie an der Situation im Kern nichts. Man will es ja aber besser machen! Da es aber noch so gravierende Probleme im Umweltbereich gibt, für die keine Lösung existiert, während scheinbar "zweitrangige" Probleme einfach und unter Einsparung von Kosten, Verminderung des Haftungsrisikos, Verbesserung des Firmenimages etc. gelöst werden können, kann der praxisorientierte Ansatz einer Problem-Lösung-Paar-Analyse nur im Interesse des betrieblichen Praktikers liegen. Natürlich ist es einfacher, einen Umstand lediglich zu registrieren und anhand verschiedener, auch ethischer, Kriterien zu bewerten, aber einfacher ist nicht unbedingt besser. Engagierter, kompetenter Umweltschutz sollte heute dazu in der Lage sein, über Problembeschreibungen hinaus handlungsorientierte Ansätze zu entwickeln und umzusetzen.

Im einzelnen gelangen in den drei Phasen folgende hinzuzuziehende Bewertungskriterien auf den jeweiligen Bewertungskomplex zur Anwendung (siehe auch Tab. 5.1):

Phase I:

Kriterium I.1 Gesetzliche Vorschriften
Kriterium I.2 Relevante Kostenbetrachtung (ökonomische Optimierung)
Kriterium I.3 Umweltbelastung (ökologische Optimierung)
Kriterium I.4 Gefährdungs- und Störfallpotential

Phase II (zusätzliche Kriterien zu I.1 - I.4):

Kriterium II.1 Einfluß auf interne Vor- und Folgeprozesse
Kriterium II.2 Produktgüte
Kriterium II.3 Akzeptanz und Verfügbarkeit von Ersatzstoffen

Phase III (zusätzliche Kriterien zu I.1 - II.3):

Kriterium III.1 Einfluß auf externe Vor- und Folgeprozesse
Kriterium III.2 gesellschaftliche und politische Entwicklung/ Marktentwicklung
Kriterium III.3 Übereinstimmung mit sonstigen Unternehmensmaximen

Tabelle 5.1. Kriterien zur Entscheidungsfindung im betriebsablauf-orientiertem MUM

Kriterium I.1	*Erfüllung gesetzlicher Normen*
	Einhaltung von Grenzwerten, z.B. nach BImschG, WHG, Direkteinleiterverordnung Durchführen und Dokumentieren von vorgeschriebenen Kontrollmessungen in den nötigen Intervallen, Arbeiten in den Grenzen der vorgeschriebenen Genehmigungen, Beachtung der gesetzlichen Vorschriften zur Abfallentsorgung und -verbringung
Kriterium I.2	*Relevante Kosteneinsparung (ökonomische Komponente)*
	Erzielen eines betriebswirtschaftlichen Vorteils im Falle der Umsetzung eines Projektes unter Einbeziehung von Investitionen, Personal- und Umweltschutzkosten sowie sonstigen Kosten wie Genehmigungs- und Sicherheitsauflagen ohne Verschlechterung der betrieblichen Umweltbilanz
Kriterium I.3	*Umweltbelastung (ökologische Komponente)*
	Auswirkungen auf die Schadstoffabgabe an Luft, Wasser oder Boden, Berücksichtigung des Energieverbrauches (CO_2-Ausstoß), des Abfallaufkommens und -zusammensetzung sowie der Verwendung von umweltschädlichen Roh-, Hilfs- und Betriebsstoffen bei Beschaffung, Produktion, Transport und Vertrieb sowie sonstigen in Frage kommenden Unternehmensaktivitäten unter Einbeziehung der betriebswirtschaftlichen Komponente
Kriterium I.4	*Gefährdungs- und Störfallpotential*
	Beurteilung des potentiellen Störfallrisikos des Anlagenbetriebes (nicht-bestimmungsgemäße Emissionen, Gefährdung von Personal) bei Produktion, Lagerung sowie Handling

Kriterium II.1	*Einfluß auf interne Vor- und Folgeprozesse sowie den eigentlichen Produktionsprozeß*
	Auswirkungen auf vor- und nachgelagerte Produktionsschritte und Stufen bei Einsatz oder Weiterverarbeitung von Rohstoffen und Halbzeugen, Berücksichtigung von logistischen Fragen sowie Lagerungsaspekten im innerbetrieblichen Ablauf mit Einbeziehung der Ausbringungsmenge
Kriterium II.2	*Beibehalten der Produktgüte*
	Erreichen bzw. Steigern der vorhandenen Produkteigenschaften in Hinsicht auf sämtliche Qualitätsrichtlinien wie Abmaße, werkstofftechnische Eigenschaften, Gebrauchsfähigkeit unter Berücksichtigung der angewandten Systematiken zur Qualitätskontrolle und -sicherung
Kriterium II.3	*Akzeptanz und Verfügbarkeit von Ersatzstoffen*
	Vorkommen bzw. Lieferanten von Ersatzstoffen mit Preisentwicklung, Betrachtung der Beschaffungsmärkte sowie Analyse der längerfristigen gesellschaftlichen Akzeptanz
Kriterium III.1	*Einfluß auf externe Vor- und Folgeprozesse*
	Einflüsse auf Lieferanten- bzw. Kundenbeziehungen in Bezug auf Anforderungen beim Einkauf und Verkauf, bei Einsatz, Weiterverarbeitung, Verwendung und Entsorgung
Kriterium III.2	*Gesellschaftliche und politische Entwicklung/Marktentwicklung*
	Untersuchung der längerfristigen gesellschaftlichen Akzeptanz und Marktperspektive von Produkten unter Berücksichtigung politischer Entwicklungen allgemeiner und umweltbezogener Art, Aktivitäten der Wettbewerber in Bezug auf Produktentwicklung, Marktsegmentierung und -ausrichtung
Kriterium III.3	*Übereinstimmung mit sonstigen Unternehmensmaximen*
	Abstimmung mit der längerfristigen Unternehmensentwicklung und -politik, Standortpolitik, Unternehmensstrategie (Trendsetter - Nachahmer), Berücksichtigung der Wünsche und Vorstellungen ev. Leitkunden, Profilierungs- und Abgrenzungsmöglichkeiten, Produktpolitik im allgemeinen

In den folgenden Abschnitten wird zunächst kurz die Methodik zur Bestandsaufnahme diskutiert; darauf aufbauend werden die drei Phasen, bezogen auf die vier genannten Hauptthemenfelder Abfall, Abwasser, Abluft und Energie dargestellt und erläutert.

5.2 Phase 0 - Die Bestandsaufnahme

5.2.1 Abfall

Mit am einfachsten gestaltet sich die Bestandsaufnahme im Bereich des Abfalls. Für besonders überwachungsbedürftige Abfälle (sog. Sonderabfälle) liegen ohnehin im Rahmen des vorgeschriebenen Begleitscheinverfahrens, das Herkunft, Weg und Verbleib dieser Abfälle dokumentiert (siehe Abb. 5.4) detaillierte Mengenaufstellungen vor.

Weitere Abfallarten, die zu berücksichtigen und zu erfassen sind, stellen die

- hausmüllähnlichen Gewerbeabfälle
- sonstigen Produktionsabfälle
- Büroabfälle

dar.

Zur Beschreibung des Abfallaufkommens sollte für die anfallenden betrieblichen Abfälle ein einheitliches Erfassungsschema vorgegeben werden, das die wichtigsten Grundinformationen für das betriebsablauforientierte MUM bereitstellt.

Zu den wichtigsten Angaben zählen insbesondere

- Bezeichnung des Abfalls, Zusammensetzung
- Anfallort (räumlich)
- Anfallgrund (Verfahrens-/prozeßbezeichnung und -kurzbeschreibung)
- Anfallmenge
- Entsorgungsweg
- Entsorgungspreis/-erlös

In vielen Unternehmen sind die meisten Daten hierzu vorhanden und müssen lediglich auf die ein oder andere Art und Weise ergänzt werden.

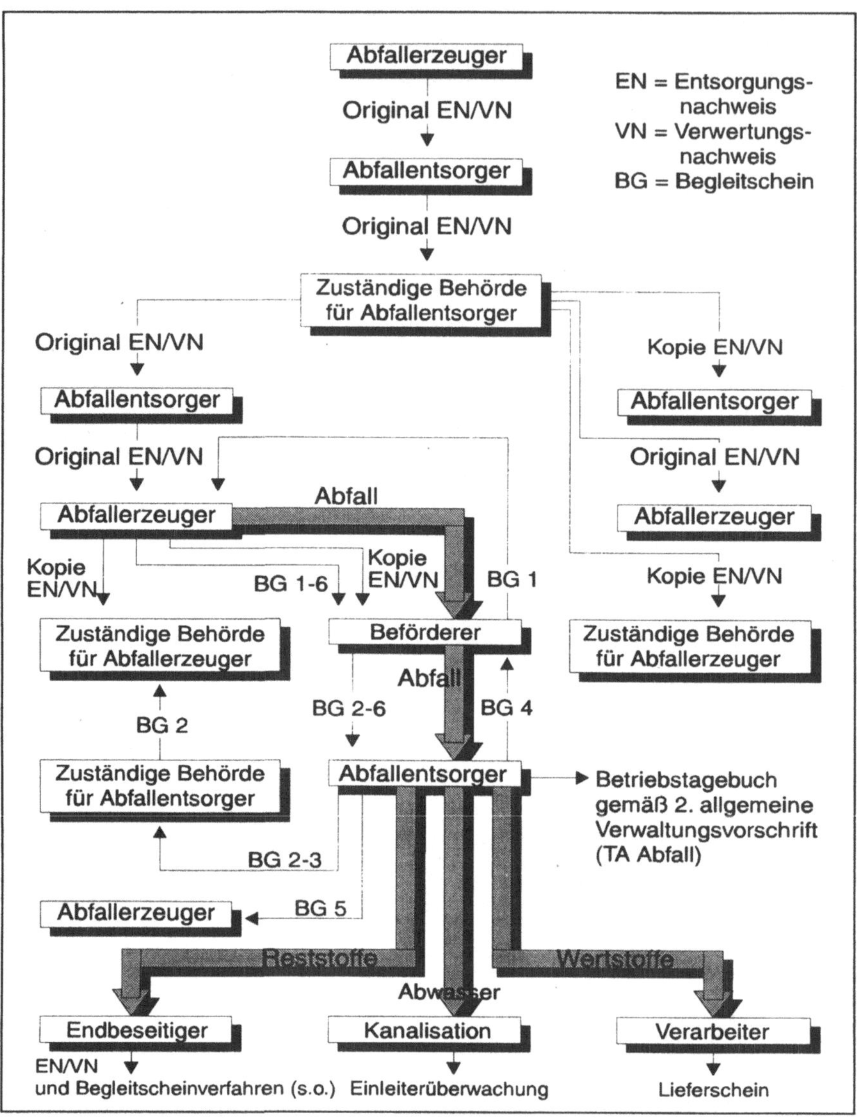

Abb. 5.4. Administrativer Ablauf der Entsorgung und Verwertung von Abfällen nach AbfRestÜberwV sowie TA Abfall

5.2.2 Abwasser

Nächster Punkt der Bestandsaufnahme ist das Abwasser. Dabei ist zunächst eine Begriffsbestimmung vorzunehmen. Betrachtet man als Abwasser nur denjenigen Teil, der wirklich das Betriebsgelände verläßt, verfehlt die vorgenommene Bilanzierung ihr Ziel. Besser ist es, die betrieblichen Abwässer in folgende drei Gruppen zu unterteilen:

1. Produktionsabwässer, die ohne weitere Behandlung das Werksgelände verlassen;
2. Produktionsabwässer, die einer Behandlung in übergeordnet/zentral arbeitenden Anlagen zugeführt werden;
3. Abwässer, die von einer übergeordnet/zentral arbeitenden Anlage zur Abwasserbehandlung kommend das Werksgelände verlassen.

Eine kurze Anmerkung gilt hier den flüssigen Sonderabfällen, die auf der einen Seite Abfall i.S.d.G. darstellen, zum anderen aber auch als Produktionsabwässer betrachtet werden können. Werden diese auf dem Entsorgungsweg als Abfall entsorgt, sind sie auch diesem hinzuzuzählen; andererseits muß beachtet werden, daß bei einer betriebsinternen Behandlung der „Abwässer" der Sonderabfallcharakter wegfallen kann. Wo letztendlich eine Zuordnung bzw. Betrachtung und Prüfung stattfindet, ist im Prinzip sekundär. In Phase II und besonders in Phase III gelangt ohnehin die wachsende Vernetzung der Themenfelder zu größerer Bedeutung. Ebenso wie im Abfallbereich ist es auch beim Abwasser anzuraten, ein vereinheitlichtes Schema zur Erfassung zu benutzen. Dazu gehören im wesentlichen folgende Punkte:

- Herkunft des Abwasserstroms (räumlich)
- Anfallgrund (Verfahrens- bzw. Prozeßbezeichnung)
- Anfallmenge
- Zusammensetzung und Eigenschaften; z.B. Temperatur, O_2-Gehalt, BSB, CSB, etc., sowie der eigentliche Schadstoffgehalt mit den jeweils geltenden Grenzwerten.
- Entsorgungsweg (Kanal, kommunale Kläranlage, betriebseigene Kläranlage)
- im Zusammenhang mit der Entsorgung anfallende Kosten (Behandlungskosten in eigener Kläranlage, Abwasserabgaben, etc.)

Betriebe, die ein Abwasserkataster erstellt haben, verfügen über den größten Teil der o.g. Angaben; Nacherhebungen müssen meistens im Bereich der betriebsinternen Behandlungskosten gemacht werden (dazu siehe auch Kap. 4.2.1, Erhebung der umweltrelevanten Kosten).

5.2.3 Abluft

Dritter Punkt der Bestandsaufnahme ist die Abluft. Neben der eigentlichen Produktionsabluft sind auch andere Emissionsquellen zu berücksichtigen. Dazu zählen beispielsweise Arbeitsplatzabsaugungen sowie Klimatisierungs- und Lüftungsvorgänge. Auch hier ist eine einheitliche Erfassungsmaske für die Charakterisierung aller Abluft-Teilströme anzuraten.

Im Bereich Abluft sollten folgende Angaben enthalten sein:

- Herkunft des Abluftstroms (räumlich)
- Anfallgrund (technische Verfahrens- bzw. Prozeßbezeichnung)
- Abluftmenge
- Charakterisierung des Abluftstroms mit
  - Temperatur
  - O_2-Gehalt
  - H_2O-Gehalt
  - Schadgas-Zusammensetzung und -gehalt
  - Staubgehalt
  - Zusammenstellung der betreffenden Grenzwerte
- Reinigungstechnik
- Kosten für Abgasreinigung

Während für Anlagen, die nach dem BImSchV[17] genehmigungspflichtig sind, Abgaszusammensetzung und Menge ohnehin bestimmt und kontrolliert werden müssen, sind bei anderen Anlagen diese Angaben in der Regel nicht so detailliert verfügbar. Es existieren jedoch in vielen Fällen eine Reihe von Sekundärangaben (z.B. Ventilatorenleistungen und -auslegungen, Verfahrensparameter des abluftverursachenden Produktionsschrittes, etc.), die Rückschlüsse auf die Abluftmenge und -zusammensetzung erlauben. Ein Problempunkt dürfte wiederum für viele Betriebe die Bestimmung der Reinigungskosten sein. Es sei an dieser Stelle auf das im Bereich Abwasser Gesagte verwiesen.

5.2.4 Energie

Der letzte, in der Bedeutung nicht zu unterschätzende Punkt ist die Energie. Dieser Komplex ist in den meisten Fällen der am schwierigsten zu betrachtende, da eine Vielzahl von Energieträgern auf die unterschiedlichste Art und Weise eingesetzt werden.

Die erste Unterscheidung, die hier zu treffen ist, ist die zwischen primären Energieträgern, die vom Unternehmen angekauft werden (Strom, Öl, Gas) und sekundären Energieträgern, zu denen erstere in werkseigenen Anlagen (Kraftwerken) umgewandelt werden (Strom, Dampf, Warmwasser, Kälte). So muß in einem ersten Teilkomplex die Effektivität und der Nutzen der betriebseigenen Primärenergie-Umwandlung untersucht werden. Maßnahmen in diesem Bereich sind zumeist recht komplex und betreffen oft weite Bereiche des Betriebsablaufes. Änderungen können mitunter nur mit beträchtlichen Investitionen vorgenommen werden, versprechen aber gerade hier erhebliche Einsparpotentiale (z.B. bei Errichtung von Blockheizkraftwerken, Wechsel des Energieträgers Öl→Gas). Ohne die Zuhilfenahme entsprechender Experten ist dies meist nicht zu bewerkstelligen.

Im zweiten Teilkomplex können alle Endverbraucher von Primär- und Sekundärenergie betrachtet werden. Dabei werden drei Teilgebiete unterschieden:

- mechanischer Energieverbrauch (Rührer, Pumpen, Antriebe)
- thermischer Energieverbrauch (Heizen, Kühlen)
- sonstiger Energieverbrauch (Licht, Elektronik, etc.)

Nun wird der betriebliche Praktiker einwenden, daß selbst in einem kleineren Betrieb eine solche Vielzahl von einzelnen Energieverbrauchern existiert, daß deren vollständige Bilanzierung wohl kaum sinnvoll sein kann. Das kann so nur bestätigt werden. Deswegen ist es sinnvoll, sich bei der Betrachtung auf zwei Gruppen zu beschränken.

1. Energieverbraucher, für die eine Gegenüberstellung von Anschaffungskosten und damit erzielbarer Energieeinsparung vorliegt.

   Bekanntestes Beispiel: Ersatz von normalen Glühlampen durch sogenannte Energiesparlampen.

   Desgleichen können dieser Gruppe Anlagen oder Anlagenteile hinzugerechnet werden, die ohnehin neu oder als Ersatz angeschafft werden müssen und bei deren Auswahl zwischen den zur Verfügung stehenden Alternativen der Energieverbrauch über die Lebensdauer als Entscheidungskriterium hinzugezogen wird (eine Vorgehensweise, die ohnehin längst üblich sein sollte).

2. Einzelenergieverbraucher mit größerem Energieverbrauch.

   Die Definition, was unter „größerem Energieverbrauch" zu verstehen ist, kann letztlich nur jeder Betrieb für sich alleine klären. Abhängig von Betriebsstruktur und -branche kann das eben der eine große Prozeß-/Verfahrensschritt sein, der die dominierende Stellung einnimmt, oder aber eine Reihe von Einzelschritten, die der Betrachtung lohnen. Auch der Willen und die Absicht, wie tief eine solche Betrachtung gehen sollte, spielen eine nicht zu vernachlässigende Rolle.

Bei der getroffenen Auswahl sollte eine Gegenüberstellung zwischen der eingesetzten Energie und der tatsächlich für den Prozeß genutzten Energie durchgeführt werden. Während Wirkungsgrade beispielsweise von E-Motoren bekannt sind, ist die Bestimmung von Verlustanteilen gerade beim Heizen und Kühlen nicht immer einfach. Eine Bestimmung des Wirkungsgrades η ist über folgende Berechnung möglich:

- beim Heizen:

$$\eta_H = \frac{\text{zum Heizen eingesetzte Energiemenge}}{\text{tatsächlich vom Medium aufgenommene Energiemenge}}$$

- beim Kühlen:

$$\eta_K = \frac{\text{zum Kühlen eingesetzte Energiemenge}}{\text{tatsächlich vom Medium abgegebene Energiemenge}}$$

Ebenso wichtig wie die Bestimmung des Wirkungsgrades, der ein Maß für die Effektivität des Energieeinsatzes in dem betrachteten Prozeßschritt ist, ist die Erfassung der sonstigen Randparameter. Hierzu zählen beispielsweise

- Temperaturen und Temperaturdifferenzen
- anfallende Menge der Verlustenergie
- Anfallcharakteristik (kontinuierlich/periodisch)
- Charakterisierung der Abwärmeableitung (Abluft, Abwasser)
- bereits getroffenen Maßnahmen

Diese Angaben sind wichtig, um später die verschiedenen Möglichkeiten zur Energieeinsparung oder Nutzung (z.B. Abwärmenutzung für Raumheizung) prüfen zu können.

Dabei kann es Sinn machen, einen sogenannten "Energieatlas" für ein Unternehmen aufzustellen. Dieser bietet einen Überblick sowohl über alle relevanten Energieverbraucher als auch über die zur Verfügung stehenden Energiequellen, insbesondere die noch nicht genutzten wie Abwärme etc.. Durch den Abgleich zwischen Angebot und Nachfrage können so gezielt Potentiale zur innerbetrieblichen Energienutzung entdeckt und umgesetzt werden. Die in einem solchen Energieatlas aufzuführenden Angaben decken sich weitgehend mit mit der o.g. Liste.

Insgesamt gesehen ist der Bereich der Energiebilanzierung ein komplexes und nicht immer einfaches Feld, welches aber erfahrungsgemäß auch erhebliche Einsparpotentiale bietet.

Im folgenden werden nun, aufbauend auf die Bilanzierung, die vier Hauptthemenfelder Abfall, Abwasser, Abluft und Energie durch die drei Phasen hindurch beschrieben und erläutert.

5.3 Betriebsablauf-orientiertes MUM - Abfallbezug

Ausgangspunkt für die praktische Arbeit ist meist der im Betrieb anfallende Abfall. Zum einen sind hier am leichtesten Einsparungen und Verbesserungen möglich, ohne den Betriebsablauf zu stark zu beeinflussen; Zum anderen wird eine große Anzahl von Betrieben gerade durch die Einführung des novellierten Abfallgesetzes und das volle Inkrafttreten des Kreislaufwirtschaftsgesetzes im Oktober 1996 im Entsorgungsbereich nicht nur weitere finanzielle Belastungen erfahren, sondern sich im Bereich der Vermeidung und Verwertung gesteigerten Ansprüchen auch des Gesetzgebers gegenübersehen.

Abb. 5.5 gibt einen generellen Überblick über die Vorgehensweise.

In Phase I (Beibehalten der Produktionsintegrität) geht es darum, Möglichkeiten zu finden, den anfallenden Abfall besser zu entsorgen, als dies bisher der Fall war.

Im Bereich der besonders überwachungsbedürftigen Abfälle (Sonderabfälle) ist zunächst die Möglichkeit zu überprüfen, ob die Zuordnung der Abfälle zu den sog. Abfallschlüsselnummern optimiert werden kann. Diese Abfälle sind im LAGA-Katalog Abfallarten[18] bestimmten Gruppen bzw. Nummern zugeordnet. In einer Reihe von Fällen zeigt sich jedoch, daß eine Zuordnung eines bestimmten Abfalls zu mehreren Abfallschlüssellnummern möglich ist. Da Entsorgungs- bzw. Verwertungsanlagen ebenfalls immer nur für bestimmte Nummern zugelassen sind, kann in gewissen Fällen nur durch die „Umbenennung" eine vorher verschlossene Verwertungsschiene geöffnet werden. Selbstverständlich sind solche Maßnahmen mit den zuständigen Behörden abzustimmen. Eine weitere Möglichkeit besteht darin, schom am Anfallort die Sortierung der Abfälle zu intensivieren. Sorten- bzw. Materialreinheit ist für eine spätere Verwertung, ob intern oder extern, oberstes Gebot. Dabei ist darauf zu achten, daß z.B. nicht nur einfach verschiedene Tonnen aufgestellt werden, sondern diese für die betreffenden Mitarbeiter auch einfach zu erreichen sind. Leider ist allzuoft zu beobachten, daß gutgemeinte und sinnvolle Initiativen an solch einfachen Dingen scheitern.

Man sollte an dieser Stelle auch nicht eine genaue Marktrecherche versäumen, um billigere Entsorgungs- bzw. Verwertungsmöglichkeiten zu prüfen. In der Praxis ist es nicht selten der Fall, daß lange eingefahrene Entsorgungsschienen existieren und diese, aus welchen Gründen auch immer, nicht mehr in Frage gestellt werden. Für die Recherche nach geeigneten Entsorgungsbetrieben stehen mittlerweile eine ganze Reihe von Nachschlagewerken, auch in digitalisierter Form (z.B.[19]) zur Verfügung; auch auf Erfolgsbasis arbeitende Vermittlungsagenturen können herangezogen werden.

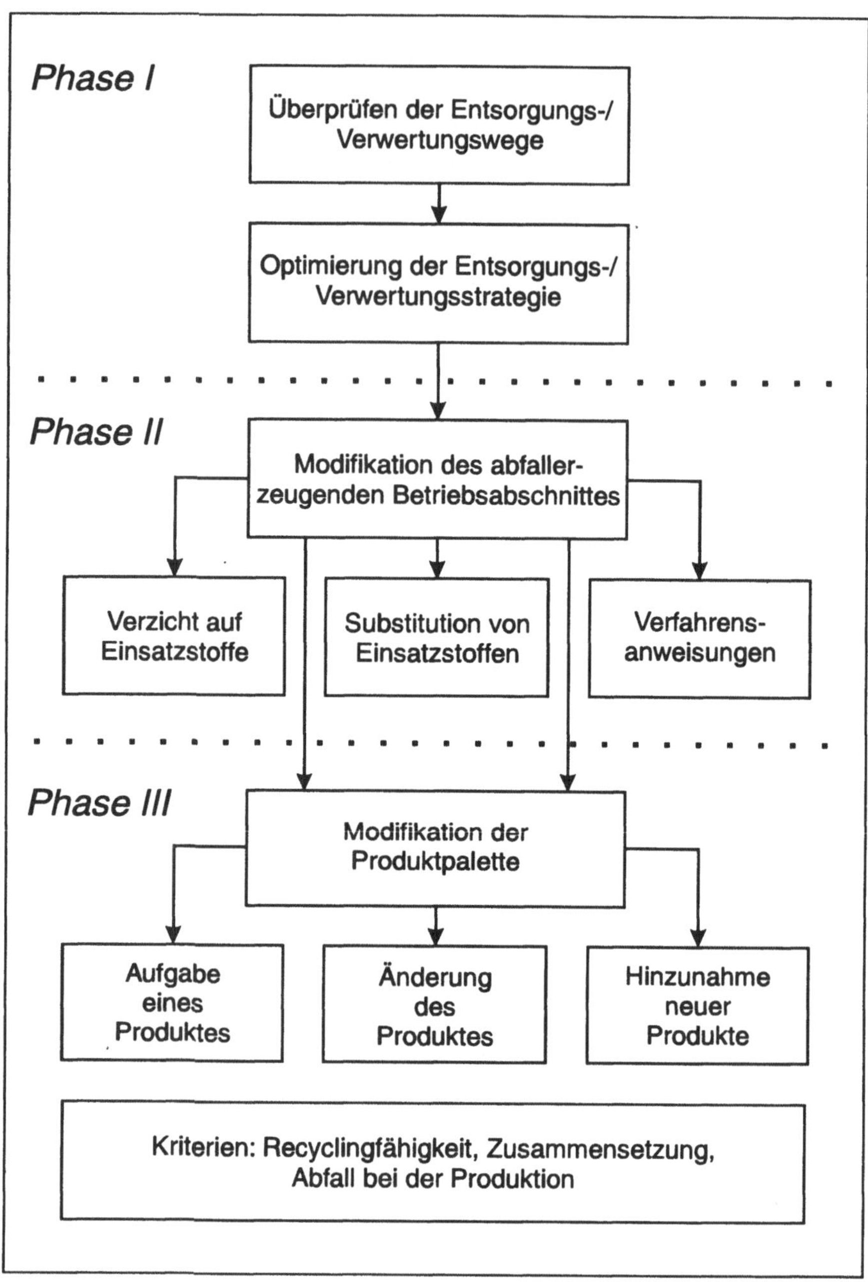

Abb. 5.5. Betriebsablauf-orientiertes MUM - Teil I: Abfallbezug

Im nächsten Schritt sind die Potentiale zu überprüfen, die eine innerbetriebliche (Vor-)Behandlung des Abfalls bieten kann. Die einfachste Variante besteht darin, durch geeignete Behandlungsschritte bei flüssigen bzw. stark wasserhaltigen Abfällen eine Volumenreduzierung herbeizuführen. So kann z.B. bei Emulsionen eine Öl-Wasser-Trennung zu einer 90%igen Verminderung der Abfallmenge führen (siehe auch Kap. 6.1). Wenn man bedenkt, daß in Sondermüllbehandlungsanlagen 60% und mehr der angelieferten Stoffe aus Wasser bestehen, welches zum einen mitbezahlt und zum anderen auch transportiert werden muß, um dann die Anlage über die Kanalisation zu verlassen, werden die hier liegenden Potentiale deutlich. In Modulweise gefertigte Anlagen, die mit geringstem Aufwand betrieben werden können, sind auf dem Markt erhältlich. Eine andere Variante kann darin bestehen, durch Abtrennung und Aufkonzentrierung der Inhaltsstoffe betriebswirtschaftliche Vorteile zu erzielen. So ist durch den geeigneten Adsorbenten beispielsweise eine nahezu vollständige Schwermetall-Elimination möglich. Das gewonnene Konzentrat kann dann in der Hüttenindustrie eingesetzt werden.

Natürlich ist es nicht so, daß jeder im Betrieb anfallende Abfall sinnvoll vor Ort behandelt werden kann. Mit steigender Komplexität der nötigen Behandlung und sinkenden Mengen am Anfallort wird die externe Behandlung eher zu favorisieren sein als die Installation aufwendiger Techniken im Betrieb selbst. Es ist jedoch darauf zu achten, das Leistungspotential heutiger dezentraler Behandlungsanlagen zu nutzen, die „von der Stange“ gekauft werden können und bei geringem oder keinem Bedienungsaufwand ein weites Spektrum auch in der Durchsatzleistung abdecken.

Nachdem in der Phase I Entsorgungswege geprüft und interne Modifikationsmöglichkeiten der Abfälle geprüft wurden, ist in Phase II der eigentliche Produktionsprozeß Ziel der Untersuchungen. Die Fragestellung lautet dabei: Wie kann ich durch Veränderungen am Produktionsprozeß Abfälle vermeiden, reduzieren oder zumindest in einer besser verwertbaren Form anfallen lassen?

Im ersten Schritt kann geprüft werden, ob durch Änderungen im Verfahrensablauf eine Homogenisierung und damit bessere Verwertung möglich wird. So kann durch eine Reduzierung der Lacksorten der anfallende Lackschlamm einer Verwertung zugeführt bzw. recycelt werden und so eine teure Sondermüllentsorgung entfallen. In einem konkreten Fall wurde durch die Anschaffung eines zweiten Filters in einem Betrieb zur Herstellung von Farbpigmenten der vorher als Pigmentgemisch anfallende Filterkuchen getrennt und kann so, da er nun sortenrein anfällt, in die Produktion zurückgeführt werden. Die Reduzierung des Sondermüllaufkommens betrug in diesem Fall über 90%.

Im zweiten Schritt ist zu prüfen, ob durch die Integration von Reinigungssystemen in den Verfahrensablauf beispielsweise eine Kreislaufführung möglich wird. Die Badwechselintervalle können so verlängert und das Abfallaufkommen entsprechend reduziert werden. Im Bereich der Galvanik- und Säurebäder gibt es inzwischen eine ganze Reihe von Beispielen, die den Erfolg dieser Strategie belegen.

Im dritten, in der Phase II am weitestgehenden Schritt, werden alle Optionen zur Änderung des Verfahrens selbst überprüft, die es immer noch zulassen, das gewohnte Produkt herzustellen. Dabei kann der Verzicht oder der Einsatz anderer Ersatzstoffe ebenso in Frage kommen wie verfahrenstechnische Änderungen und Optimierungen. Chemische Reaktionen können so durch Änderung von Druck, Temperatur oder Verfahrensführung optimiert werden, um die Ausbeute zu erhöhen und damit die Reststoffe zu vermindern. Da solche Reaktionen in den meisten Fällen unter verfahrenstechnisch/betriebswirtschaftlichen Gesichtspunkten gefahren werden (z.B. optimales Ausbeute/Reaktionszeit-Verhältnis), ergibt sich meist für den Prozeß selbst eine betriebswirtschaftliche Verschlechterung, die aber mit den reduzierten Kosten der Abfallentsorgung gegengerechnet werden muß.

In der Phase III wird das Produkt selbst in abfalltechnischer Hinsicht untersucht. Dabei gilt es nicht nur, die Abfallerzeugung bei der eigentlichen Produktion im Auge zu behalten, sondern auch den immer wichtigeren Aspekt des Produktrecyclings/der Produktentsorgung zu berücksichtigen. Verschiedene Branchen wie z.B. die Elektroindustrie werden zukünftig durch gesetzliche Richtlinien wie die Elektronikschrott-Verordnung gezwungen, der recyclinggerechten Produktentwicklung Rechnung zu tragen. Neben dem Ersatz problematischer Materialien (z.B. FCKW) sind auch alle Aspekte der Demontage zu berücksichtigen, beispielsweise die Verwendung und Kennzeichnung weniger, sortenreiner Kunststoffe oder die einfache Zerlegbarkeit in möglichst materialhomogene Komponenten.

In gravierenden Fällen kann es sinnvoll sein, längerfristig die Einstellung eines bestimmten Produktes zu erwägen, wenn auch umfangreiche Modifikationen keine „Trendwende" ermöglichen und auch unter der Berücksichtigung gesellschaftlicher Tendenzen eine nur zweifelhafte Marktperspektive vorstellbar ist. Andererseits kann aber auch durch umweltgerechte Entwicklung neuer bzw. Modifikation bestehender Produkte die Marktposition gestärkt und eine Abgrenzung vom Wettbewerber vorgenommen werden.

Es ist an dieser Stelle anzumerken, daß diese Überlegungen, wie manchmal behauptet wird, nicht nur für Produkte gelten, die an Endverbraucher geliefert werden, sondern mindestens ebenso für Komponenten der Zulieferindustrie, die andernorts eingesetzt werden. Ein gutes Beispiel dafür ist die Automobilindustrie. Deren ökologische Ansprüche, z.B. für ein einfaches Altauto-Recycling, werden an die Zulieferer weitergegeben und müssen von diesen erfüllt werden. Verstärkt wird diese Tatsache noch dadurch, daß die Anzahl der direkten Automobilzulieferer in Zukunft im Schnitt um 75% zugunsten von Komponentenlieferanten eingeschränkt werden soll[20] (z.B. Lieferung des ganzen Armaturenbretts anstatt Tacho, Welle, Verkleidung), eine Entwicklung, die sich auch in anderen Industriezweigen fortsetzen wird. Nicht nur die Qualitätsansprüche, auch die ökologischen Anforderungen an das Produkt werden mit allen damit verbundenen Konsequenzen steigen.

5.4 Betriebsablauf-orientiertes MUM - Abwasserbezug

Das in der Produktion entstehende Abwasser muß vielfach in betriebseigenen Kläranlagen nachbehandelt werden, um die Einleitgrenzwerte in kommunale Abwassernetze (Indirekteinleiter) oder in Oberflächengewässer (Direktein-leiter) zu unterschreiten. Durch die Indirekteinleiterverordnung besteht zudem die Möglichkeit, auch den Indirekteinleiter zum Einhalten der niedrigeren Grenzwerte des Direkteinleiters zu zwingen.

Die Abwasserbehandlung gerät so für immer mehr Unternehmen zu einem bedeutenden Kostenfaktor, der, gerade wenn eine zentral für mehrere Betriebsteile arbeitende Kläranlage vorhanden ist, am Schluß als „anonymer" Kostenblock die betriebswirtschaftliche Rechnung des Unternehmens belastet.

Es gibt mehrere Sichtweisen, sich dem Abwasserproblem zu nähern (Abb. 5.6). In Phase I gilt es, nach einer Analyse der vorhandenen Anlagen und Techniken diese nach Möglichkeit zu modernisieren, zu reorganisieren und effizienter zu machen.

In der Hauptsache ergeben sich folgende Möglichkeiten:

1. Steigerung der Behandlungseffizienz
2. Selektierung des Behandlungsverfahrens
3. Änderung der Behandlungsstrategie

ad 1 Viele Betriebe sehen sich durch verschärfte Grenzwerte oder auch Erweiterung der Produktion gezwungen, ihre Behandlungseffizienz zu steigern. Dies geschieht im einfachsten Fall durch eine Vergrößerung der Anlage. Es gibt jedoch eine Reihe von Möglichkeiten, durch moderne Technologie bestehende Anlagen so aufzurüsten, daß die vorhandenen Einrichtungen erhöhte Kapazitäten aufweisen und/oder niedrigere Grenzwerte anhalten.

Ein erster Schritt ist die Optimierung der Meß-, Steuer- und Regeleinrichtungen (MSR-Technik). Gerade bei älteren Anlagen werden oft die einzelnen Behandlungsschritte isoliert voneinander überwacht und gesteuert. Durch eine intelligente Verknüpfung kann die Effizienz der einzelnen Stufe gesteigert, der Einsatz von Hilfsmitteln (z.B. Fallungsmitteln) verringert und die Leistungsfähigkeit der Gesamtanlage erhöht werden. Ein weiterer Ansatzpunkt liegt, insbesondere bei größeren, mehrstufigen Anlagen in einer Kapazitätsanalyse der einzelnen Behandlungsschritte. In Fällen, in denen in einem bestimmten Schritt ein gravierendes Kapazitätsdefizit vorhanden ist (Engpaß), kann ein gezielter Aus- bzw. Umbau dieser einen Stufe lukrativer sein. Grund hierfür ist meist nicht etwa eine Fehlplanung beim Bau, sondern eine im Laufe der Jahre sich ändernde Abwasserzusammensetzung, welche die einzelnen Stufen unterschiedlich be- bzw. entlastet.

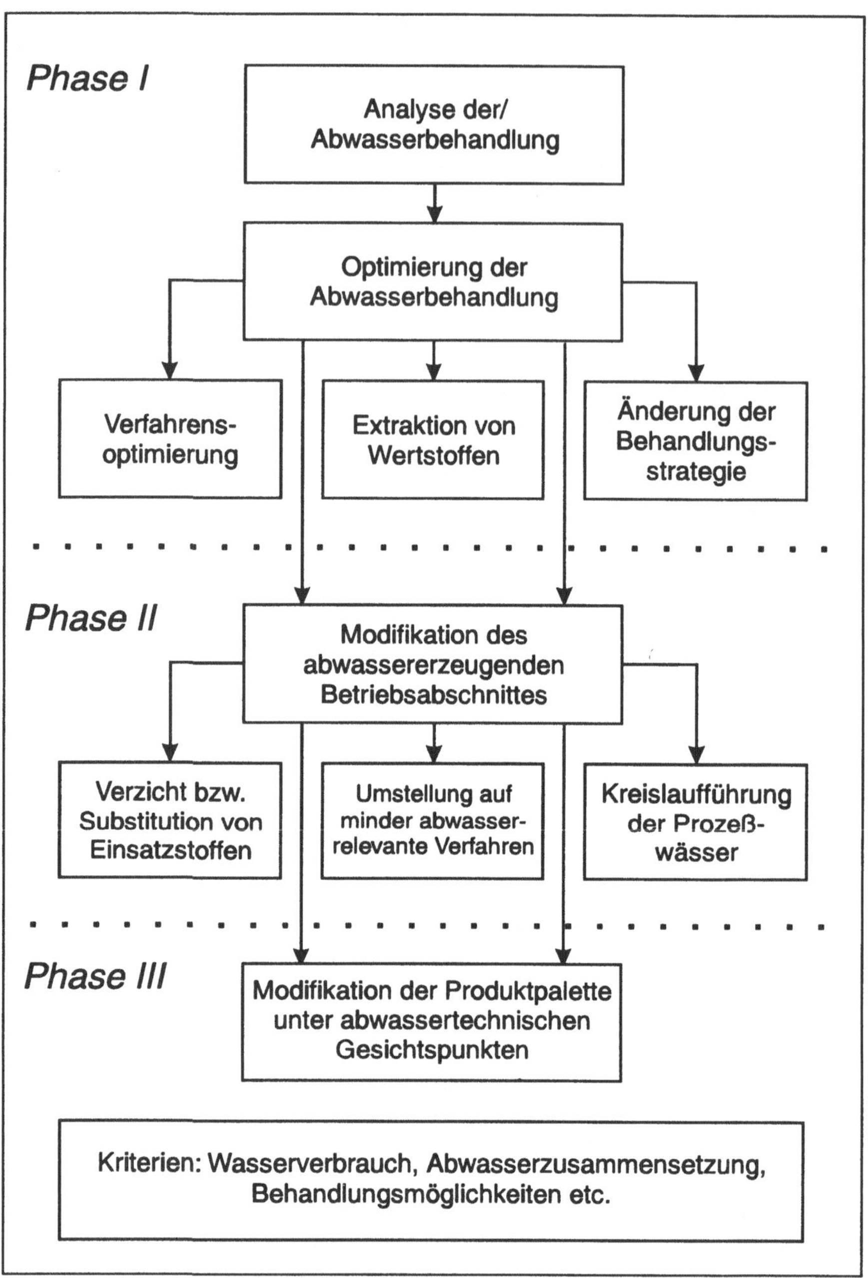

Abb. 5.6. Betriebsablauforientiertes MUM - Teil 2: Abwasserbezug

Die bei Errichtung der Anlage eingeplante Kapazitätsreserve wird so nicht insgesamt, sondern nur von einer oder wenigen Stufen in Anspruch genommen, während andere sozusagen „unterbeschäftigt" sind. So läßt sich beispielsweise durch den nachträglichen Einbau von Belüftern die Leistung von Belebungsbecken steigern.

Eine weitere Möglichkeit besteht darin, veränderte Hilfschemikalien wie Fällungsmittel einzusetzen. Neben dem Einsatz anderer Stoffe mit höherem Wirkungsgrad besteht in manchen Fällen die Chance einer Modifizierung der Dosierung. So können durch verbesserte Misch-technik, geänderte Zugabeform (in Lösung statt als Feststoff) höhere Reinigungsleistungen bei reduziertem Hilfsstoffeinsatz realisiert werden.

ad 2,3 Sind Kapazität und Einleitwerte der Abwasserbehandlungsanlage in Ordnung, muß das Hauptaugenmerk auf die Senkung der Betriebskosten und/oder Verbesserung der Umweltbelastung gerichtet werden. Neben den eigentlichen Betriebskosten wird oftmals durch die Entsorgung der anfallenden Schlämme bzw. Filterrückstände ein erheblicher Aufwand verursacht. Es gilt also, genau hier anzusetzen.

Dabei gibt es prinzipiell 2 Möglichkeiten:
- Verbesserung der Rückstände
- Vermeidung von behandlungsbedingten Rückständen

Durch eine Verfahrensänderung bei der Abwasserbehandlung lassen sich vielfach heterogen zusammengesetzte Schlämme in mehrere, homogenere Fraktionen aufteilen (siehe dazu auch betriebsablauforientiertes MUM - Abfallbezug). Klassisches Beispiel dieser Strategie ist die getrennte, selektive Fällung bzw. Abscheidung von Edel- und Schwermetallen anstelle einer unspezifischen Sammelfällung. Diese in der Schmuck- und Uhrenindustrie seit Jahrzehnten zum Stand der Technik gehörende Vorgehensweise kann auch bei der Be- und Verarbeitung weniger edler Metalle gewinnbringend eingesetzt werden. Hinreichend genau getrennte Metallfraktionen können mit einem positiven Marktwert verkauft werden, so daß sich die aufwendigere Behandlung unter Berücksichtigung der sonst anfallenden höheren Entsorgungskosten rechnet. Im Einzelfall muß natürlich genau geprüft werden und insbesondere der Metallgehalt, die Zahl der Metalle sowie sonstige im zu reinigenden Abwasser vorkommende Schadkomponenten wie beispielsweise Cyanide oder Kohlenwasserstoffe berücksichtigt werden.

Eine andere Perspektive, die auf die Verringerung der Rückstandsmenge zielt, bietet sich durch den Einsatz von anderen bzw. Verzicht auf Hilfchemikalien. So können Elektrolyse oder Membranverfahren eine Alternative zu herkömmlichen Fällungsverfahren darstellen und der Einsatz von Oxidationsmitteln wie Natriumhyperchlorit durch H_2O_2 oder Ozon verbunden mit UV-Bestrahlung vermieden werden. Die Salzfracht des abgeleiteten Wassers kann reduziert und die Verwendung von ökologisch bedenklichen Chlorverbindungen eingeschränkt werden.

Noch einen Schritt weiter geht Phase II. Diese zielt zum einen auf eine Reduzierung des Schadstoffgehalts des Abwassers überhaupt, beispielsweise durch Verzicht auf problematische Einsatzstoffe oder Umstellung auf weniger abwasserrelevante Verfahren, oder aber sie strebt, wenn möglich, durch Kreislaufführung einen abwasserfreien Prozeß an. Eine Aufkonzentrierung unerwünschter Komponenten läßt sich dann durch die kontinuierliche Vor-Ort-Reinigung im Bypass-Betrieb realisieren.

Ist das nicht oder nur mit nicht vertretbarem Aufwand möglich, sollte geprüft werden, wie durch Verfahrensänderungen bzw. Umstellungen in der Einsatzpalette zumindest eine bessere Behandlungsmöglichkeit gegeben werden kann, ob beispielsweise eine für die Verwertung der Reststoffe hinderliche Komponente entfernt werden kann. Auf diese Weise können auch bei nahezu unverändertem Abwasseranfall am Produktionsort trotzdem positive ökologische und ökonomische Effekte erzielt werden.

5.5 Betriebsablauf-orientiertes MUM - Abluftbezug

Im Bundesimmisionsschutzgesetz und den dazugehörigen Verordnungen sind für eine Reihe von Stoffen Grenzwerte festgelegt, die beim Anlagenbetrieb unterschritten werden müssen. Sowohl für staub- als auch für gasförmige Komponenten stehen eine ganze Reihe von Verfahren bereit, die eine zuverlässige Abscheidung gewährleisten.

Geht man nun daran, den Bereich der Abluftreinigung zu optimieren (Phase I), so sind im wesentlichen zwei Fälle zu unterscheiden:

1. Reinigung von mit Feststoffen beladenen Abluftströmen

2. Reinigung von mit gasförmigen Komponenten beladenen Abluftströmen.

Aus Übersichtlichkeitsgründen werden an dieser Stelle die Reinigung von mit Aerosolen beladener Abluft sowie diejenigen Fälle, in denen Komponenten verschiedener Aggregatzustände vorkommen, nicht berücksichtigt.

ad 1 Staubförmige Komponenten können durch trockene oder nasse Verfahren entfernt werden. Zu ersteren zählen z.B. Elektrofilter, Tuch- oder Kerzenfilter, zu letzteren Venturi-Wäscher, Hydrozyklone und Schaumkammern. Anwendungsbereiche sowie abscheidungstechnische Vor- und Nachteile darzustellen, würde den Rahmen dieses Buches sprengen und sicherlich auch seinen Zweck verfehlen. Abgesehen von der reinen Abscheideleistung ist aus umweltschutztechnischer Sicht bei der Staubabscheidung als solches nur selten eine Optimierung möglich. Wenn möglich, sollten trokken arbeitende Verfahren bevorzugt werdden, da diese den Staub in reiner Form anfallen lassen und nicht das Problem in das Abwasser weitertragen, was letztendlich auch bei im Kreislauf arbeitenden Wäschern der Fall ist. Gegen diesen Schritt spricht allerdings der, besonders bei kleinen Korngrößen, nicht befriedigende Abscheidegrad von trocken arbeitenden Verfahren.

ad 2 Weiter gestreut sind die Möglichkeiten bei gasförmigen Schadstoffen, wobei die Strategie bei anorganischen und organischen Stoffen naturgemäß unterschiedlich ist. Anorganische Gase wie HCl, SO_2 oder H_2S (Claus-Verfahren) können durch Auswaschen in ihre Säuren überführt werden und diese dann vermarktet werden. Was aber auf Anhieb einleuchtend und einfach klingt, ist aber mit einer Reihe von Schwierigkeiten verbunden. An erster Stelle steht dabei die Reinheit des Abgasstroms, der andere Komponenten nur in geringer Menge enthalten darf, um eine nicht rentable Nachreinigung der entstehenden Säure zu vermeiden. Weiterhin ist die Vermarktung dieser anorganischen Grundchemikalien zusehends schwieriger geworden, da z.T. ein Überangebot auf dem Markt besteht und damit die Preise verfallen. Ein letztes Hindernis besteht darin, daß solche Anlagen ökonomisch oft nur im großtechnischen Maßstab arbeiten und so für KMU`s nur bedingt eine Möglichkeit darstellen.

Bei organischen Komponenten ist die Palette an Möglichkeiten größer. Tabelle 5.2 gibt einen Überblick über die in Frage kommenden Möglichkeiten und gibt wichtige Verfahrensmerkmale an.

Während Verfahren 1-3 darauf abzielen, den Stoff zu binden bzw. zu isolieren, ihn aber in seiner eigentlichen Zusammensetzung unverändert belassen, zielen die Verfahren 4-6 auf eine Zerlegung des Moleküls in die ungefährlichen Stoffe H_2O und CO_2 (Totaloxidation) ab. Bei halogenierten Kohlenwasserstoffen entsteht noch der entsprechende Halogenwasserstoff, der weiterbehandelt werden muß. Während Verfahren 1-3 demnach eine stoffliche Wiederverwendung des Stoffes prinzipiell ermöglichen, kommen bei Verfahren 4 und 5 nur eine energetische Nutzung der Verbrennungswärme in Frage.

Eine effektive Möglichkeit zur Wiedergewinnung des Kohlenwasserstoffs stellt aber nur die Kondensation dar, bei der der Gasstrom unterhalb des Kondensationspunktes gekühlt werden muß. Neben der dafür aufzuwendenden Energie stellt sich in der betrieblichen Praxis insbesondere das Problem der Mischkondensation, d.h. bei der notwendigen Temperatur werden neben der gewünschten Komponente einige andere, ebenfalls im Abgas vorhandene Stoffe auskondensiert.

Tabelle 5.2. Abluftreinigung für organische Komponenten - ein Überblick

Verfahren	anwendbar	nicht anwendbar
1. Absorption	bei Einsatz entsprechender Waschflüssigkeiten für alle Problemstellungen geeignet	wenn eine Abtrennung der eingewaschenen Verbindung nicht möglich ist
		bei Gefahr der Wasserverschmutzung
2. Adsorption	je nach Art des Lösungsmittels bei Konzentrationen >1,5 - 3 g/m³	bei Lösungsmittelkonzentrationen unter 1,5 - 3 g/m³
		bei Gefahr der Polymerisation oder Zersetzung
		bei schwer trennbaren Mehrkomponentengemischen
3. Kondensation	bei hohen Konzentrationen möglichst sortenrein anfallender Lösemittel	bei geringen Konzentrationen, meist unwirtschaftlich bei Lösemittelgemischen
4. Thermische Verbrennung	bei allen Lösungsmitteln, deren Rückgewinnung nicht lohnt	
	bei Lösungsmitteln, für die andere Verfahren nicht in Frage kommen	
5. Katalysierte Nachverbrennung	bei allen Lösungsmitteln, deren Rückgewinnung nicht lohnt	bei halogen-, schwefel- und stickstoffhaltigen Lösungsmitteln
	bei deren Verbrennung nur CO_2 und Wasser entstehen	bei Gefahr der Verharzung
6. Biofilter		bei für die eingesetzten Mikroorganismen toxischen Verbindungen
		bei stark schwankenden Schadstoffgehalten

Die Ad- bzw. Absorption, also die Bindung an festen bzw. in flüssigen Phasen, ist dagegen auch bei günstigen Bedingungen (hohe Reinheit, niedrige Temperatur, hohe Konzentration) zur Wiedergewinnung des KW nur begrenzt tauglich. Insbesondere die Adsorption wird daher lediglich zur Aufkonzentrierung der gasförmigen organischen Phase bei niedrigen Konzentrationen benutzt, um eine thermische Nutzung möglich zu machen.

Zur thermischen Nutzung stehen die Verfahren der katalytischen (KNV) bzw. thermischen (TNV) Nachverbrennung zur Verfügung. Während bei der KNV ein Katalysator den Verbrennungsprozeß katalysiert, dieser also bei niedrigeren Temperaturen ablaufen kann, geschieht das bei der TNV durch den reinen thermischen Prozeß. Gebräuchliche Temperaturen bei der KNV liegen zwischen 200 und 600°C, bei der TNV über 1000°C. Somit müssen bei der KNV weniger hohe Temperaturen erreicht bzw. gehalten werden. Demzufolge ist zur autothermen Betriebsweise (Reaktionstemperatur wird nach Anfahrvorgang vom Verbrennungsprozeß selbst aufrecht erhalten) bei der KNV eine niedrigere KW-Konzentration als bei der TNV erforderlich. Es ist jedoch zu beachten, daß der Einsatz eines Katalysators nicht immer problemlos möglich ist. Auf dem Markt existieren zwar für nahezu jeden Anwendungsfall Katalysatoren, jedoch ist deren Tauglichkeit für den konkreten Anwendungsfall jeweils neu zu prüfen. Gründe hierfür können die sonstigen im Abgas vorhandenen Komponenten darstellen, die den Katalysator schädigen können (Katalysatorgifte wie Schwefel, Schwermetalle, etc.) oder aber der zu zersetzende Stoff selbst. Ein besonderes Problem liegt hierbei in der aggressiven HCl, die bei der Totaloxidation von CKW's entsteht und sich mit der im Abgas enthaltenen Feuchte zu stark korrosiver Salzsäure umsetzt. Weiterhin ist anzusprechen, daß die, auch materialschonenden, niedrigeren Temperaturen bei der KNV auch unerwünscht sein können, wenn Gifte wie Dioxine oder Furane thermisch zerstört werden sollen.

Die sechste und prinzipiell umweltschonendste Möglichkeit zur Abluftreinigung von organischen Komponenten stellen sicherlich Biofilter dar, bei denen geeignete Mikroorganismen die Schadstoffe „fressen" und in H_2O und CO_2 umwandeln. Leider ist diese Methode in der Praxis nur begrenzt anwendbar, da die Anforderungen an das Abgas und seine Zusammensetzung recht hoch sind (siehe auch Tabelle 5.2). Wo diese Bedingungen aber erfüllt sind (z.B. Abluft von Klärstufen), arbeiten diese Systeme günstig, umweltfreundlich und zuverlässig.

Zusammenfassend zu Phase 1 ist zu sagen, daß bei einer Optimierung der Ablufreinigung bei den anorganischen Komponenten die Verwertung des Filterstaubes und die mögliche Umsetzung enthaltener Inhaltstoffe zu vermarktbaren oder im eigenen Betrieb verwertbaren Wertstoffen im Vordergrund steht, während bei organischen Komponenten eine Rückgewinnung bzw. energetische Nutzung bei Kohlenwasserstoffen sowie eine biologische Behandlung bei biologisch abbaubaren organischen Inhaltsstoffen anzustreben ist.

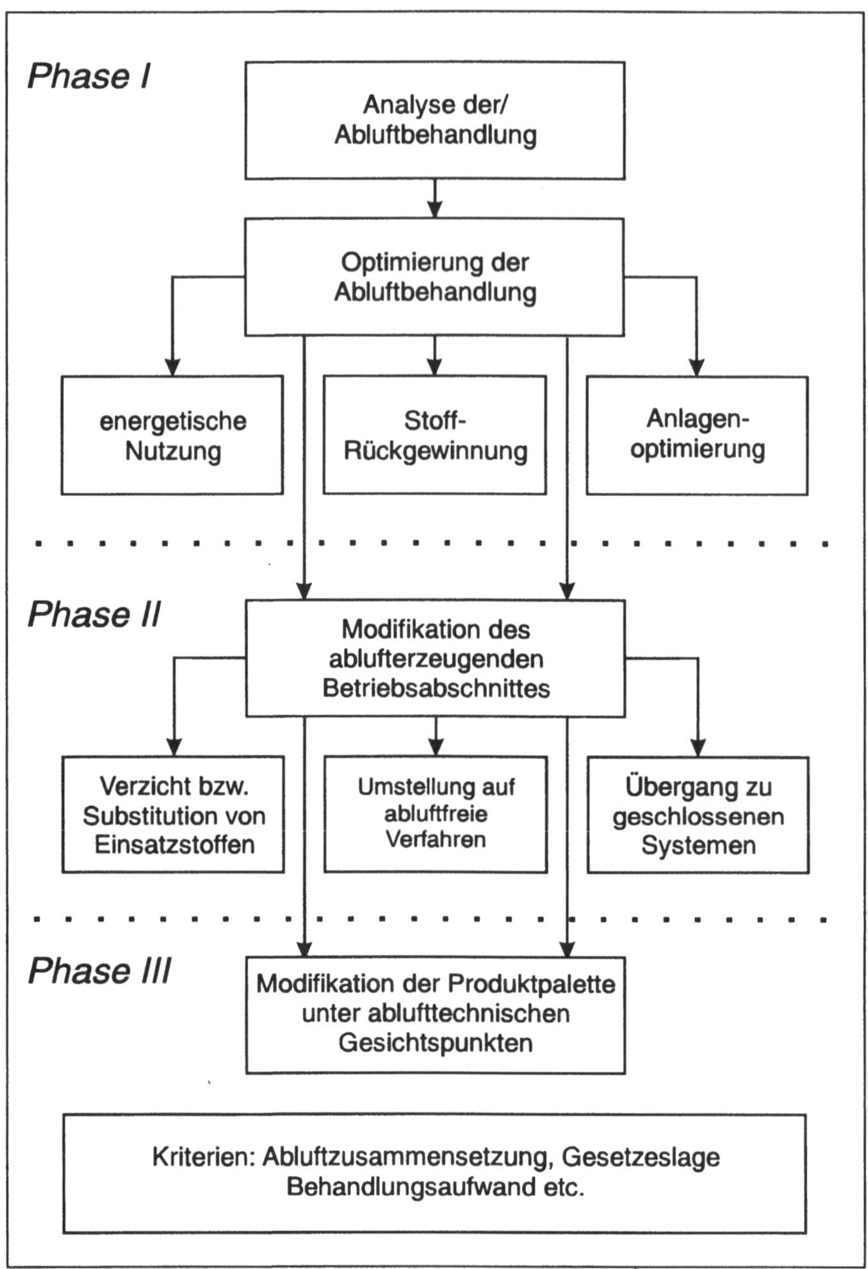

Abb. 5.7. Betriebsablauforientiertes MUM - Teil 3: Abluftbezug

In der zweiten Phase des betriebsablauforientierten MUM - Abluftbezug geht es darum, eine Abluftbehandlung durch Eingriffe in den Prozeß entweder zu vereinfachen oder überhaupt überflüssig zu machen. Weniger bei Großanlagen, sondern mehr im Bereich kleinerer Einheiten bieten sich eine Fülle von Detaillösungen an, um das angestrebte Ziel zu erreichen. So wurden in der Metallbehandlung Verfahren auf der Basis von Ultraschall entwickelt, um die in Entfettungsbädern üblichen KW's zu ersetzen. Auch wenn zur Zeit dieses und ähnliche Verfahren Schwierigkeiten haben, sich am Markt durchzusetzen, werden diese abluftfreien Verfahren langfristig doch an Gewicht gewinnen.

Gerade am Beispiel der Chlorkohlenwasserstoffe hat sich gezeigt, daß, letztendlich ausgelöst durch gesetzlichen Druck, schnell Alternativlösungen gefunden und in die betriebliche Praxis umgesetzt werden können. Anlagen- und Maschinenbauer, beispielsweise von Werkzeugmaschinen, die rechtzeitig innovative Lösungen bereitstellen, werden so den gestiegenen Umweltanforderungen ihrer Kunden Rechnung tragen können.

Gerade im verarbeitenden Gewerbe ist es für den Benutzer von Maschinen bzw. Einrichtungen schwer, in das Abluftsystem einzugreifen, da Maßnahmen wie Kapselung zur Realisierung geschlossener Systeme sich kaum ohne Eingriff in den Verfahrensablauf einer Maschine verwirklichen lasssen. Hier ist die Kooperation und Abstimmung mit dem entsprechenden Hersteller gefragt, eine Zusammenarbeit, die sich aus den vorgenannten Gründen letztendlich für beide auszahlt.

In Phase III wird es sicherlich selten vorkommen, daß ein Produkt allein wegen seiner Abluftproblematik aus dem Lieferprogramm genommen wird. Es sollte jedoch darauf geachtet werden, daß bei Produktentwicklung, Rentabilitätsberechnungen zur Produktionsentscheidung und bei Anlagenplanung und Auslegung nicht nur die Einhaltung der jeweiligen Emissionsgrenzwerte sichergestellt, sondern auch die damit verbundenen direkten Kosten bzw. Folgekosten der zu prüfenden Varianten berücksichtigt werden.

5.6 Betriebsablauforientiertes MUM - Energiebezug

Der Energieverbrauch in einem Unternehmen kann, je nach Branche, einen nicht unerheblichen Kostenfaktor darstellen. Für viele Unternehmen stellen daher Maßnahmen zur Energieeinsparung seit langer Zeit ein gängiges Mittel zur Kostenreduzierung dar, das mehr oder minder konsequent ausgenutzt wird. Daß der Umweltschutzgedanke dabei nicht der eigentliche Auslöser ist, spielt für die folgenden Betrachtungen keine entscheidende Rolle. In Zukunft wird, vor allem wenn an den Energieverbrauch gekoppelte Steuern erhoben werden (Stichwort CO_2-Abgabe, Kapitel 2.2.2), der Energieverbrauch und die Energieeinsparung auch vermehrt unter dem Gesichtspunkt des Umweltschutzes zu sehen sein.

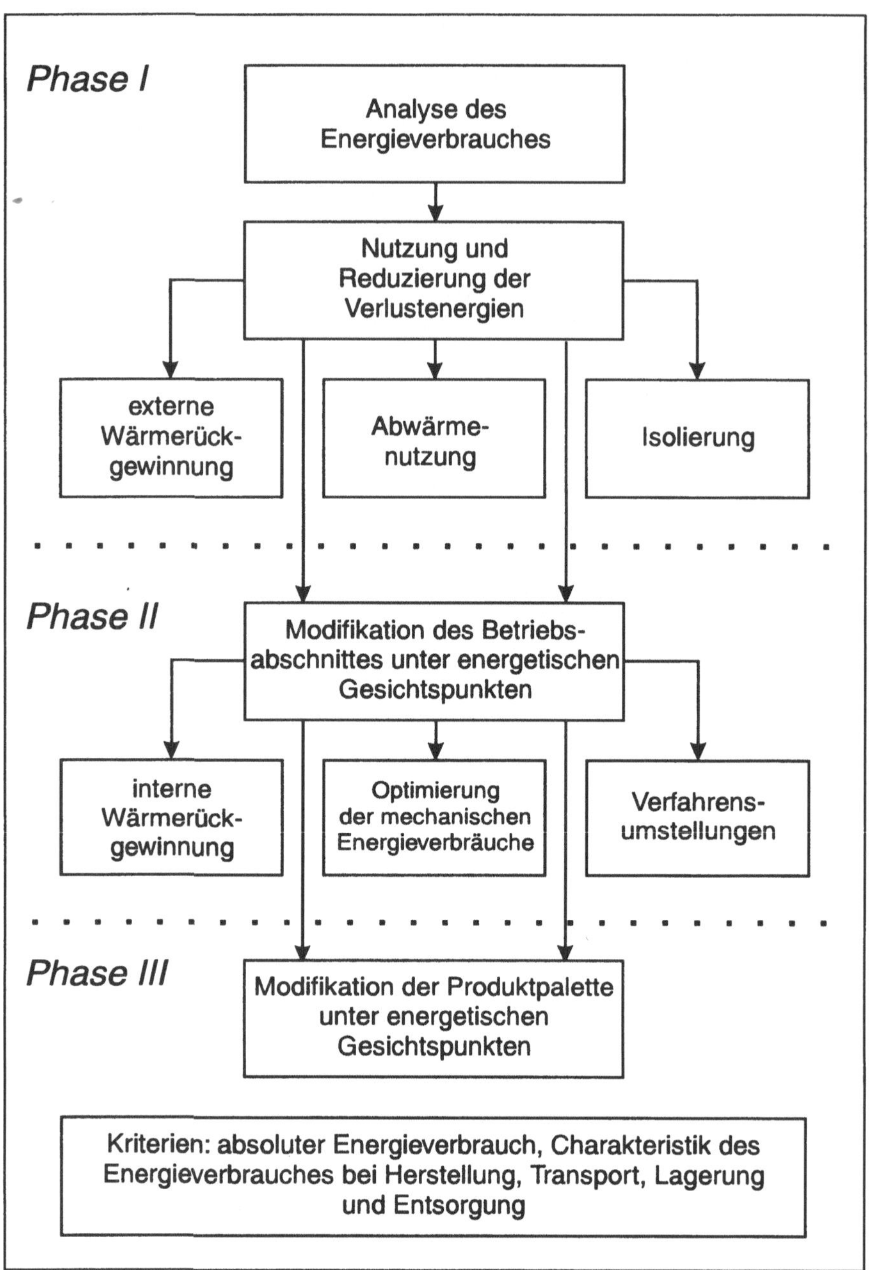

Abb. 5.8. Betriebsablauforientiertes MUM - Teil 4: Energiebezug

Da aber nahezu jede betriebliche Tätigkeit wie Heizen, Kühlen, Pumpen, Rühren, Heben, Senken etc. mit Energieverbrauch in Form von Strom, Gas, Erdöl oder sonstigen Energieträgern verbunden ist, ist die Zahl der möglichen Ansatzpunkte entsprechend hoch. Damit steigen zwar einerseits die Chancen auf Realisierung von Einsparpotentialen, andererseits wird eine detaillierte Analyse dementsprechend erschwert.

Daraus wird deutlich, daß gerade im Energiebereich die Phase 0, also die Bestandsaufnahme, eine elementare Bedeutung hat. Wie bereits geschildert, kommt es darauf an, die Schwerpunkte des Energieverbrauches einzugrenzen und auf mögliche Einsparpotentiale zu untersuchen.

Geht man von der grundsätzlichen Unterscheidung von thermischen und mechanischem sowie sonstigem Energieverbrauch aus, so wird in Phase I (Beibehalten der Produktionsintegrität) wohl ersterer im Mittelpunkt der Betrachungen stehen.

Prinzipiell bieten sich folgende Möglichkeiten den thermischen Energieverbrauch zu reduzieren:

- Reduzierung von Energieverlusten (Isolierung)
- Nutzung von Verlustwärme bzw. -kälte (Wärmetauscher)

Beide Möglichkeiten sind in der Praxis derartig vielgestaltig, daß eine genauere Betrachtung beziehungsweise Entscheidung nur am konkreten Einzelfall erfolgen kann. Bei der tatsächlichen Umsetzung ergeben sich oft eine Reihe von Schwierigkeiten, von denen nur einige hier beispielhaft erwähnt werden sollen:

- Die Isolierung von Rohren kann sicherheitstechnisch problematisch sein, da ein Sichtkontrolle auf Undichtigkeiten nicht mehr möglich ist. Alternative Leckanzeige- und Ortungssysteme sind dagegen recht teuer.
- Das Heiz- und Kühlverhalten von chemischen Reaktoren verändert sich. Die bisherigen Heiz- und Kühlabläufe müssen neu eingefahren, eventuell auch Meß- und Regeltechnik ergänzt oder erneuert werden. Gerade bei thermolabilen Produkten nicht nur in der Chemie, bei deren Herstellung sehr enge Temperaturtoleranzen eingehalten werden müssen, ist dieser Aufwand nicht zu unterschätzen.
- Soll die Abwärme eines Produktionsprozesses anderweitig genutzt werden, ist eine räumlich nahe Nutzung vorzuziehen, da der Transport Verluste birgt sowie zusätzliche Infrastrukturkosten erfordert.
- Die Temperaturdifferenz zwischen der zu nutzenden Abwärme und dem zu erwärmenden Zielprozeß muß hoch genug sein. Geringe Temperaturunterschiede erfordern hohe Verweilzeiten und große Austauschflächen, verursachen damit hohe Kosten.
- Gerade bei aggressiven Gasen darf der Aufwand für Wartung und Reparatur der Wärmetauscher nicht zu niedrig angesetzt werden.

Die geschilderten Schwierigkeiten sollen nicht davor abschrecken, sich mit dem Thema Energieeinsparung auseinanderzusetzen, sondern lediglich aufzeigen, daß eine bloße Betrachtung der durchzuführenden Maßnahme unter energetischen Gesichtspunkten zu kurz greifen kann.

Ein weiterer interessanter Gesichtspunkt ist der Einsatz des jeweiligen Primärenergieträgers, der in betriebseigenen Feuerungen zur Erzeugung von Dampf etc. gewonnen wird. Dabei stehen in der Regel Gas, leichtes Heizöl (Heizöl L) und schweres Heizöl (Heizöl S) zur Verfügung. Die ersten beiden sind in den letzten Jahrzehnten auch von den Genehmigungsbehörden, vor allem aus Umweltaspekten, bevorzugt worden. Heizöl S ist zwar erheblich billiger, jedoch sind höhere Anforderungen an die Abluft-Reinigungstechnik gestellt. Die Großfeuerungsanlagenverordnung[21] von 1983 hat hier entsprechende Zeichen gesetzt. Oft übersehen wurde aber in diesem Zusammenhang, daß bei der Raffination des Ausgangsproduktes Erdöl Heizöl S als „Abfall" automatisch anfällt. Diese Erdölfraktion wurde zwar durch technische Maßnahmen immer weiter reduziert, aber es bleibt ein Restanteil von etwa 10%. Dieser muß notgedrungen auch ökonomisch eine Verwendung finden oder aber gar entsorgt werden. Die in früheren Jahren praktizierte Verbringung ins Ausland kann dabei heute nicht mehr als zeitgemäß angesehen werden. Aus diesen Gründen steht prinzipiell Heizöl S als billiger und auch in Zukunft sicherer Energieträger zur Verfügung. Problematisch an der Sache ist nur die Emissionssituation. Der Einbau teurer Abluftreinigungsanlagen würde den Preisvorteil wieder wettmachen. Eine preisgünstigere Möglichkeit besteht in der Zugabe von chemischen Reduktionsmitteln in den Verbrennungsprozeß (siehe auch Kapitel 6.4), durch die die relevanten Schadstoffe unter die jeweiligen Grenzwerte gedrückt werden können. Darüber hinaus bietet sich eine weitere ökonomische Perspektive im Rahmen sogenannter Koppelverträge an. Bei einer Mischfeuerung Gas/anderer Brennstoff bietet der Gasversorger, der bevorzugt in den Sommermonaten liefern möchte, aber im Winter aufgrund des erhöhten privaten Verbrauches keine ganzjährige Versorgungssicherheit garantieren möchte, das Gas zum Preis des zweiten Brennstoffes an. Kann also Heizöl S verfeuert werden, wird das Gas in der überwiegenden Zeit des Jahres zu einem wesentlich billigeren Preis geliefert, als dies bei der alternativen Feuerung mit Heizöl L der Fall wäre. Voraussetzung dafür ist natürlich, daß die technischen und genehmigungsrechtlichen Grundlagen zur Verfeuerung von Heizöl S auch vorliegen.

Beim Übergang zu Phase II gestalten sich die Eingriffsmöglichkeiten noch vielfältiger. Angefangen vom Einsatz moderner Meß- und Regeltechnik über energetisch optimierte Reaktionsführungen bis hin zu verbesserten Antriebssystemen reichen die Optionen, die zur energiesparenden Verbesserung des Produktionsablaufes wahrgenommen werden können. Gerade die komplexe Materie in diesem Bereich erlaubt es nur sehr schlecht, allgemeine Empfehlungen oder Anhaltspunkte für die praktische Umsetzung zu geben. Auch ist es meist nur sehr schlecht möglich, im Betrieb alleine die Umsetzung von komplexeren Energiesparmaßnahmen anzugehen, ohne Lieferanten von Anlagen und Maschinen mit einzubeziehen. Eine offene Zusammenarbeit an dieser Stelle kann aber durchaus für beide Seiten von großem Nutzen sein.

In Phase III liegt der Schwerpunkt darauf, welchen Energieanteil welches Produkt denn an sich benötigt. Eine produktbezogene Energiebilanz kann den Vergleich zwischen Alternativprodukten erleichtern und entscheidend ergänzen. Interessant kann es dabei sein, nicht nur den absoluten Energieverbrauch, der durch die Produktion einer Einheit eines bestimmten Produktes verursacht wird, zu kennen, sondern darüber hinaus auch die Art des notwendigen Primär- oder Sekundärenergieeinsatzes sowie die Art des Energieverbrauches.

Die Gründe liegen dafür auf der Hand. Die Art des Energieträgers spielt nämlich bei der vergleichenden Betrachtung verschiedener Produkte in energetischer Hinsicht eine nicht unwesentliche Rolle. Wird beispielsweise Elektroenergie eingespart, wirkt sich dies, wenn diese von einem EVU bezogen wird, recht direkt in einer Kosteneinsparung aus. Wird dagegen im anderen Extremfall bei der Produktion Heizenergie eingesetzt, die in Form von Abwärme bei einem anderen Prozeß ohnehin anfällt und nicht anders genutzt werden kann, so ist hier keine Kostenersparnis zu erzielen. Aber auch ein Öl- oder gasbefeuerter Dampferzeuger, der nicht mehr ausgelastet ist und daher nicht mehr an seinem optimalen Betriebspunkt arbeitet, kann so bei in der Summe verringertem Energieverbrauch annähernd gleiche Kosten verursachen. Auch der Einsatz von Blockheizkraftwerken, die Strom und Wärme erzeugen, ist von einem optimalen Verbrauchsverhältnis zwischen beiden Energiearten bestimmt. So kann, wie angesprochen, ein Abgleich der Art des Energieverbrauches (Heizung, Kühlung, mechanischer Energieeinsatz in verschiedenster Form) mit den von den Primär- bzw Sekundärenergieträgern angebotenen Energieformen (Strom, Wärme, Dampf) bei der Entscheidungsfindung über energiebezogene Produktfragen interessante Perspektiven beisteuern.

Bei der Auswahl eines Produktionsverfahrens oder der Energiebetrachtung eines Produktes sind also immer die Gesamtrahmenverhältnisse vor Ort zu berücksichtigen. Ein absolut niedrigerer Energie-Input muß nicht die Gewähr für eine ökologisch und ökonomisch richtige Entscheidung bieten.

5.7 Zusammenfassende Betrachtung

Wie bereits in Abbildung 5.3 verdeutlicht, findet von Phase I zu Phase III eine zunehmende Vernetzung der Themenfelder mit Rückkopplung auf bereits durchgeführte Phasen statt. Die Frage ist, wie diese Vernetzung zu lösen ist, um Doppelarbeiten zu vermeiden und am Ende die eine Maßnahme durch eine andere nicht wieder überflüssig zu machen. Hier gibt es zwei Dinge zu bemerken:

1. Zuerst muß und sollte jedem klar sein, daß Investitionen in Phase I nur dann erfolgen können, wenn sie sich entsprechend schnell amortisieren. Werden hier schon Erfolge erzielt, gibt dies "Luft", um die nächsten Phasen überlegt und geordnet anzugehen. Und erzielte Erfolge, das weiß jeder, sind der beste Ansporn. Bei einer vernünftigen Planung und dem nötigen Überblick sind die Chancen und Möglichkeiten wesentlich größer als die Gefahr, eine Maßnahme der Phase I, die sich rechnet, durch eine Änderung des Produktes in Phase III dermaßen schnell überflüssig zu machen.
2. In den meisten Betrieben ist immer eines der genannten Themenfelder Abfall, Abwasser, Abluft oder Energie der dominierende Schwerpunkt. In den seltensten Fällen müssen alle vier mit der gleichen Intensität beleuchtet werden. Dabei muß natürlich klar sein, daß in Phase II und noch mehr in Phase III die Auswirkungen von Veränderungen auf alle 4 Themenfelder zu berücksichtigen sind. Hier kann es durchaus Sinn machen, z.B. einen etwas höheren Energieverbrauch in Kauf zu nehmen, wenn dadurch z.B. das Abwasserproblem entfällt.

Wichtig und richtig ist es, sich der Aufgabe der Verbesserung des betrieblichen Umweltschutzes schrittweise zu nähern, solange nur jeder Schritt für sich einen ökologischen und ökonomischen Fortschritt darstellt.

6 Praxisbeispiele

Im folgenden Kapitel sollen anhand von Praxisbeispielen aus verschiedenen Branchen die Möglichkeiten illustriert werden, die sich aus der praktischen Umsetzung des betrieblichen Umweltschutzes ergeben können. Es wurde an dieser Stelle darauf verzichtet, einen Überblick über die auf dem Umweltschutzsektor verfügbaren Technologien zu liefern. Zum einen ist dies nicht Sinn und Zweck dieses Buches, zum anderen ist eine solche Bestandsaufnahme wegen der schnellen technischen Weiterentwicklung ohnehin nur unvollständig wiederzugeben und auf einen momentanen Zeitpunkt bezogen. Ein weiterer Aspekt, der unseres Erachtens dagegen spricht, ist, daß aufgrund der speziellen, individuellen Situation, die in jedem Betrieb berücksichtigt werden muß, eine solche Bestandsaufnahme für den betrieblichen Praktiker nur begrenzten Wert hat. Die nötige Informationsbeschaffung für eine konkrete Maßnahme kann daher viel besser auf Messen, aus Fachzeitschriften und anderen aktuellen Medien erfolgen, wobei hier die individuellen Rahmenbedingungen und Ansprüche wesentlich besser berücksichtigt werden können.

Die Autoren haben an dieser Stelle einen anderen Weg gewählt und möchten anhand von konkreten, in der Praxis umgesetzten Beispielen die ökologischen, aber auch ökonomischen Perspektiven zeigen, welche die aktive Beschäftigung mit dem Umweltschutz bieten kann. Die Beispiele aus den Bereichen Abfall, Abwasser, Abluft und Energie mögen dabei nicht repräsentativ sein, sie sollen vielmehr Mut und Anregung geben, sich dem Thema zu stellen und die vorhandenen Chancen zu nutzen. Es handelt sich dabei nicht um Idealbeispiele, sondern um Anwendungsfälle, wie sie in unserer täglichen Praxis immer wieder vorkommen und bei denen die jeweiligen Lösungen individuell zum speziellen Anforderungsfall erarbeitet wurden. Dem einen oder anderen Leser werden daher manche Dinge bekannt vorkommen, aber aus unserer Erfahrung heraus bestehen gerade in der Umsetzung schon erprobter und in ihren Systemparametern bekannter Lösungen in einer Vielzahl von Betrieben noch weitreichende Möglichkeiten.

6.1 Praxisbeispiele zum Thema Abfall

6.1.1 Entölung von Metallspänen

Bei der Bearbeitung von metallischen Werkstoffen unterscheidet man zwischen spangebender (Drehen, Bohren, Fräsen, usw.) und spanloser (Walzen, Pressen, usw.) Formgebung. Flüssigkeiten, die bei der Bearbeitung kühlend wirken, den Metallabtrag entfernen, die Reibung vermindern und dadurch Verschleiß und Wärmeentstehung verringern, werden Kühlschmierstoffe genannt (DIN 51 385, VDI 3396, 3397). Sie sind von entscheidender Bedeutung für Ausstoßquote, Maßgenauigkeit und Oberflächengüte der Werkstücke. Steht die Schmierwirkung im Vordergrund, werden mehr reine Öle verwandt, die durch Zusätze, welche Adsorptions- oder Reaktionschichten bilden können, verbessert werden. Steht die Kühlwirkung im Vordergrund, kann diese durch Zugabe von Wasser gesteigert werden. Bei diesen Verarbeitungsprozessen entstehen Späne (spanende Bearbeitung) bzw. Schlämme (schleifende Bearbeitung), die mit Ölen und Emulsionen behaftet sind. Die Entsorgung dieser Öl/Metallgemische stellt Unternehmen nicht nur kostenmäßig vor große Probleme.

Ein Aspekt dieser Problematik ist die Aufarbeitung bzw. Kreislaufführung der Emulsionen und Kühlschmierstoffe. Lösungskonzepte hierzu werden im folgenden Beachtung finden. Ein weiterer Aspekt ist die anfallende Menge an stark ölverunreinigten Feststoffen. Eine einfache Zugabe des verunreinigten Materials in einen metallurgischen Prozeß zum Wiedereinschmelzen der Metallfraktion ist nur bedingt möglich, da die mit eingetragenen organischen Komponenten verfahrenstechnische Probleme bringen und zusätzlich die benutzte Anlage über eine aufwendige Abgasreinigung verfügen muß. Die Abkehr von CKW-haltigen Bohrölen und Schneidemulsionen hat die Situation zwar entschärft, aber nicht entscheidend verändert.

Vor diesem Hintergrund hat es mannigfaltige Anstrengungen gegeben, die herkömmlichen Bearbeitungsverfahren durch solche zu ersetzen, die ohne den Zusatz von Ölen auskommen. Es sei hierzu beispielsweise das Laser- oder Wasserstrahlschneiden erwähnt, aber auch eine Reihe anderer Verfahren, auf die an dieser Stelle nicht weiter eingegangen sein soll. Obwohl manche dieser Verfahren vielversprechende Potentiale aufgezeigt haben, müssen auch die noch bestehenden Probleme genannt werden, die meist in einer eingegrenzten Bandbreite der möglichen Werkstoffe oder der fehlenden großtechnischen Verfügbarkeit liegen. Gerade aber die universelle Einsetzbarkeit bei gleichbleibender Behandlungsqualität spielt für die mittelständische Industrie, die oft mit wenigen Maschinen ein weites Werkstoffspektrum bearbeiten muß, eine große Rolle. Zudem muß gesehen werden, daß die außerordentlich weite Verbreitung herkömmlich arbeitender Maschinen zur Metallbearbeitung über viele Branchen hinweg langfristig nicht zu einem großflächigen Einsatz durch Alternativverfahren führen wird.

Somit muß es als Ziel gesehen werden, den bisherigen Abfallstoff in einer Form aufzubereiten, der eine Rückführung in den Stoffkreislauf ermöglicht. Gerade vor dem Hintergrund des Kreislaufwirtschaftsgesetzes, das diese Vorgehensweise bei einer nicht möglichen Vermeidung ausdrücklich vorschreibt, sind für ölbehafteten Metallrückstände Lösungen zu erarbeiten.

Die Möglichkeit hierzu bietet sich durch die Trennung der Öl- von der Metallfraktion, also die Entölung des Metalls. Dadurch könnte zum einen die Metallfraktion problemlos einer pyrometallurgischen Verwertung zugeführt werden und zum anderen die organische Fraktion entweder thermisch verwertet oder bei ausreichender Reinheit wiederaufgearbeitet werden.

Die folgende Abbildung 6.1 zeigt schematisch die Funktionsweise einer Anlage zur Entölung von Metallspänen der Fa. Noell[22].

Die verölten Späne werden dabei nach einem Siebvorgang in zwei hintereinandergeschalteten Waschstufen gereinigt und die sauberen Späne nach dem Zentrifugieren endgetrocknet. Sowohl in Waschstufe 1 als auch in Waschstufe 2 besteht die Möglichkeit, Netzmittel bzw. Tenside zuzugeben, um die mechanische Ablösung der organischen Phase von der Metalloberfläche in die wäßrige Phase zu unterstützen. Dabei hat es sich gezeigt, daß bei Messing-, Aluminium- und Neusilberspänen in einer Waschstufe bis zu 98% der anhaftenden Öle entfernt werden konnten, während bei Magnesiumspänen zwei Waschstufen zum Erreichen desselben Ergebnisses notwendig waren. Das Waschwasser wird dabei im Gegenstrom geführt, d.h. schwach mit Öl beladenes Waschwasser aus Stufe 2 wird in Stufe 1 gepumpt, wo es sich aus den neu zugeführten Spänen stark mit Ölen anreichert.

Um einen abwasserfreien Betrieb zu gewährleisten, wird das stark verschmutzte Waschwasser über eine Emulsionstrennung geführt und die wäßrige Fraktion wieder dem Prozeß zugeführt. Die Ölphase kann bei ausreichender Reinheit der zugeführten Öle destilliert und wiederverwendet oder einer thermischen Nutzung zugeführt werden.

Prinzipiell ist dieses Verfahren auf Schleifschlämme zu übertragen, wobei geänderte Verfahren in Bezug auf Entwässerung und Trocknung zu wählen sind. Da Schleifschlämme darüber hinaus meist wesentlich höhere Ölbeladungen als Späne aufweisen (über 30 Gew.% Öl bei Schlämmen im Vergleich zu 3 - 10 Gew.% bei den Spänen) wird allerdings eine zweite Waschstufe zwingend erforderlich und die höheren Ölgehalte werden auch bei der Anlage zur Wiederaufbereitung des Waschwassers zu berücksichtigen sein.

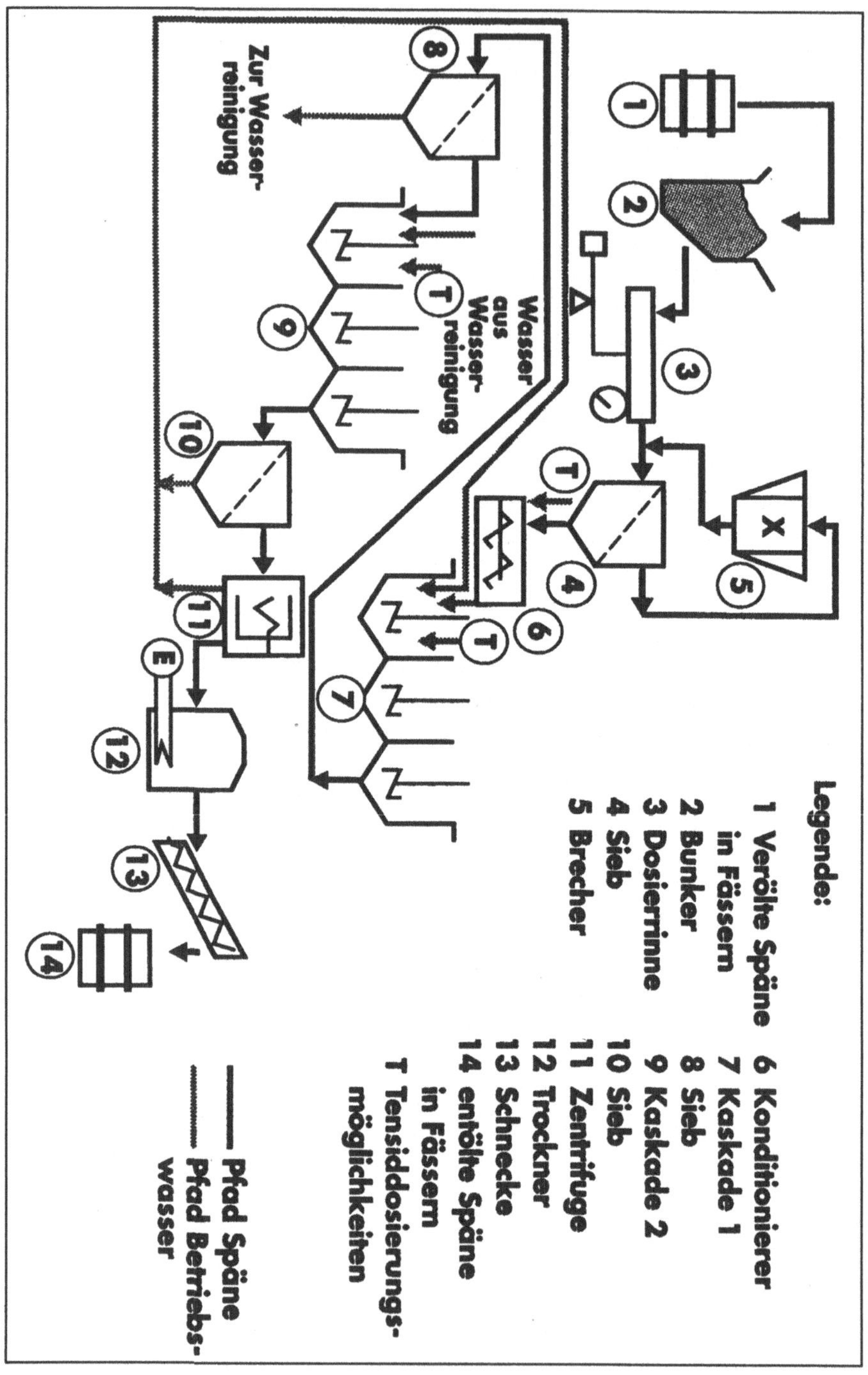

Abb. 6.1. Verfahrensfließbild einer Anlage zur Entölung von Metallspänen (mit freundlicher Genehmigung der Noell Abfall- u. Energietechnik GmbH, 38621 Goslar)

Da die Behandlungskosten sehr stark vom eingesetzen Spanmaterial abhängen, ist eine Wirtschaftlichkeitsbetrachtung nur sehr schwierig anzustellen. Neben den Kosten, die bei der Reinigung entstehen, wird der Materialpreis der gewonnenen Metallfraktion eine entscheidende Rolle spielen. Bei billigen Materialien wie Grauguß etc. ist nicht zu erwarten, daß eine Behandlung in der beschriebenen Art neben der herkömmlichen Entsorgung bestehen kann, während bei hochwertigeren Materialien, wie beispielsweise Messing, die Methode durchaus auch unter ökonomischen Perspektiven Bestand haben kann.

Von der Marktpolitik des Herstellers wird es abhängen, ob solche Anlagen mit größeren Durchsätzen in Entsorgungszentren Platz finden werden, wo Späne gesammelt und zentral behandelt werden, oder ob kleine, dezentrale Anlagen, die in ihrem Leistungsvermögen auch dem Spanaufkommen kleinerer Industriebetriebe entsprechen, installiert werden. Letztere werden sich wohl nur durchsetzen, wenn die Bedienung so weit automatisiert werden kann, daß sich der zusätzliche Personal- und Wartungsaufwand in Grenzen hält.

6.1.2 Aufbereitung von Kühl-Schmieremulsionen durch Aufkonzentrierung und Recycling nach dem VACUDEST[23]-Verfahren

Bei einer großen Anzahl von kleinen und mittelständischen Betrieben der metallbe- und -verarbeitenden Industrie fallen, z.B. bei der spanenden Bearbeitung, verschmutzte Kühlschmierstoffe an. Um den damit verbundenen hohen Entsorgungskosten aus dem Weg zu gehen, werden Lösungen gesucht, diese Kühlschmierstoffe in betriebseigenen Anlagen vorzubehandeln und gegebenfalls eine Wiederverwendung zu ermöglichen. Während größere Industriebetriebe die Möglichkeit haben, hierfür aufwendige Behandlungstechnologien einzusetzen, stellt sich bei der mittelständischen Industrie mehr das Problem, kompakte, vorgefertigte Anlagen einzusetzen, die möglichst vollautomatisch laufen und so keinen zusätzlichen erheblichen Bedienungsaufwand verursachen.

Zur Aufbereitung solcher Kühlschmier-Emulsionen stehen nach dem heutigen Stand der Technik verschiedene Verfahren zur Verfügung:

- Chemische Spaltverfahren
- Membranverfahren
- Elektrolytische Verfahren
- Eindampfverfahren

Während beim ersten Verfahren wiederum Chemikalien eingesetzt werden müssen, arbeiten die drei letztgenannten Verfahren chemikalienfrei. Kennzeichnend für die ersten drei Verfahren ist, daß sie, zum Teil sehr speziell, auf den jeweiligen Anwendungsfall abgestimmt werden müssen und Änderungen der Betriebsparameter eine mehr oder weniger aufwendige Anpassung bedingen. So ist bei den

Spaltverfahren die Wirksamkeit der eingesetzten Spaltchemikalien zu prüfen, bei den Membranverfahren die Eignung der verwendeten Membran zu testen. Das eigentlich sehr elegante elektrolytische Verfahren ist insbesondere da im Nachteil, wo wechselnde Zusammensetzungen und Inhaltsstoffe behandelt werden müssen. Prinzipiell am unempfindlichsten gegen wechselnde Einflüsse sind die Eindampfverfahren, bei denen die verbrauchte Emulsion erhitzt und das enthaltene Wasser durch Verdampfen entfernt wird. Im Vordergrund steht hier die drastische Volumenverminderung des zu entsorgenden Restabfalls aus Ölen, Verschmutzungen etc.. Das gewonnene Reinwasser kann im Betrieb, beispielsweise zum Ansatz von neuen Emulsionen u.a. wiederverwendet werden.

Nun ist es aber gerade in kleinen und mittleren Betrieben des Maschinen- und Apparatebaus so, daß durch wechselnde Einsatzstoffe, eine variable Produktpalette und eine Vielzahl von eingesetzten Verfahren und Techniken zwar keine großen, aber doch sehr heterogen zusammengesetzte Abwassermengen anfallen. Ist nun aber die Anfallmenge an homogener verbrauchter Kühlschmier-Emulsion, beispielsweise an einer einzelnen Maschine, nicht groß genug, um ein darauf spezialisiertes Verfahren zu installieren, die Gesamtmenge aller anfallenden Abwässer aber doch erheblich, ist gerade ein solch flexibles Verfahren gefordert.

Eindampfverfahren stehen nun aber aufgrund ihres physikalischen Wirkprinzips in dem Ruf, wahre „Energiefresser“ zu sein. So wird bei der destillativen Entfernung von Wasser für einen Liter Wasser etwa 1 kWh benötigt.

Einen abgewandelten Weg beschreibt das VACUDEST-Verfahren, das mit direkter Brüdenverdichtung und Rückkondensation arbeitet. Dadurch wird der Energieaufwand nach dem Wärmepumpenprinzip auf etwa 10% des Wertes gesenkt, den konventionelle Anlagen verbrauchen. Das Abwasser wird bei einem Unterdruck von etwa 600 mbar angesaugt und verdampft bei einem durch den Unterdruck abgesenkten Siedepunkt von etwa 85°C. Der saubere Wasserdampf wird dann auf Atmosphärendruck verdichtet und in einen im Schmutzwasser installierten Wärmetauscher eingeleitet. Dabei kondensiert dieser und gibt seine Energie über den Wärmetauscher an das noch zu reinigende Abwasser zurück (Abb. 6.2). Die unvermeidlichen Wärmeverluste werden durch die Antriebsenergie der Vakuumpumpe ausgeglichen, die die einzige Energiequelle im Gesamtsystem darstellt.

Verbunden mit dieser im Vergleich zu einfachen Verdampfern aufwendigeren Konstruktion ist auch ein etwas höherer Anschaffungspreis, der aber durch den erzielten Energieverbrauch mehr als wett gemacht wird.

Die verbleibende zu entsorgende Abfallmenge wird auf diese Weise auf etwa 1/15 verringert, was eine entsprechende Reduzierung der Entsorgungskosten nach sich zieht (siehe Tabelle 6.1). Das gereinigte Wasser kann der Kanalisation zugeführt oder innerbetrieblich, beispielsweise zu Neuansätzen verwendet werden.

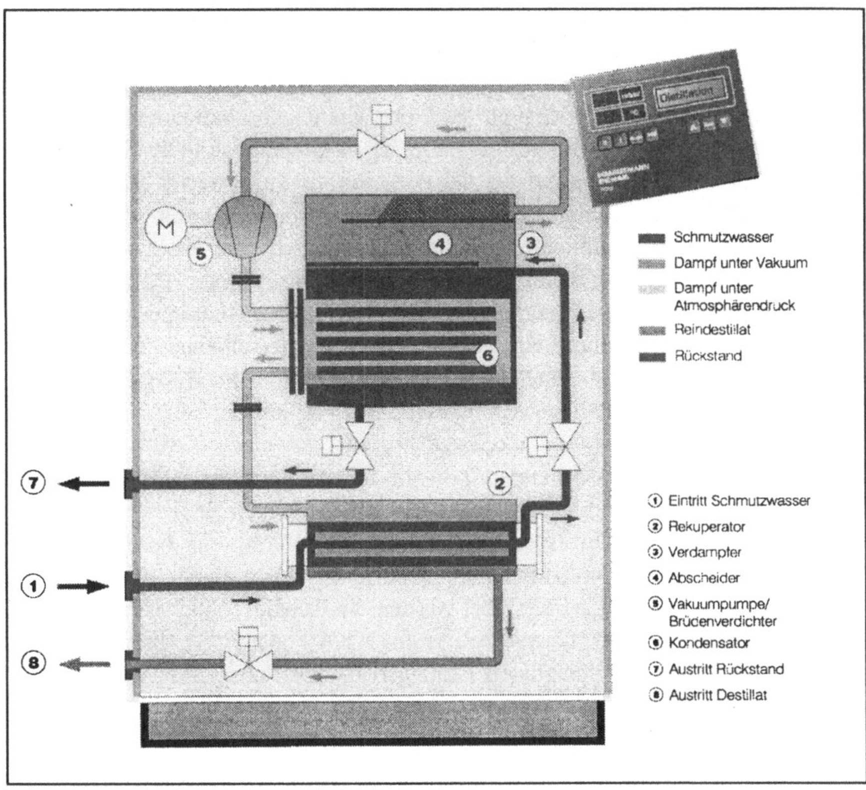

Abb. 6.2. Funktionsschema des VACUDEST-Verfahrens (mit freundlicher Genehmigung der Mannesmann Demag Verdichter Wittig, 79650 Schopfheim)

Tabelle 6.1. Wirtschaftlichkeitsbetrachtung des VACUDEST-Verfahrens im Vergleich zur einfachen Entsorgung (Praxisbeispiel mit 200 m³ gemischten Emulsionen/a)

Entsorgungspreis	250 DM/m³
Entsorgungsmenge	200 m³
Entsorgungskosten Summe	**50 000 DM/a**
Faktor Volumenreduktion	1/15
Behandlungskosten:	
Energiekosten	20 DM/m³
Abschreibung	28 DM/m³
Summe Behandlungskosten für 200 m³	11 600 DM/a
Entsorgungskosten Konzentrat (13 m³)	3 300 DM/a
Wartung Personalaufwand (60 h a 100,- DM)	6 000 DM/a
Summe Kosten mit VACUDEST-Verfahren	**20 900 DM/a**
Einsparung pro Jahr	**29 100 DM/a**

6.1.3 Kupferrückgewinnung mit Cyanidoxidation aus Spülwässern

Aufgrund der physikalischen Eigenschaften wie der guten elektrischen Leitfähigkeit, der hohen Wärmeleitfähigkeit und der Gleiteigenschaften werden Kupferüberzüge vielfach in der Elektroindustrie, der Wärmeindustrie, als Schutzüberzug beim Härten, als Gleitmittel bei der Zieherei, als Lagermetall sowie bei der Herstellung gedruckter Schaltungen verwendet. Dabei kann Kupfer aus einwertigen alkalischen oder cyanidhaltigen Kupfersalzlösungen oder aus zweiwertigen, meist schwefelsauren Kupfersalzlösungen abgeschieden werden. Da aus einfach zusammengesetzten schwefelsauren Kupferbädern auf unedleren Metallen wie Eisen, Zink oder Aluminium keine fest haftenden Kupferschichten erhalten werden können (Kupfer scheidet sich als pulvriger, nicht haftender Belag ab), werden derartige Teile in cyanidhaltigen Kupfer-Bädern vorverkupfert.

In der metallbe- und -verarbeitenden Industrie fallen so ständig, z.B. aus galvanischen Prozessen, Spül- und Reinigungsbädern große Mengen an schwermetallhaltigen Abfallsäuren und Abwässern an. Ein gängiges Verfahren, diese zu behandeln, besteht in einer konventionellen chemischen Behandlung, die meist im Batchbetrieb durchgeführt wird. Dabei werden die Cyanide, falls vorhanden, auf chemischem Wege zerstört, beispielsweise mit NaOCl oder H_2O_2, und die enthaltenen Schwermetalle mit geeigneten Fällungsreagenzien ausgefällt. Der resultierende Schlamm enthält eine Mischung aller Schwermetalle und muß auf Sonderabfalldeponien gelagert werden.

Vorteile dieser Technik sind vergleichsweise geringe Investitionskosten und eine erprobte Verfahrensweise, um die geforderten Grenzwerte sicher einhalten zu können. Neben den oft erheblichen Entsorgungskosten für die Schlämme spricht jedoch auch der Metallwert, der auf diese Weise verloren geht, gegen diese Vorgehensweise. Je nach Anlagendurchsatz, der Höhe der Ausschleppung und der insgesamt angewendeten Verfahrenstechnik kann es, auch unter betriebswirtschaftlichen Gesichtspunkten, sinnvoll sein, gezielt eine Wertstoffrückgewinnung durch elektrolytische Abscheidung der Metalle mit oder ohne vorherigen Aufkonzentrierungsschritt einzusetzen.

Bei der Elektrolyse werden die Schwermetalle, die als positiv geladene Ionen in wäßriger Lösung vorliegen, durch das Anlegen eines elektrischen Feldes zur Kathode gezogen, nehmen dort Elektronen auf (Reduktion) und scheiden sich als Schicht an der Kathode ab. Durch geeignete Wahl des Kathodenmaterials kann das abgeschiedene Metall direkt dem stofflichen Recycling zugeführt werden.

Ein entscheidender Faktor bei der Elektrolyse ist die Stromausbeute, d.h. wieviel Prozent der durchgesetzten Ladungsmenge wirklich dazu benutzt wurde, das gewünschte Metall zu reduzieren und damit abzuscheiden. Dabei ist zu beachten, daß neben der erwünschten Metallabscheidung eine Reihe weiterer, unerwünschter elektrochemischer Reaktionen ablaufen können. Mit sinkender Metallkonzen-

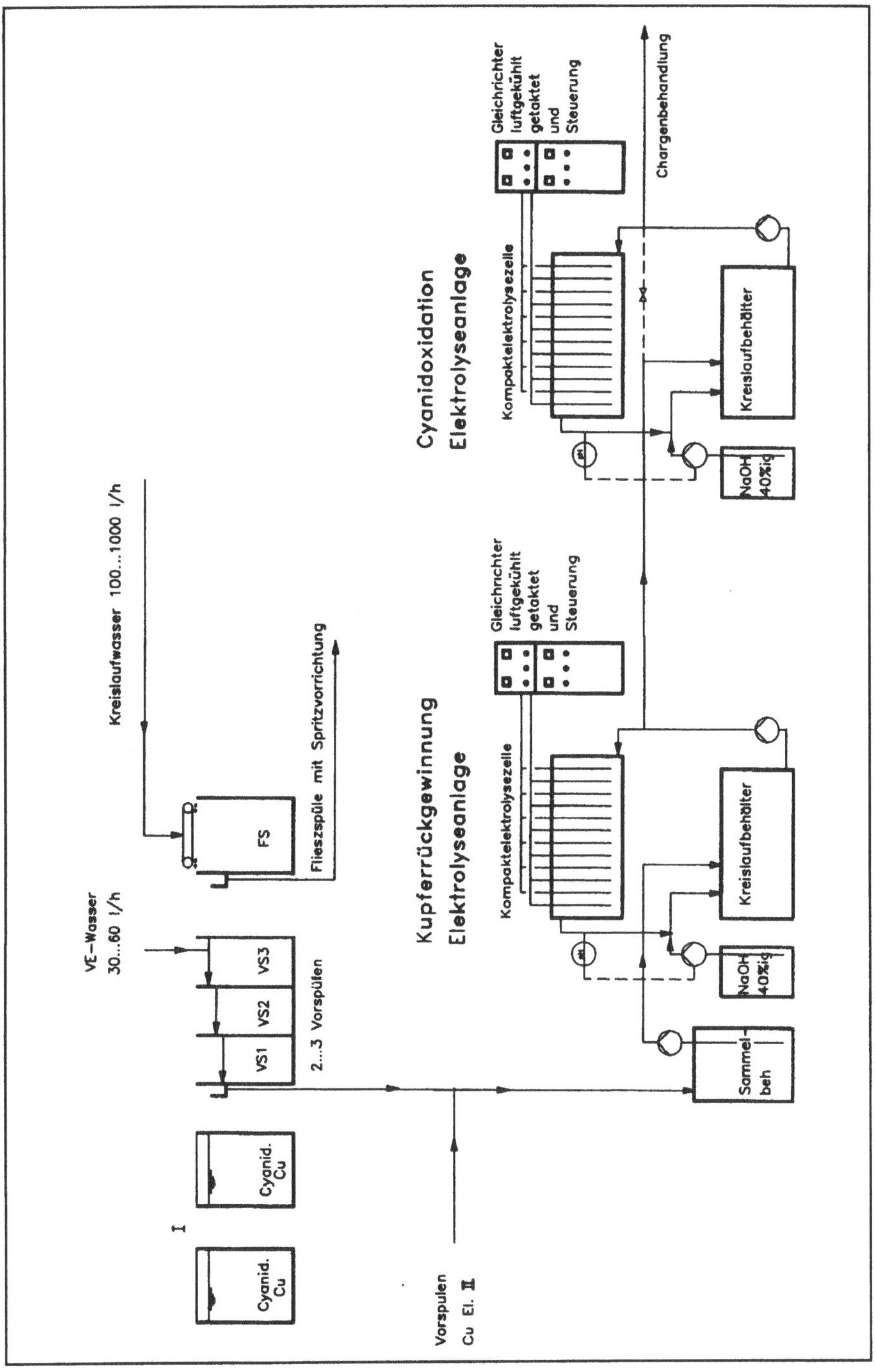

Abb. 6.3. Alkalisch-cyanidische Metallabscheidung (mit freundlicher Genehmigung der Fa. Heraeus Elektrochemie GmbH, 63517 Rodenbach Miljovern Umwelttechnik Anlagen GmbH, 04155 Leipzig)

tration im Elektrolyten, d.h. mit steigendem Reinigungs- und Abscheideerfolg, nehmen die Nebenreaktionen zu und die Stromausbeute ab. Neben der Zusammensetzung der Flüssigkeit spielen dabei auch die angelegte Spannung und der fließende Strom eine Rolle. Teilweise kann dem entgegengewirkt werden, indem bei sinkender Schwermetallkonzentration mit kontinuierlich sinkenden Stromstärken gearbeitet wird.

Aufgrund der beschriebenen Sachlage kann es deshalb sinnvoll sein, über die Elektrolyse nicht eine Abreicherung bis auf den geforderten Grenzwert vorzunehmen, sondern diese mit anderen Verfahren zu kombinieren. Über die wirklich günstigste Verfahrenskombination muß allerdings anhand jedes einzelnen Falles konkret entschieden werden.

Im hier beschriebenen Fall der cyanidischen, alkalischen Kupferlösung besteht der Vorteil darin, daß gleichzeitig an der Kathode Kupfer abgeschieden und an der Anode das Cyanid zum Cyanat oxidiert werden kann. Leider ist es jedoch so, daß das Verhältnis von erwünschter Kathodenreaktion (Kupferabscheidung) zu Anodenreaktion (Cyanidoxidation) nicht identisch ist, sondern zur Cyanidoxidation höhere Strommengen benötigt werden.

Abb. 6.3 zeigt einen Verfahrensaufbau, bei der Kupferrückgewinnung und Cyanidoxidation in zwei getrennten Zellen untergebracht sind.

Dabei wird in einem ersten Schritt das Metall in einer Kompaktelektrolysezelle auf Werte von etwa 50 - 200 mg Cu/l entfernt, während in der zweiten Zelle schwerpunktmäßig das Cyanid oxidiert wird, gleichzeitig aber der Kupfer-Restgehalt weiter erniedrigt wird. So ist die erste Verfahrensstufe für die Metallrückgewinnung, die zweite Stufe für die Cyanidoxidation optimiert. Damit gelingt es, das Mißverhältnis zwischen der geforderten Anoden- und Kathodenreaktion bei der alkalisch-cyanidischen Metallabscheidung zu umgehen.

Tabelle 6.2 zeigt anhand eines Beispiels die Wirtschaftlichkeit der Rückgewinnung gelösten Kupfers mit kombinierter Cyanidentgiftung aus Spülbädern.

Tab. 6.2. Wirtschaftlichkeitsbetrachtung[24,25]

Anlagencharakteristika	
Spülwassermenge	990 [m³/a]
Kupfergehalt	220 [g/l]
Cyanidgehalt	300 [g/h]
Derzeitige Betriebs- und Entsorgungskosten	**74 100 DM/a**
Investitionssumme Elektrolyseanlage	115 000 DM
Betriebskosten Elektrolyseanlage	17 700 DM/a
Anzusetzende Zinsen	5 000 DM/a
Summe Betriebskosten neu	**23 700 DM/a**
Amortisationszeit	**ca. 27 Monate**

6.1.4 Behandlung von Druckluftkondensaten

Druckluft ist ein in der heutigen Industrie weit verbreiteter „Energieträger" und aus dem Produktionsablauf an vielen Stellen nicht mehr wegzudenken. Neben der Abreingung von Staubfiltern wird Druckluft beispielsweise zum Betrieb von Handmaschinen, zum Ansteuern von Ventilen und auch in der Produktion selbst für die unterschiedlichsten Anwendungen benötigt.

Bei ölgeschmierten Verdichtern, die in großer Zahl im Einsatz sind, fällt bei der Entfeuchtung der Druckluft ein ölhaltiges Kondensat an, das gemäß Wasserhaushaltsgesetz vor der Einleitung in die Kanalisation gereinigt werden muß. Neben einer Entsorgung dieses Kondensates als Abfall durch geeignete Fachbetriebe bietet es sich an, eine betriebsinterne Behandlung vorzunehmen.

Je nach Wahl des eingesetzten Schmieröls und der sonstigen Rahmenbedingungen wie Ansaugbedingungen und Verdichterbauart können sich verschieden stabile Öl/Wasser-Emulsionen bilden. Unter ungünstigen Bedingungen ist dabei eine Trennung mit einfachen Öl/Wasser-Trennsystemen nicht mehr möglich und der Einsatz effektiverer Emulsionsspaltverfahren notwendig.

Neben dem Einsatz von Emulsionsspaltverfahren, die mit der Zugabe von Spaltchemikalien arbeiten, bietet sich als weitere Alternative das BEKOSPLIT®-Verfahren[26] an, das ohne Zugabe von Chemikalien nach dem Adsorptionsprinzip arbeitet (Abb. 6.4).

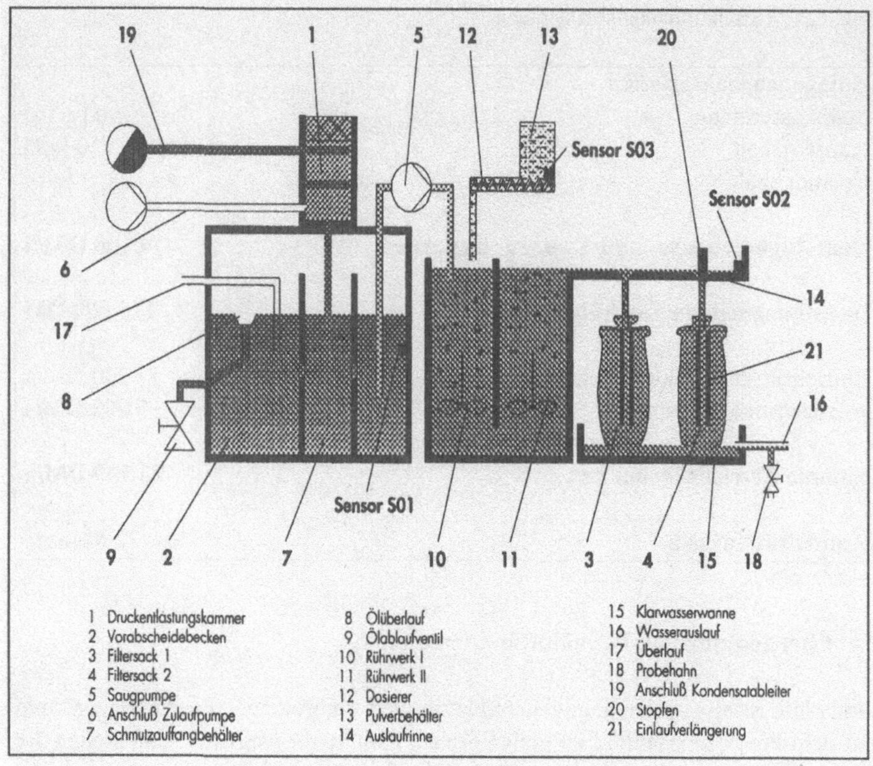

Abb. 6.4. Behandlung von Druckluftkondensaten nach dem BEKOSPLIT®-Verfahren (mit freundlicher Genehmigung der BEKO-Kondensattechnik GmbH, 41468 Neuss)

Nach dem Eintritt des ölhaltigen Kondensates erfolgt in einem Vorabscheidebekken die Schwerkraftabtrennung der Reinölphase. Dieses wird abgeleitet und der verbliebene Kondensatanteil mit der emulgierten Ölphase in den Reaktionsbehälter gefördert. Durch Zugabe des fein gemahlenen Bentonit-Pulvers, eines ungiftigen Tonerdeminerals, findet unter guter Durchmischung die Spaltung der Emulsion statt. Dabei erfolgt die Adsorption der Mikroöltröpfchen an der Betonitoberfläche unter Bildung größerer Makroflocken, die abfiltriert werden können. Das gereinigte Wasser kann der Kanalisation zugeführt werden. Der ölbeladene Bentonit kann in Ziegeleien als Rohstoff eingesetzt werden, so daß keine Deponierung oder sonstige Nachbehandlung notwendig wird.

6.2 Praxisbeispiele zum Thema Abluft

6.2.1 Thermisch-regenerative Abluftreinigung in der Lackindustrie

Anlagen zur thermischen Abluftreinigung basieren auf der Zerstörung der organischen Schadstoffe in die ungefährlichen Komponenten Wassser (H_2O) und Kohlendioxid (CO_2) durch die Einwirkung hoher Temperaturen. Der Vorteil gegenüber katalytischen Nachverbrennungen (KNV) besteht in der Unempfindlichkeit gegenüber Inhaltsstoffen im Abgas, die als Katalysatorgifte wirken können, wie beispielsweise Schwefel, Schwermetalle u.a. sowie in der einfacheren Bauweise. Nachteilig ist das durch den fehlenden Katalysator bedingte höhere Temperaturniveau, was bei der Auswahl der Werkstoffe entsprechend beachtet werden muß.

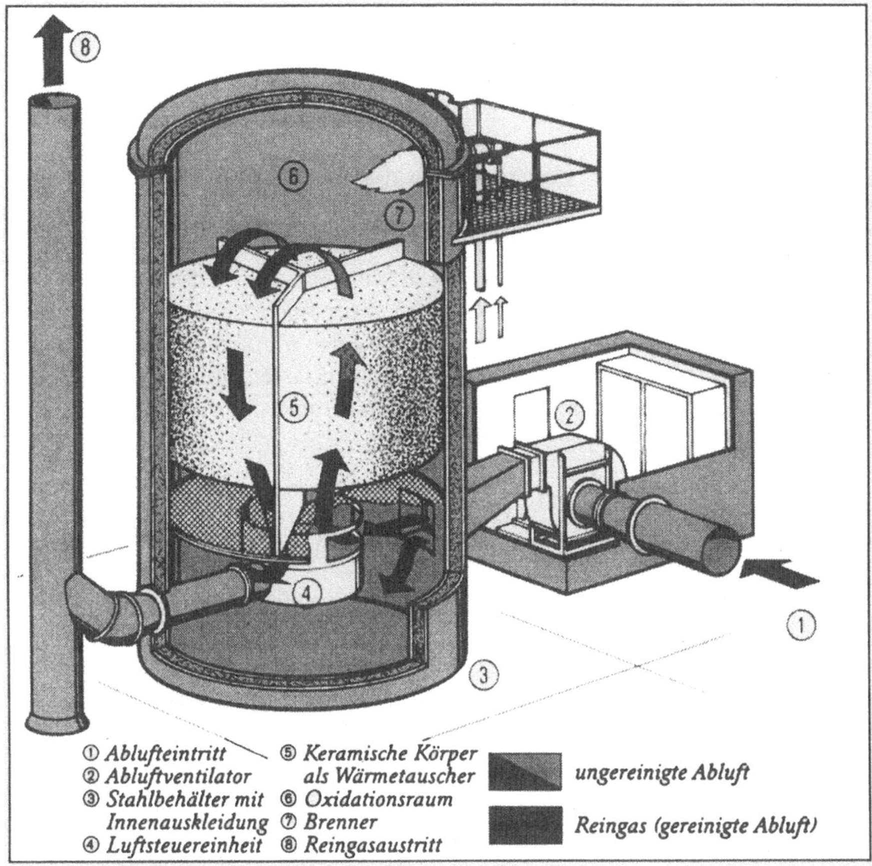

Abb. 6.5. Funktionsschema einer Kompakt-TRA (mit freundlicher Genehmigung der Fa. LTG Lufttechnische GmbH, 70435 Stuttgart)

Bei gleichbleibend hohen Gehalten an Kohlenwasserstoffen arbeiten diese Anlagen auch unter energetischen Gesichtspunkten befriedigend. Allerdings sollten zur Nutzung der oft enormen Abwärmemengen im Betrieb geeignete Verbraucher vorhanden sein.

In vielen Fällen ist es jedoch so, daß zum einen die Gehalte an Kohlenwasserstoffen relativ niedrig und zum anderen keine Verbraucher für die auf hohem Niveau anfallende Abwärme vorhanden sind. In solchen Fällen bietet sich die thermisch-regenerative Abluftreingung (TRA) an. Dabei wird die Reaktionswärme der Oxidation der organischen Komponenten zum Vorheizen der frisch eintretenden Rohgase genutzt. Das so abgekühlte Reingas fällt auf einem niedrigeren Temperaturniveau an und kann betriebsintern noch weiter, zum Beispiel zur Raumbeheizung, genutzt werden. Entscheidender ist jedoch, daß eine solchermaßen aufgebaute Anlage auch noch bei niedrigen Kohlenwasserstoffkonzentrationen autotherm, d.h. ohne die Zuführung von Fremdenergie, betrieben werden kann.

Die Abb. 6.5 zeigt die Funktionsweise einer Kompakt-TRA der Fa. LTG[27], die für eine Abluftmenge zwischen 3000 - 25 000 m³/h ausgelegt ist.

Bei der hier vorliegenden Ein-Turm-Bauweise ist der Wärmetauscher in drei Segmente unterteilt, die abwechselnd von Roh- und Reingas durchströmt werden und dabei die Wärme vom erhitzten Reingas auf das frisch zugeführte Rohgas übertragen. Die elektrisch angetriebene Luftsteuereinheit beaufschlagt den Abluftstrom wechselweise auf die verschiedenen Wärmespeicherbetten, die in einem keramischen Material ausgeführt sind. Die erreichten Wärmerückgewinnungsgrade liegen so, daß abhängig vom zugeführten Kohlenwasserstoff ab einer Konzentration von 2 g/m³ ein autothermer Betrieb möglich und die Unterschreitung der Grenzwerte nach TA Luft gewährleistet ist.

6.2.2 Lösemitteladsorption und -rückgewinnung in der Druckindustrie

Im Bereich der Druckindustrie, z.B. im Verpackungstiefdruck, wird man mit sehr großen Abluftmengen konfrontiert, die vergleichsweise schwach mit Lösemitteln beladen sind. Neben einer oxidativen Zerstörung, wie sie in Kap. 6.2.1 beschrieben ist, bietet sich, sofern einige Voraussetzungen beachtet werden, die Rückgewinnung des Lösemittels aus dem Abluftstrom an.

Im Idealfall handelt es sich dabei um einen Abluftstrom, in dem nur ein Lösemittel bzw. Lösemittelgemisch vorhanden ist, welches nach der Rückgewinnung wieder im Betrieb eingesetzt werden kann. In der Druckindustrie hat es sich in verschiedenen Fällen bereits gezeigt, daß bei der Verdünnung der als Konzentrat angelieferten Druckfarben vor Ort problemlos auch rückgewonnenes Lösemittel eingesetzt werden kann. Ist allerdings ein Abluftstrom von einem Lösemittelgemisch zu reinigen, welches aus verschiedenen Quellen stammt, kann zwar prinzipiell auch dieses rückgewonnen werden, jedoch ist eine stoffliche Verwertung dieses Gemisches in der Regel nicht möglich und der Rückgewinnung ist aus wirtschaflichen Gründen zur Zeit noch eine thermisch-regenerative Verbrennung vorzuziehen.

Da in der überwiegenden Zahl der Anwendungen das Lösemittel im Abluftstrom nur sehr schwach konzentriert ist, muß vor der eigentlichen Auskondensation eine Aufkonzentrierung erfolgen, da eine Kühlung solch großer Luftmengen auf die zur Kondensation notwendigen tiefen Temperaturen wirtschaftlich nicht machbar ist.

Das Konzept der Fa. Eisenmann[28] sieht dazu eine Verfahrenskombination aus Adsorptionsrad und eigentlicher Kondensationsstufe vor. Die Wirkungsweise der Gesamtanlage ist in dem Verfahrensfließbild in Abb. 6.6 dargestellt.

In einem Adsorptionsrad wird ein großer, gering beladener Abluftstrom durch ein Adsorptionsmittel, z.B. Aktivkohle, geleitet. Das Lösemittel reichert sich in dem Adsorptionsmittel an und wird anschließend durch einen kleineren Gasstrom, dem Desorptionsstrom, wieder von diesem entfernt. Durch geeignete verfahrenstechnische Maßnahmen kann kontinuierlich gereinigt werden, in dem aufeinanderfolgende Segmente des Adsorptionsrades sich im adsorbierenden und dann im desorbierenden Zustand befinden. Um das Lösemittel möglichst vollständig in den volumenmäßig kleineren Desorptionsstrom zu überführen, muß dieser allerdings vorgeheizt werden. Auf diese Weise läßt sich eine Volumenreduzierung um den Faktor 10 - 15 erreichen. Um die geforderten Reingaswerte nach dem Adsorptionsrad zu erreichen, können die Adsorptionsparameter über die Rotationsgeschwindigkeit und über die Betthöhe gesteuert und abhängig vom zu reinigenden Lösemittel verschiedene Bettmaterialien gewählt werden.

Die stark lösemittelhaltige Luft wird zuerst auf Zimmertemperatur abgekühlt und dann das enthaltene Wasser in einer speziellen Trockenstufe entfernt. Dies ist unbedingt notwendig, um ein Vereisen der nachgeschalteten Kühlelemente zu verhindern, zusätzlich fällt später das Lösemittel nahezu wasserfrei an, was sich vorteilhaft auf die weitere Verwendung auswirkt. Der so getrocknete Luftstrom wird stufenweise auf -45°C abgekühlt, wobei das Lösemittel auskondensiert und in einem Tank aufgefangen wird. Um die energetische Bilanz möglichst günstig zu gestalten, wird der kalte, vom Lösemittel befreite Luftstrom im Gegenstrom zum frisch dem Kondensator zugeführten Luftstrom geführt, wobei er diesen abkühlt, sich selbst erwärmt und dann erneut dem Desorptionsrad zugeführt wird.

Die Investitionskosten für Anlagen mit Rückgewinnung des Lösemittels liegen um etwa 30% höher als in der Leistung vergleichbare TRA-Anlagen. Dieser Kostennachteil kann aber durch den Wiedereinsatz des rückgewonnenen Lösemittels in kurzer Zeit (je nach Anwendungsfall 6 - 18 Monate) ausgeglichen werden. Weiterhin kommt oft dazu, daß die in TRA-Anlagen anfallende Abwärme nicht

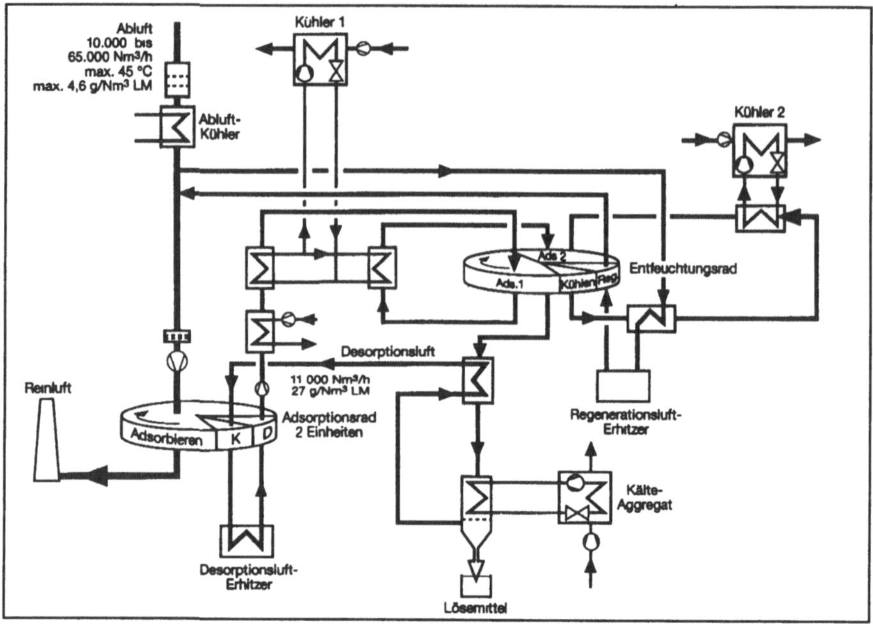

Abb. 6.6. Verfahrensfließbild zur Lösemittelrückgewinnung mit vorgeschaltetem Adsorptionsrad (mit freundlicher Genehmigung der Fa. Eisenmann, 71085 Holzgerlingen)

oder nur ungenügend im eigenen Betrieb genutzt werden kann. Auch in einem solchen Fall kann die Entscheidung zugunsten einer Lösemittelrückgewinnung fallen.

Abzuwarten bleibt, ob und in welcher Form eine Besteuerung des CO_2-Ausstoßes z.B. in Form von CO_2-Steuern erfolgen wird. Dies würde natürlich die Kostensituation zugunsten des Rückgewinnungsverfahrens verbessern.

6.2.3 H_2SO_4-Gewinnung aus schwefelhaltigen Abgasen der Viskosespinnerei

Viskosefasern sind ein in der heutigen Zeit weit verbreitetes Produkt. Ausgangsmaterial zur Herstellung von Viskose ist Zellstoff, der mittels Natronlauge in Alkalicellulose überführt und einem Vorreifeprozeß unterzogen wird. Dann wird die Alkalicellulose mit Schwefelkohlenstoff (CS_2) zu Cellulosexanthogenat umgesetzt und mit Natronlauge zur eigentlichen Viskoselösung aufgelöst. Die so entstandene Spinnlösung wird in ein Fällbad gepreßt und die koagulierenden Viskosefäden kontinuierlich abgezogen. Die koagulierten und verstreckten Fäden müssen dann noch durch Waschen mit Wasser entsäuert und für die Weiterverarbeitung nachbehandelt werden.

Zur Fällung der Viskose werden in der Regel schwefelsaure und natriumsulfathaltige Bäder eingesetzt. Dabei entstehen neben der Viskose als Nebenprodukte CS_2, H_2S und CO_2.

Eine Möglichkeit, diese Nebenprodukte weiter zu behandeln, besteht darin, das freigesetzte CS_2 in Aktivkohleadsorbern zurückzuhalten sowie das H_2S mit Natronlauge auszuwaschen. Das dabei entstehende NaS muß aufgearbeitet werden und kann dann wieder in die Produktion zurückgeführt werden.

Bei neueren Anlagen ist man bestrebt, die aus dem Spinnbad freigesetzten Gase wieder darin zu lösen. Geeignete Maßnahmen hierzu sind eine Erhöhung der Flüssigkeitsmenge und eine größere Umlaufgeschwindigkeit im Spinnbadkreislauf. Bei der kontinuierlichen Aufbereitung der Spinnbäder in einer sogenannten Säurestation fällt dann bei der Entgasung ein relativ konzentrierteres Gasgemisch an.

Neben den beschriebenen verfahrenstechnischen Maßnahmen bietet sich außerdem die weitere Möglichkeit an, die entstehenden schwefelhaltigen Abgase zu

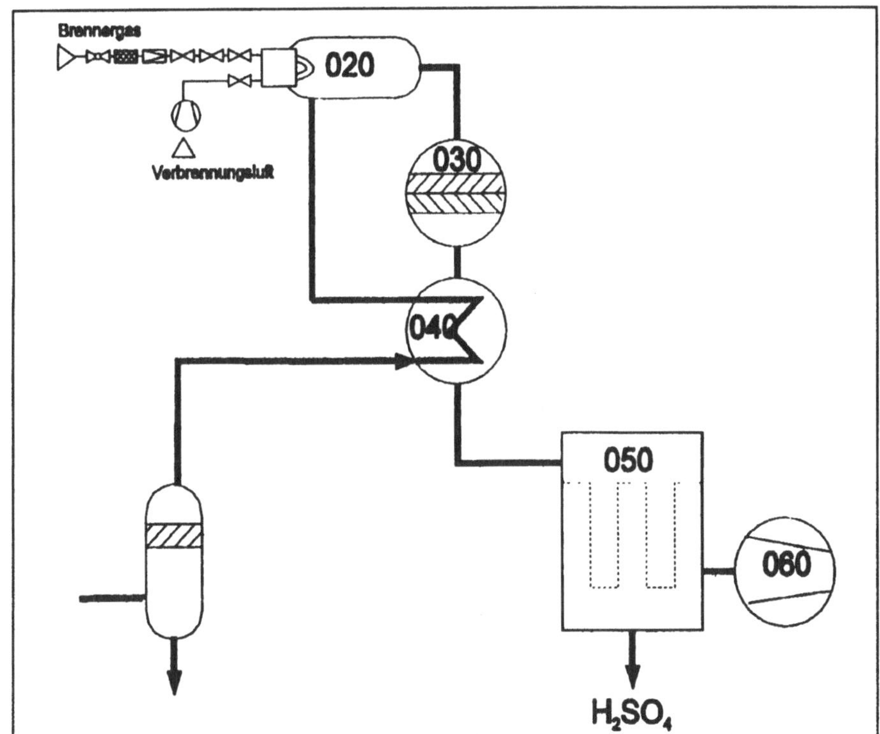

Abb. 6.7. Schematischer Aufbau des SULFOX-Verfahrens (mit freundlicher Genehmigung der Kanzler Verfahrenstechnik Ges. m. b. H., A-8010 Graz)

Schwefelsäure umzusetzen, die dann unmittelbar in den Produktionsprozeß zurückgeführt werden kann.

Das SULFOX-Verfahren[29] lehnt sich dabei an das bekannte Schwefelsäurekontaktverfahren an. Den schematischen Aufbau zeigt Abb. 6.7.

Beim dargestellten Verfahren sind zwei Katalysatorbetten in Serie geschaltet. Das Rohgas wird nach Eintritt in die Anlage auf die Arbeitstemperatur des ersten Katalysators (020) gebracht. Bei hohen Schadstoffkonzentrationen (z.B. über 15g H_2S/Nm^3) ist die Erwärmung durch die freigesetzte Konversionsenergie zu SO_2 ausreichend (autothermer Betrieb). Lediglich zum Anfahren des Prozesses muß Energie über einen Brenner zugeführt werden, der auch bei niedrigeren Konzentrationen für die notwendige Betriebstemperatur sorgt. Im zweiten Katalysatorbett (030) werden noch nicht umgesetzte Schwefelverbindungen zu SO_2 und in einem zweiten Schritt das SO_2 zu SO_3 umgesetzt. Nach der Abkühlung des Gasstromes im Wärmetauscher (040) kondensiert das SO_3 mit dem vorhandenen Wasser zu Schwefelsäure, die mittels eines Aerosolfilters (050) aus dem Abgasstrom entfernt und bei ausreichender Reinheit unmittelbar dem Produktionsprozeß zugeführt wird. Muß der Abgasstrom durch zusätzliche Energie von außen aufgeheizt werden (Niedrige Konzentration an Schwefelverbindungen) ist eine Wärmerückführung zum Aufheizen des Rohgasstromes auf alle Fälle sinnvoll.

Die folgende Abbildung 6.8 zeigt am Beispiel eines Abgasvolumenstromes von 10 000 Nm^3/h mit einem CS_2/H_2S-Verhältnis von 50/50 die anfallenden Kosten

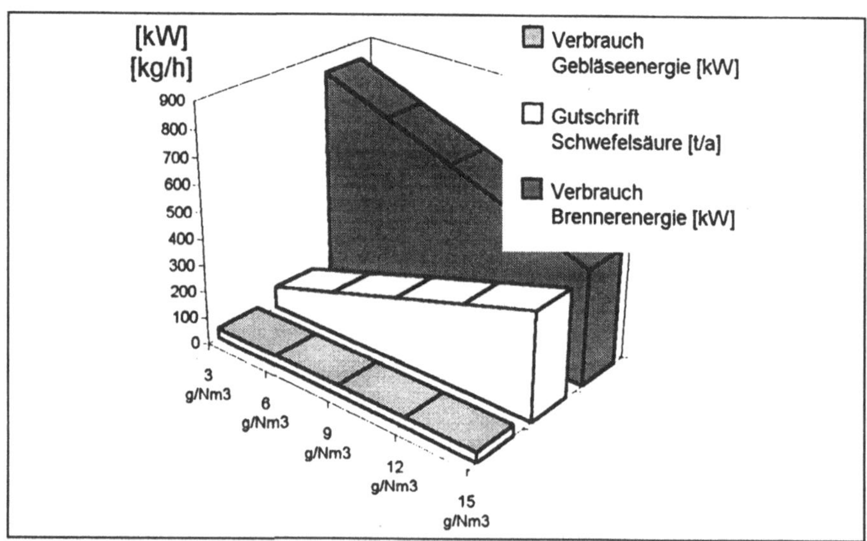

Abb. 6.8. Energieinput an Gebläse- und Brennerenergie in Relation zur erzeugten Schwefelsäuremenge

für Gebläse- und Brennerenergie in Abhängigkeit vom Schwefelkomponentengehalt im Vergleich zu der dabei gewonnenen Menge an Schwefelsäure.

Das Verfahren ist nicht nur in der Viskoseindustrie, sondern in allen Fällen anwendbar, bei denen Abgase mit schwefelhaltigen Komponenten wie H_2S, CS_2 oder SO_2 auftreten. Ob allerdings dieses Verfahren gegenüber anderen Verfahren zur Abgasreinigung wie beispielsweise der SO_2-Wäsche mit Kalkmilch jeweils konkurrenzfähig ist, hängt zum einen von der Konzentration der Schwefelkomponenten ab. Zum anderen ist die Gesamtzusammensetzung des Abgases ausschlaggebend, ob die gewonnene Schwefelsäure in einer Reinheit anfällt, die ohne oder mit nur begrenzter Nachreinigung eine betriebsinterne Verwertung bzw. die Vermarktung erlaubt.

6.3 Praxisbeispiele zum Thema Abwasser

6.3.1 Standzeitverlängerung von alkalischen Entfettungsbädern durch Elektrokoagulation

Von den ölhaltigen Abwässern, die in der metallverarbeitenden Industrie anfallen, stammt ein beträchtlicher Anteil aus Wasch- bzw. Entfettungsbädern. Diese Bäder dienen beispielsweise dazu, metallische Dreh- oder Stanzteile vor weitergehenden Oberflächenbehandlungsschritten wie Galvanik, Lackierung oder Emaillierung zu reinigen bzw. zu entölen. Man schätzt, daß zu diesem Zwecke alleine in Deutschland etwa 15.000 industrielle Wasch- und Entfettungsanlagen in verschiedenen Größen als Tauch- oder Spritzentfetter mit oder ohne Badheizung betrieben werden.

Abhängig vom speziellen Anwendungsfall werden als Reinigungsmedium vermehrt organische Lösemittel von wäßrigen Lösungen unterschiedlicher Zusammensetzung abgelöst. Hauptbestandteile dieser wäßrigen Reinigungslösungen sind dabei sogenannte Builder wie Ätznatron, Silikate, Carbonate, Borate und organische, waschaktive Substanzen, im wesentlichen nichtionische Tenside aus der Gruppe der Fettalkoholpolyglykolether. Die Entfettungsdauer kann, abhängig vom Verschmutzungsgrad, zwischen 10 Minuten und mehreren Stunden betragen. Durch Erhitzen bzw. Bewegen des Reinigungsgutes oder des Bades kann der Entfettungsvorgang beschleunigt werden.

Mit der zunehmenden Gebrauchsdauer eines solchen Reinigungsbades nimmt das Ölaufnahmevermögen und damit die Reinigungskraft ab. Bei meist vorgegebener Reinigungsdauer verschlechtert sich somit das Ergebnis zunehmend. Je nach konkretem Anwendungsfall kann dies nach einem Arbeitstag, nach einer Woche oder einem Monat der Fall sein. Das Bad muß dann verworfen und durch einen neuen Ansatz ersetzt werden. Die verbrauchte Reinigungsflüssigkeit muß als Sonderabfall der Abfallgruppe 544 kostenpflichtig entsorgt werden.

Die hohen Entsorgungskosten, aber auch die im Wasserhaushaltsgesetz geforderte Kreislaufführung des Wassers läßt Maßnahmen zur Badpflege interessant erscheinen. Durch diese Badpflegemaßnahmen sollen mittels Kreislaufführung des Reinigungsmediums über eine gesonderte Verfahrensstufe die vom Werkstück gespülten Fette und Öle abgesondert und die regenerierte Reinigungsflüssigkeit wieder in der ursprünglichen Aktivität in den Spülautomaten zurückgeführt werden. Auf diese Weise eine „unendliche" Standzeit des Entfettungsbades zu erreichen, ist sicherlich nicht möglich, in der Praxis sind jedoch um den Faktor 10 verlängerte Wechselzyklen durchaus üblich.

Eine Möglichkeit zur Badpflege stellt die Elektrokoagulation dar. Dieses Verfahren nutzt die negative elektrische Ladung der Mikro-Öltröpfchen.

Aufgrund der negativen Oberflächenladungen stoßen sich die Tröpfchen gegenseitig ab und verteilen sich gleichmäßig in der Flüssigkeit, können nicht zu größeren Tropfen zusammenfließen und zur Oberfläche aufsteigen. Die Elektrokoagulation nutzt diese Oberflächenladung zur Phasentrennung, indem die negativ geladenen Tröpfchen unter dem Einfluß eines elektrischen Feldes zur positiven Elektrode wandern, dort zusammenfließen und zur Oberfläche aufsteigen. Bisheriger Nachteil dieses Verfahrens, das ohne Chemikalien auskommt, waren die langen Behandlungszeiten und damit geringen Durchsätze. In der letzten Zeit sind aber hier Verbesserungen vorgenommen worden, so daß das Verfahren der Elektrokoagulation auch in der betrieblichen Praxis Einsatz findet.

Zu beachten ist ferner, daß gewisse Anforderungen an das zu pflegende Bad gestellt werden müssen, um den Einsatz einer Elektrokoagulation realisieren zu können. Dazu zählen insbesondere ein pH-Wert <12 sowie die Abwesenheit ionischer Tenside und das Vermeiden von die Elektroden passivierenden Substanzen.

Beim RECOFLOAT-Verfahren[30] sind zwischen den Elektrodenblechen nicht leitend Metalleinlagen aus einer Aluminiumlegierung angeordnet, die dazu führen, daß die Emulsion dem elektrischen Feld bei gleichzeitiger Bildung geringer Mengen an Metall- und Hydroxyl-Ionen ausgesetzt wird, was zu einer Beschleunigung der Koagulation der Öltröpfchen führt. Die beim Prozeß entstehenden Gasbläschen flotieren das Öl sowie Feststoffpartikel. Die folgende Abbildung 6.9 zeigt den technischen Aufbau einer RECOFLOAT-Anlage.

Das zu pflegende Entfettungsbad wird kontinuierlich von unten in das Elektrodenpaket gepumpt. Das demulgierte Öl steigt auf und kann über den Ölablauf der Nachklärzone entfernt werden. Die gereinigte Flüssigkeit wird erneut dem Entfettungsbad zugegeben.

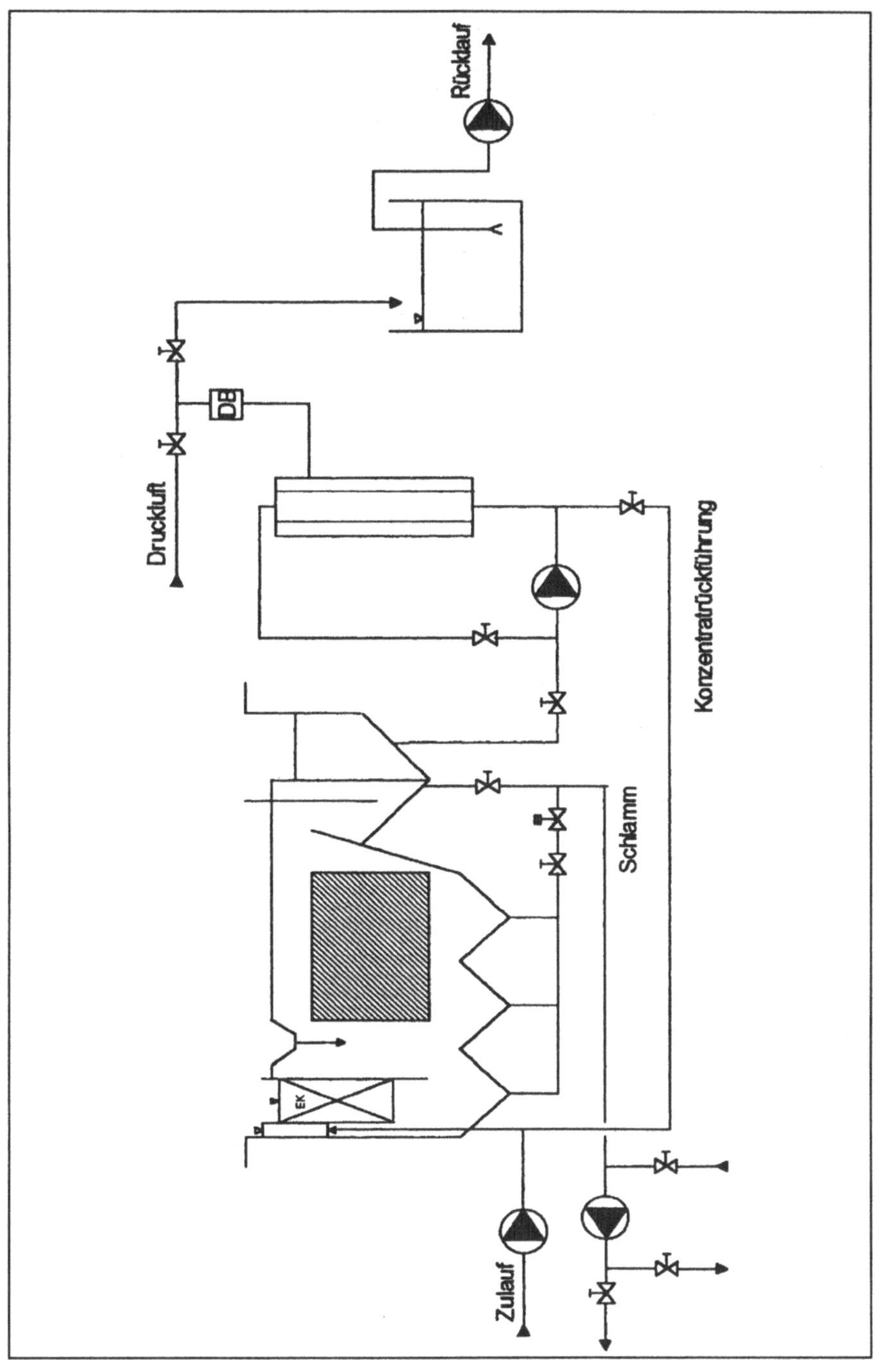

Abb. 6.9. Technischer Aufbau einer RECOFLOAT-Anlage (mit freundlicher Genehmigung der HDW-Nobiskrug GmbH, 24768 Rendsburg)

Auch hinsichtlich der Wirtschaftlichkeit kann das Verfahren der Elektrokoagulation zu einer Entlastung des Betriebes führen, wie Tabelle 6.3 zeigt.

Tabelle 6.3. Wirtschaftlichkeitsbetrachtung am Beispiel des RECOFLOAT-Verfahrens (Badinhalt 2 x 1,5 m³, bisher 45 Badwechsel pro Jahr)

	ohne standzeitverlängernde Maßnahme	mit standzeitverlängernder Maßnahme
Investitionskosten	-	35.000,-
Jährliche Betriebskosten:		
Kosten für Reiniger gesamt	27.000,-	15.600,-
Entsorgung	67.500,-	2.500,-
Arbeitsaufwand Badwechsel	8.100,-	-
Energiekosten (5 kWh/m³)	-	3.120,-
Wartung und Ersatzteile	-	3.000,-
Summe Betriebskosten	102.600,-	24.220,-
Amortisationszeit		ca. 6 Monate

6.3.2 Standzeitverlängerung von alkalischen Entfettungsbädern durch Membranfiltration

Eine weitere Möglichkeit zur Badpflege von alkalischen Entfettungsbädern stellt die Membranfiltration dar.

Bei der Membranfiltration, die zu den Siebfiltrationen gehört, werden an einer halbdurchlässigen Membran große Moleküle wie Öle von kleinen Molekülen wie Wasser, die die Membran passieren können, getrennt. Die Trennwirkung ist abhängig vom Porendurchmesser, vom angelegten Druck sowie von der Konzentration. Der Rückhaltemechanismus beruht bei größeren Teilchen auf der Siebwirkung, während im molekularen Bereich die Diffusionsbewegung ausschlaggebend ist.

Zur Pflege der Waschflüssigkeit wird diese im Bypass am Entfettungsautomaten vorbei durch das Membranmodul geführt und das gereinigte Filtrat wieder in den Waschprozeß zurückgeführt. Eine technische Möglichkeit zur Ausführung besteht im Einsatz von Hohlfasermembranen, die aus einem homogenen Copolymerisat bestehen, d.h. Membran und Stützgewebe sind aus einem Stück gefertigt. Eine Vielzahl dieser Hohlmembranen wird dann zu einer Baueinheit zusammengefaßt[31]. Eine andere Möglichkeit, um die erforderliche Druckfestigkeit zu erreichen, sind anisotrope Membranen. Diese bestehen aus einer sehr dünnen eigentlichen Filterschicht, die auf einer grobporigen Trägerschicht, dem sogenannten Vlies, aufgebracht wird.

Die nachfolgende Abb. 6.10 zeigt eine von der Schüßler Verfahrenstechnik GmbH[32] realisierte Variante zur Badpflege eines Waschautomaten mit 4 Kompakt-Spülmodulen.

Wichtig ist es jedoch, bei der Planung von Badpflegemaßnahmen sich nicht einseitig auf die eigentliche Badpflege zu konzentrieren, sondern diese als einen Bestandteil einer integrierten Gesamtmaßnahme zu verstehen. Dazu gehören die Verwendung von nicht emulgierenden bzw. selbst demulgierenden Reinigern mit dem Einsatz von Phasentrennern wie Zentrifugal- oder Koaleszenzabscheidern oder einer Optimierung von Verfahrensablauf und Bemessungsgrenze zur Reingung. Nur durch ein ganzes Bündel aufeinander abgestimmter Maßnahmen läßt sich das ökologische und ökonomische Optimum herausfinden und die Badpflege durch Membranfiltration zu einem wirklich effektiven Instrument werden.

Die Tabelle 6.4 zeigt eine Wirtschaftlichkeitsbetrachtung bei der Badpflege mit Membranfiltration im Vergleich zum vorherigen Zustand ohne Pflegemaßnahmen.

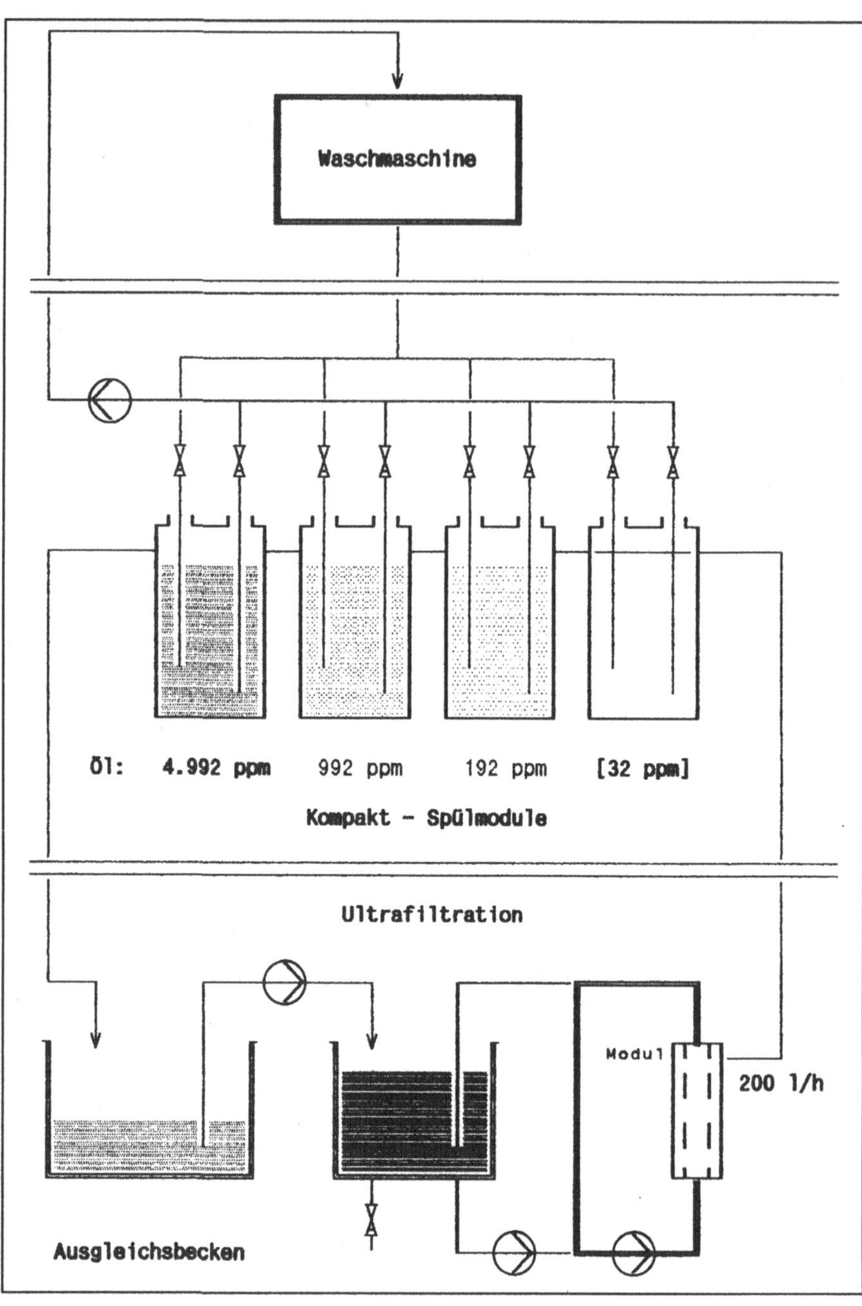

Abb. 6.10. Verfahrensschema zur Badpflege eines Waschautomaten (mit freundlicher Genehmigung der Fa. Schüßler Verfahrenstechnik GmbH, 73278 Schlierbach)

Tabelle 6.4. Wirtschaftlichkeitsbetrachtung am Beispiel der Membranfiltration (Badinhalt 2 m³, bisher Badwechsel täglich)

	ohne standzeitverlängernde Maßnahme	mit standzeitverlängernder Maßnahme
Investitionskosten	-	75.000,-
Jährliche Betriebskosten:		
Kosten für Reiniger gesamt	30.150,-	1.350,-
Entsorgung	135.000,-	9.000,-
Arbeitsaufwand	7.200,-	3.150,-
Energiekosten (5 kWh/m³)	6.750	11.250,-
Wartung und Ersatzteile	-	1.395,-
Summe Betriebskosten	179.100,-	26.145,-
Amortisationszeit		ca. 6 Monate

6.3.3 Aufbereitung ölhaltiger Abwässer durch Ultrafiltration

Die bei der Metallbe- und -verarbeitung anfallenden Abwässer sind in der überwiegenden Zahl der Fälle Öl/Wasser-Emulsionen mit einem Ölgehalt von 0,5 - 2% Öl. Neben den Mineral- bzw. synthetischen Ölen können diese zusätzlich Stabilisatoren, Emulgatoren und andere Inhaltsstoffe enthalten. Dazu kommen noch prozeßbedingte Verschmutzungen wie Metallabrieb, Fette und Tenside.

Wie bereits in Kap. 6.1.2 ausgeführt wurde, gibt es zur Behandlung solcher Emulsionen verschiedene technische Möglichkeiten. Das dort beschriebene Verdampferverfahren hat den Vorteil der wesentlich höheren Unempfindlichkeit gegenüber einer wechselnden Zusammensetzung des zugeführten Abwassers im Vergleich zu den anderen Verfahren.

Bei Problemstellungen jedoch, bei denen Abwässer zu behandeln sind, die in definierter Zusammensetzung anfallen und somit feste Betriebsbedingungen formuliert werden können, stellt die Ultrafiltration eine sinnvolle Alternative dar. Für die Ultrafiltration sprechen dabei im wesentlichen die geringeren Betriebskosten.

Bei der Ultrafiltration, die prinzipiell ein mechanisches Trennverfahren darstellt, werden die ölbelasteten Abwässer unter erhöhtem Druck auf eine Membran aufgegeben, die von Wasser und anderen niedermolekularen Substanzen durchdrungen werden kann, während höhermolekulare Stoffe wie Mineralöle zurückgehalten werden. Die vom Öl gereinigte Wasserphase (Permeat) hat Ölgehalte < 20 mg/l und kann entweder in die Kanalisation oder in eine biologische Klärstufe gegeben werden, während die zurückbleibende Ölphase (Retentat) mit einem Ölgehalt von etwa 30% weiter behandelt oder als Sondermüll entsorgt werden muß. Aufgrund des doch erheblichen Volumens des Retentats bietet sich eine Nachbehandlung schon aus Kostengründen an.

Entscheidendes Bauteil einer Ultrafiltration sind die Membranen, die auch den höchsten Anteil am Gesamtpreis der Anlage haben. Zum Einsatz kommen organische und anorganische Membranen, wobei letztere eine höhere Temperatur- und Abriebfestigkeit haben, allerdings im Anschaffungspreis etwas höher sind.

Im hier beschriebenen Anwendungsfall mußten Waschwässer aus einer Getriebeproduktion soweit aufbereitet werden, daß die im Reinwasser verbleibenden Komponenten in der betriebseigenen Kläranlage biologisch leicht abgebaut werden können.

Den Aufbau der von der Fa. Eisenmann[28] installierten Ultrafiltrationsanlage zeigt schematisch Abb. 6.11.

Das anfallende Waschwasser wird nach einer mechanischen Vorreinigung in den Umwälzbehälter der Ultrafiltration gegeben, wo die Trennung in die Öl- (Retentat) und Wasserphase (Permeat) stattfindet. Zum Einsatz kommen anorganische Membranen vom Carbosep-Typ, die bei einer Temperatur von etwa 60°C betrieben werden. Das abfließende Wasser hält den geforderten Grenzwert von 10 mg/l ein. Zur Wärmerückgewinnung wird das Permeat im Gegenstrom zum zulaufenden Abwasser geführt. Um eine Standzeitverlängerung der UF-Anlage zu erreichen und die Zeit zwischen den Spülzyklen zu verlängern, wird der Arbeitsbehälter der Ultrafiltration kontinuierlich von freiem Öl befreit. Zu diesem Zweck kommt ein Ringkammerentöler zum Einsatz.

Das ölhaltige Retentat wird in einem 3-Phasen-Seperator (nicht abgebildet) auf einen Wassergehalt von unter 15% gebracht und in einem nachfolgenden Desorber auf unter 2% Wassergehalt konzentriert. Die Wasserphase aus Seperator und Desorber wird der Ultrafiltration zugeführt. Die verbleibende Ölphase mit einem Ölgehalt von > 98% kann als Wertstoff verkauft werden.

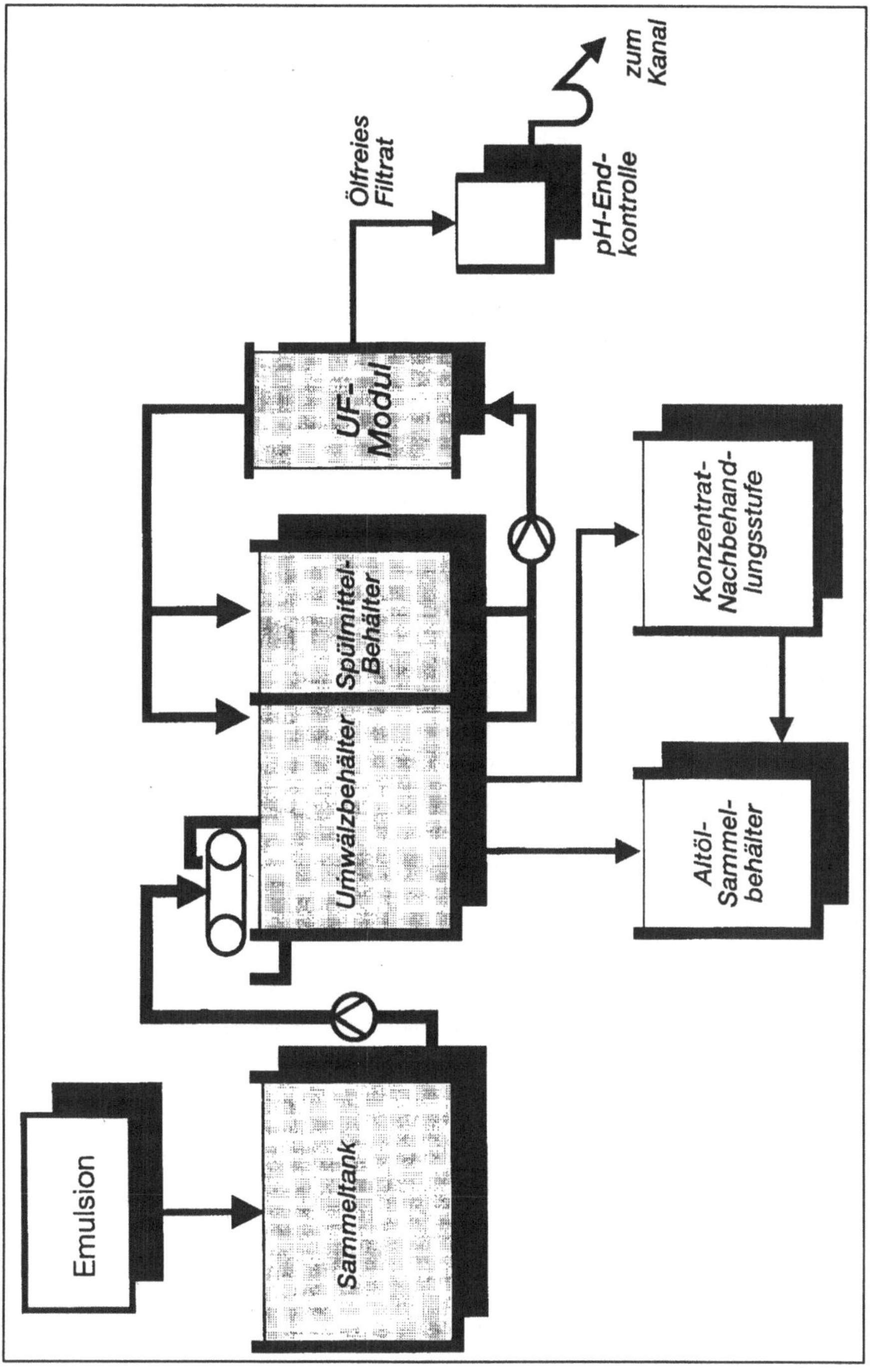

Abb. 6.11. Aufbereitung von Waschwässern aus der Getriebeproduktion mittels Ultrafiltration (mit freundlicher Genehmigung der Fa. Eisenmann, 71085 Holzgerlingen)

6.3.4 Chromsäurerückgewinnung aus der Hartverchromung mit Kationenaustauschern bzw. elektrolytischer Chromoxidation

Die Verchromung ist ein weit verbreitetes Verfahren, Metalloberflächen zum einen mit einer harten Schicht zu versehen und zum anderen dekorativ zu veredelen. Die höchste Härte wird bei der sogenannten Hartverchromung erreicht und beträgt bis über 1000 kg/mm². Das Chrom wird dabei aus einer Chromsäurelösung abgeschieden, die durch einfaches Lösen von Chrom-(VI)-Oxid in Wasser oder großtechnisch durch anodische Oxidation von Chrom-(III)-Sulfatlösung hergestellt werden kann. Bei der Hartverchromung wird sowohl auf eine gute Stromausbeute als auch auf eine hohe Deckfestigkeit der 0,001 - 0,5 mm starken Schichten Wert gelegt. Dabei darf der Gehalt an Cr^{3+}-Ionen sowie der sonstigen Fremdmetalle nicht zu hoch werden.

Eine Aufgabe bei der Chromsäurerückgewinnung besteht daher darin, die Fremdmetalle wie Eisen, Kupfer oder Zink zu entfernen und das dreiwertige zum sechswertigen Chrom zu oxidieren.

Zur Entfernung der unerwünschten Metallanteile können Kationenaustauscher eingesetzt werden, eine Technik, die seit langem erprobt ist. Nachteilig ist der relativ hohe Schlupf an Chromsäure, der ersetzt werden muß, sowie die mitunter nicht zu lange Standzeit der Kationenaustauscher. Diese sind nach Ablauf ihrer Lebensdauer mit Chromsäure getränkt und müssen als Sondermüll zu hohen Preisen entsorgt werden. Eine andere Möglichkeit besteht in der Anwendung von Membranelektrolysen, die eine gleichzeitige Entfernung der Schwermetalle und eine Oxidation des Chroms erlauben. Bei diesen geteilten Elektrolysezellen ist der Anoden- und der Kathodenraum durch eine Kationenaustauschermembran getrennt. Der Anodenraum wird von der verbrauchten Chromsäure durchströmt, wo an der Anode die Oxidation zum sechswertigen Chrom stattfindet, die Kationen wandern durch die Membran in den Kathodenraum, wo sie je nach verwendetem Katholyten entweder in Lösung bleiben oder sich abscheiden. Die Investitions- und Betriebskosten einer solchen Membranelektrolyse sind höher als bei reinen Kationenaustauschern, so daß über ihren Einsatz sorgfältig anhand des konkreten Anwendungsfalles entschieden werden muß. In der Zukunft ist damit zu rechnen, daß die Membranelektrolyseverfahren aber an Boden gewinnen werden.

Abbildung 6.12. zeigt eine Anlage zur Chromsäurerückgewinnung mit einer Verfahrenskombination aus Verdunster und Kationenaustauscher.

Die Anlage besteht aus einem Verdunsterturm mit Kreislaufbehälter sowie einem Kationenaustauscher. In der ersten Stufe des Verdunsters wird die Chromsäure versprüht und im Gegenstrom Luft zudosiert. Auf diese Weise wird die Chromsäure aufkonzentriert, während in der zweiten Stufe das chromathaltige Spülwasser versprüht und so nachgereinigt wird. Dieses Wasser kann dann erneut der Chromsäure zugesetzt werden. Der Kationenaustauscher dagegen wird mit einem

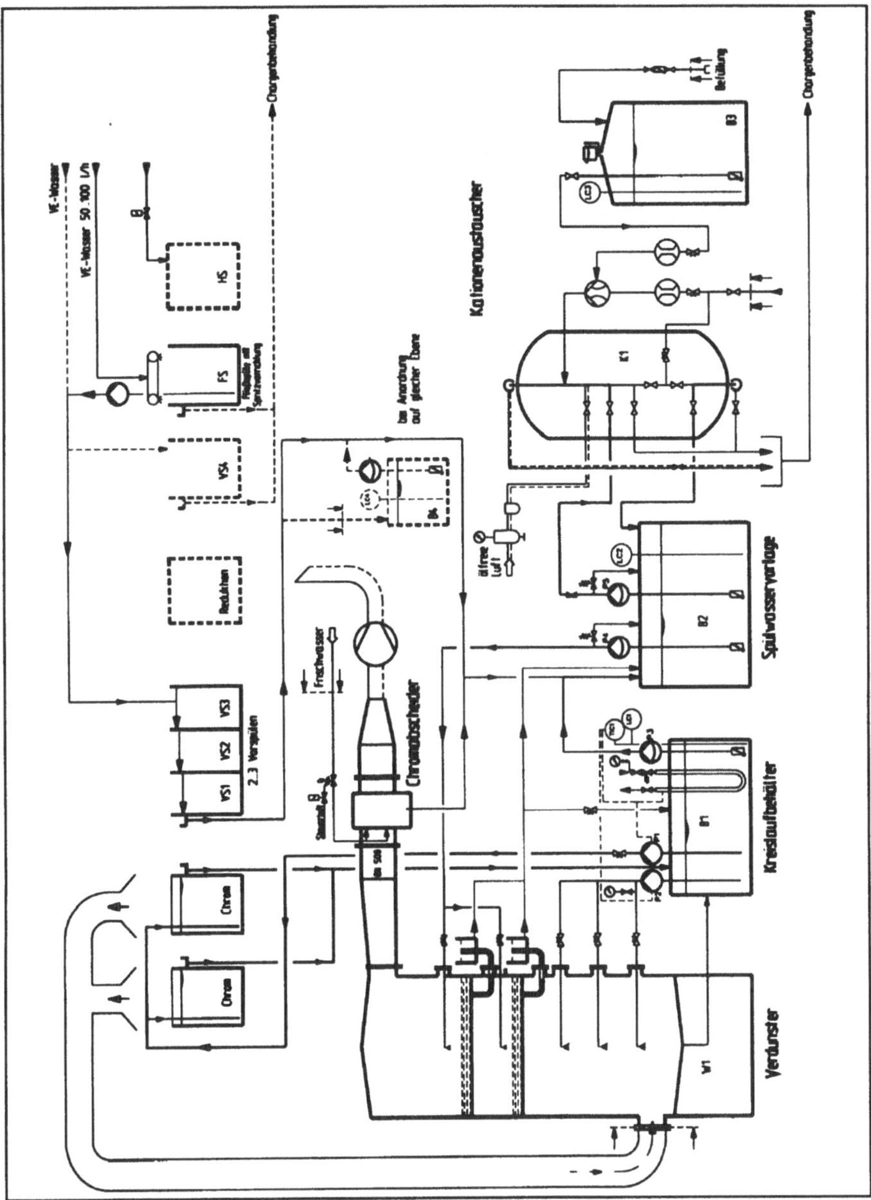

Abb. 6.12. Anlage zur Chomsäurerückgewinnung (mit freundlicher Genehmigung der Heraeus Elektrochemie GmbH, 63517 Rodenbach, Miljovern Umwelt-Technik Anlagen GmbH, 04155 Leipzig)

Teilstrom des Elektrolyten und mit dem Spülwasser beaufschlagt und entfernt hieraus die Metalle. Die so gereinigten Spülwässer werden dann der zweiten Waschstufe des Verdunsters zugeführt und wie beschrieben weiter behandelt. Aus energetischen Gründen wird die Wärmeabgabe des Stromelektrolyten zum Betrieb des Verdunsters genutzt.

Dabei wird der Anfall von zu entsorgenden Spülwässern durch die vollständige Rückführung vermieden, die Energiebilanz durch die Nutzung der Stromwärme zur Verdunstung bei gleichzeitiger Kühlung des Elektrolyten günstig gehalten und durch die kontinuierliche Entfernung der Verunreinigungen ein Schließen des Kreislaufes ermöglicht.

Tabelle 6.5 zeigt anhand eines Beispiels die Wirtschaftlichkeit der Rückgewinnung von Chromsäure aus der Hartverchromung nach dem beschriebenen System.

Tab. 6.5. Wirtschaftlichkeitsbetrachtung[24,25]

Anlagencharakteristika	
Spülwassermenge	825 [m^3/a]
Chromsäuregehalt	1 800 [g/h]
Derzeitige Betriebs- und Entsorgungskosten	**191 500 DM/a**
Investitionssumme Verdunster mit Kationenaustauscher	150 000 DM
Betriebskosten Elektrolyseanlage	18 350 DM/a
Anzusetzende Zinsen	6 000 DM/a
Summe Betriebskosten neu	**24 350 DM/a**
Amortisationszeit	**ca. 11 Monate**

6.4 Praxisbeispiel zum Thema Energie

6.4.1 Emissionsreduzierung und Ausbrandverbesserung durch den Zusatz von Additiven

Schweres Heizöl (Heizöl S) ist in den heute verfügbaren, schwefelarmen Qualitäten ein günstiger Primärenergieträger, der in der Industrie weite Verbreitung findet, aber wegen seiner vermeintlichen Umweltbelastung in den letzten Jahren von leichtem Heizöl und Gas zurückgedrängt wurde. Aus ökonomischer Sicht hingegen ist Heizöl S als der billigere Einsatzstoff für die Industrie weiterhin atttraktiv (siehe Tabelle 6.6), steht jedoch unter dem Druck zunehmender Emissionsauflagen. Diese Auflagen sowie die Tatsache, daß schweres Heizöl trotz aller Bemühungen, den Anteil der anderen Mineralölprodukte bei der Raffination von Rohöl zu erhöhen, zu einem gewissen Prozentsatz anfällt, haben für die Mineralölindustrie im Bereich des schweren Heizöls zu einem konstanten Preisdruck geführt.

Tabelle 6.6. Preisentwicklung des schweren Heizöls[33]

	1986	1987	1988	1989	1990	1991	1992	1993
Heizöl S [DM/t]	249,9	237,1	185,6	236,2	236,1	224,3	202,1	184,8

Ziel muß es daher sein, die ökonomischen Vorteile des schweren Heizöles zu nutzen und gleichzeitig die ökologischen Richtlinien, die beispielsweise in der Großfeuerungsanlagenverordnung dargelegt sind, zu erfüllen.

Eine Möglichkeit hierzu bieten Additivsysteme, die durch Zugabe von Hilfsstoffen in das Heizöl vor der Verbrennung (Primäradditivsysteme) und/oder Zugabe in das Rauchgas (Sekundäradditivsysteme) die geforderten Grenzwerte ohne weitere Verfahrensschritte einhalten.

Die Wirkungsweise beider Systeme ist dabei eine unterschiedliche. Primäradditivsysteme enthalten eine Kombination metallorganischer Verbindungen, die bei der Verbrennung des Heizöles in der Flamme katalytisch wirken. Auf diese Weise können insbesondere die Staubemissionen oft um über 90% gesenkt werden. Das bietet gleichzeitig die Möglichkeit, den Luftüberschuß zu reduzieren, was eine Verminderung der thermischen NO_x-Bildung nach sich zieht. Ein positiver Nebeneffekt ist zudem, daß sich durch die Verbesserung des Ausbrandes ein kleiner, aber merklicher Energiegewinn bei gleichem Rohstoff-Einsatz erzielen läßt.

Leider ist es mit den Primärsystemen nicht möglich, die NO_x-Werte unter den gesetzlich vorgeschriebenen Grenzwert von 450 mg/m³ zu drücken. Aus diesem Grunde ist es nötig, dieses Problem gesondert anzugehen. Der gesamte im Abgas gemessene NO_x-Wert setzt sich aus zwei Komponenten zusammen. Der eine, meist größere Anteil stammt aus dem im Heizöl chemisch gebundenen Stickstoff und wird als chemisches NO_x bezeichnet. Der zweite Anteil stammt aus dem Stickstoff-Gehalt der Luft, von dem ein Anteil, abhängig von den Feuerungsbedingungen, zu NO oxidiert wird (thermisches NO). Während dieses thermische NO_x durch die geschilderten Primärmaßnahmen reduziert werden kann, ist das chemische NO_x Ziel der Sekundärmaßnahmen. Diese arbeiten nach dem Prinzip der selektiven nicht katalytischen Reduktion (SNCR), bei der das Sekundäradditiv selektiv mit den beim Verbrennungsvorgang gebildeten Stickoxiden zu Stickstoff und Wasserstoff reduziert. Wichtig ist dabei, die Dosierung auf den tatsächlichen NO_x-Gehalt abzustimmen, da Überdosierungen zum sogenannten Ammoniakschlupf führen, der möglichst weitgehend vemieden werden sollte.

Die Abbildung 6.13 zeigt im Überblick das Verfahrensschema der NO_x-

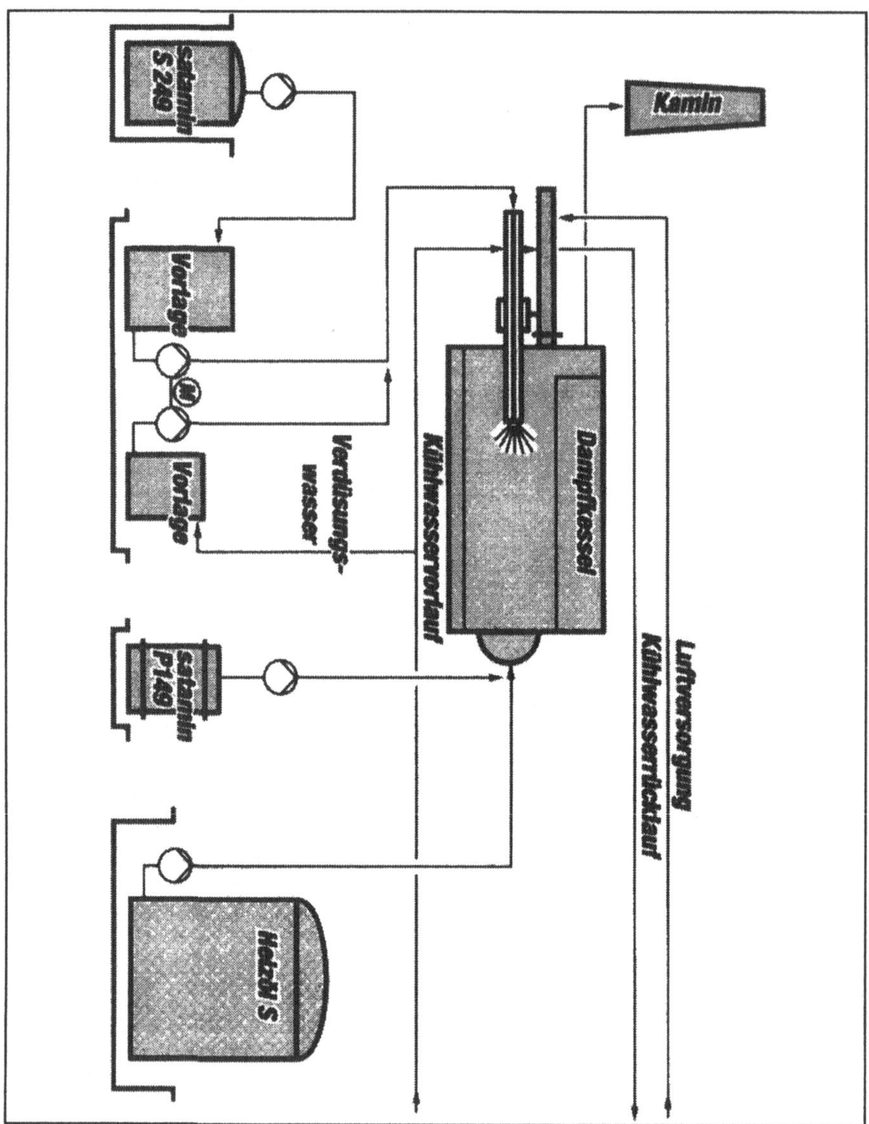

Abb. 6.13. Verfahrensschema der NO_x-Reduzierung nach dem ERC-System (mit freundlicher Genehmigung der Fa. ERC Emissions-Reduzierungs-Konzepte GmbH, 24768 Norderstedt)

Reduzierung nach dem ERC-System.

Es ist überhaupt an dieser Stelle anzumerken, daß nicht nur Effektivität und Wirkungsweise der Additive an sich eine Rolle spielen, auch die genaue und zielgerichtete Dosierung mit den damit nötigen Systemen ist nicht zu unterschätzen und muß stets in der Gesamtheit gesehen werden.

Tabelle 6.7 zeigt die Auswirkungen der Primär- und Sekundärdosierung anhand eines Zweiflammrohr-Rauchkessels mit einer Leistung von 20 t Dampf/h, der mit Heizöl S befeuert wird.

Tabelle 6.7. Auswirkungen der Primär- und Sekundärdosierung von Additiven zur Verbesserung der Emissionswerte bei der Verbrennung von Heizöl S am Beispiel des ERC-Konzeptes[34]

	ohne Additive	Primäradd. 1:3500	Sekundäradd. 1:3500
Rußzahl	3	1	1
CO_2-Gehalt [Vol.%]	12,5	13,8	13,8
O_2-Gehalt [Vol.%]	4,3	3,0	3,0
Abgastemperatur [°C]	176	170	170
Feuerungstechnischer Wirkungsgrad [%]	92,6	93,6	93,6
NO_x (3% O_2) [mg/m³]	710	670	440
CO (3% O_2) [mg/m³]	28	<10	<10
SO_2 (3% O_2) [mg/m³]	1700	1700	1700
SO_3-Gehalt (Quickspot) [mg/m³]	50	<50	<50
Rauchgasmenge p. kg Öl [m³/vnf]	14,3	13,0	13,0
Feststoffmenge (gewogen) [mg]	185	38	38
Feststoffmenge p. kg Öl [mg]	2235	445	445
Feststoffgehalt (3% O_2) [mg/m³/vntr.]	158	32	32
Reduktion der verbrennbaren Feststoffe [%]	-	80	80
Reduktion des NO_x [%]	-	6	38

Wie aus der Tabelle deutlich wird, wird neben der Verbesserung des Ausbrandes eine deutliche Reduzierung des NO_x erreicht sowie der CO-Gehalt und der Feststoffgehalt der Abluft verringert und so die geltenden Grenzwerte eingehalten.

7 Von der Öko-Bilanzierung zum Umwelt-Controlling

Unternehmen, die den Umweltschutz als einen integrativen Bestandteil der Unternehmenspolitik akzeptiert haben und auch konsequenterweise in der Zukunft weiter verfolgen wollen, sind darauf angewiesen, nicht nur im Moment eine Bestandsaufnahme zu machen und darauf basierend Maßnahmen zu ergreifen, sondern auch für die Zukunft ein Instrumentarium zu schaffen, das eine fortwährende Erfolgskontrolle bei gleichzeitiger Aktualisierung ermöglicht.

Analog zur Betriebswirtschaftslehre, die es beispielsweise in Form von monatlichen, viertel- oder ganzjährlichen Bilanzen sowie durch Aufstellung von geeigneten Kennziffern dem Unternehmen erlaubt, für sich selbst eine Erfolgskontrolle durchzuführen, sich mit Wettbewerbern zu vergleichen und sich der interessierten Öffentlichkeit zu präsentieren, muß im Umweltbereich ein Pendant geschaffen werden, das genau diese Leistungen erbringt.

Dabei ist es wichtig, genau abgestimmt zu den Phasen des Entscheidungsprozesses mittels eines solchen Controlling-Systems die notwendigen Informationen bereitzustellen. Gliedert man die Phasen des Entscheidungsprozesses beispielsweise analog zu Abb. 7.1, so sind es insbesondere Phase 3 (Beurteilungsphase), Phase 4 (Bewertungsphase) und Phase 6 (Kontrollphase), zu denen Daten und damit Entscheidungshilfen aus einem solchen System gefragt sind.

So wie im betriebswirtschaftlichen Bereich Kennzahlen seit langem zu Betriebsvergleichen und -analysen dienen und anhand der in diesen Kennzahlen verdichteten Informationen Auskünfte über die ökonomische Entwicklung auch im Vergleich zu den Wettbewerbern gewonnen werden und so z.B. Anlagenentscheidungen beeinflussen, werden in Zukunft ökologische Kennziffern ähnlichen Einfluß gewinnen, denn nur ein auch in ökologischer Hinsicht wettbewerbsfähiges Unternehmen wird langfristig ökonomisch eine Chance haben. Darüber hinaus wird durch eine dokumentierte ökologische Handlungsweise auch das Risiko von Stör- und Unfällen entscheidend gemindert, ein Fakt, der angesichts der durch diese verursachten ökonomischen Schäden nicht ohne Bedeutung ist.

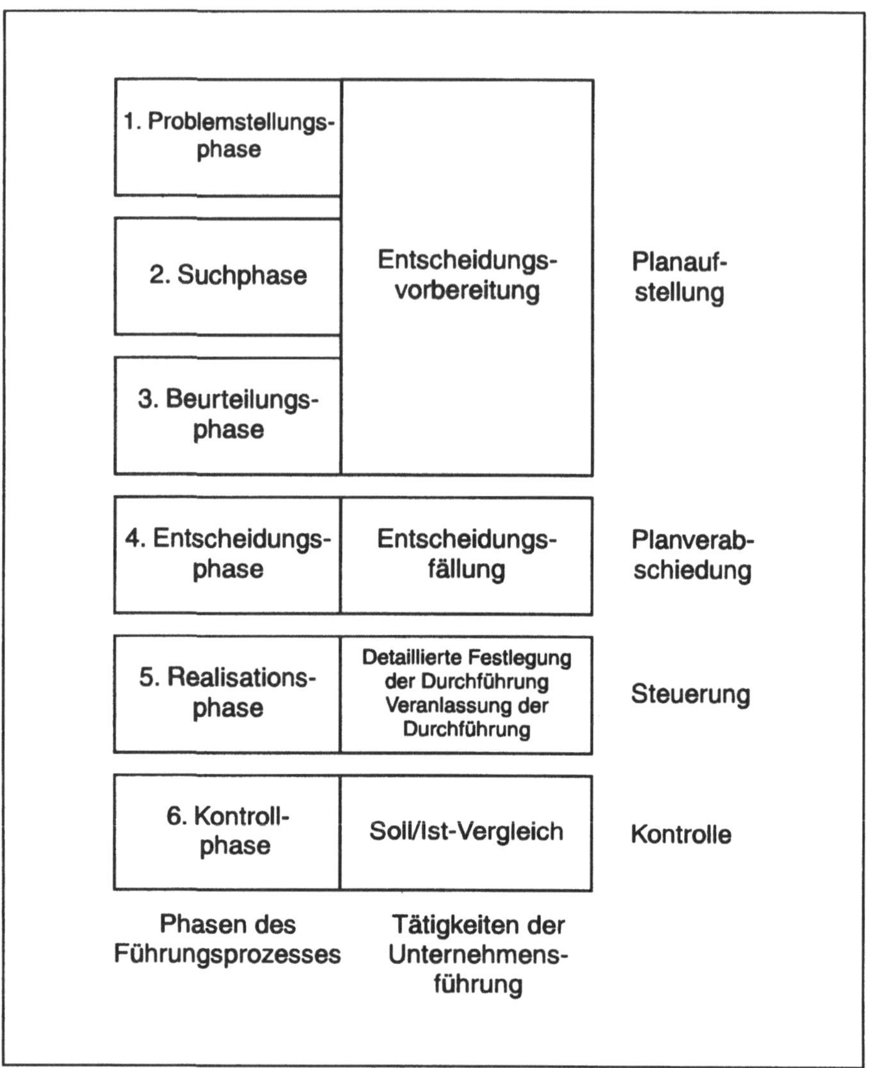

Abb. 7.1. Phasen des Entscheidungsprozesses (nach[35])

Die nun folgenden Ausführungen sollen die Grundlagen, die Grundstruktur und die Chancen bei der Einführung eines solchen Instrumentariums kurz beleuchten; eine wirklich umfassende Abhandlung dieses Themas kann und soll in diesem Rahmen nicht erfolgen. Dies gilt insbesondere für die Verknüpfung einzelner Kennzahlen zu Kennzahlensystemen, die dann über die ökologische Situation einzelner, zusammengefaßter Betriebsbereiche oder des ganzen Unternehmens Auskunft geben sollen. Auch soll an dieser Stelle nicht weiter auf allgemeine Fragen zu Kennzahlen Stellung genommen werden und zu diesen Fragen auf entsprechende Literatur verwiesen werden (z.B.[36,37]).

Verschiedene Autoren aus dem Bereich der Betriebswirtschaftslehre haben theoretische Modelle entwickelt, Umweltkosten und -belastungen sowie den gesamten Bereich der Umweltökonomie mit dem Rüstzeug der Betriebswirtschaftslehre zu bearbeiten und in diesen zu integrieren (z.B. *Kloock*[38], *Wagner*[39], *Gunther*[40]). Die Bandbreite reicht dabei von der Einführung einer völlig getrennten, gesondert geführten Umweltkostenrechnung bis zum anderen Extrem, der vollständigen Integration der Umweltkostenrechnung in die betriebliche Kostenrechnung. Um von dieser theoriebehafteten Diskussion weg hin zu einer an der betrieblichen Praxis orientierten Sicht der Dinge zu kommen, sei an dieser Stelle auf eine Fortführung dieser Grundsatzdiskussion nicht weiter eingegangen.

Wie jedoch in den folgenden Ausführungen zum Ausdruck kommen wird, sind eine Vielzahl von Daten, die im Umwelt-Controlling Verwendung finden, in der betrieblichen Kostenrechnung ohnehin vorhanden. Es gilt nur, diese dem entsprechenden Zweck gemäß umzustrukturieren, in den gewünschten Zusammenhang zu stellen und, falls notwendig, zu ergänzen (Abb. 7.2). Da insbesondere innerhalb der betrieblichen Kostenrechnung das nötige Know-how vorhanden ist, um Zahlen zu erfassen und einem Zweck entsprechend zu strukturieren, ist es nur naheliegend, auch die Umweltkostenrechnung organisatorisch dieser Stelle anzugliedern.

Die Umweltkostenrechnung muß dabei folgende, im wesentlichen mit der betrieblichen Kostenrechnung identische Leistungen vollbringen:

- Information (Sammlung der spezifisch benötigten Basisinformationen, Gliederung und Präsentation derselben)
- Entscheidungsvorbereitung (Verknüpfung externer und interner Informationen mit Darstellung potentieller Konsequenzen der möglichen Handlungsoptionen)
- Planung
- Lenkung (laufende Begleitung von Projekten mit Überwachung der Sollvorgaben)
- Kontrolle (nachfolgende Kontrolle zur Einhaltung und Überprüfung der Vorgaben sowie zu Korrektur und Aktualisierung bei Abweichungen)

Ziel muß es dabei sein, von der reinen Bestandsaufnahme und Informationsvermittlung (Öko-Bilanzierung) zu einem Instrument zu gelangen, das Umweltaus- und -einwirkungen nicht nur betrachtet, sondern Entscheidungs-, Planungs-, Lenkungs- und Kontrollaufgaben wirkungsvoll unterstützt (Umwelt-Controlling).

Es soll im folgenden ein prinzipieller Weg aufgezeichnet werden, ein solches Umwelt-Controlling-System aufzubauen. Daß dabei vielfältige Abgrenzungs- und Bewertungsprobleme auftreten können, ist durchaus bewußt, eine vertiefte Behandlung würde aber sowohl den Umfang dieses Buches sprengen als auch an dessen eigentlicher Intention vorbeigehen. Eine teilweise Betrachtung dieser Fragen findet der Leser in Kapitel 4.

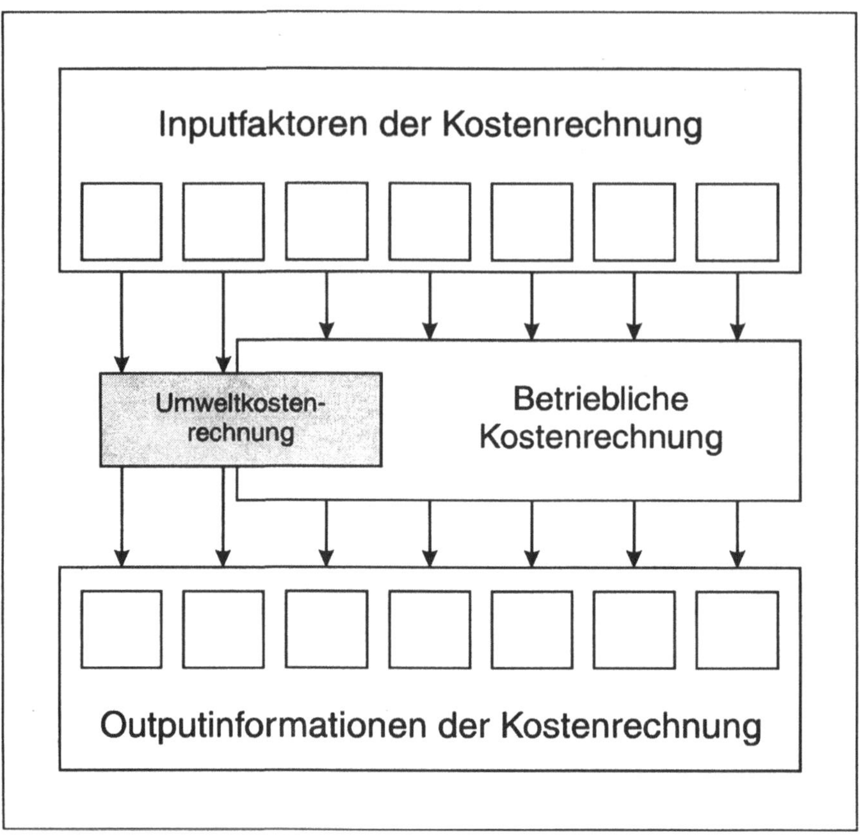

Abb. 7.2. Die Umweltkostenrechnung als Teilmenge der betrieblichen Kostenrechnung

Um die Umweltleistungen bzw. -einwirkungen eines Betriebes darzustellen, sind zunächst zwei grundlegend unterschiedliche Größen zu beachten:

1. Physikalische Größen
2. Monetäre Größen

Zu den physikalischen Größen werden alle Daten gezählt, die einen physikalisch meßbaren Vorgang mit Umweltrelevanz betreffen. Hierzu zählen beispielsweise Abwärme, Wasser-, Energie- und Luftdurchsätze und -verbräuche, Materialverbräuche etc..

Zu den monetären Größen zählen sämtliche in Geldgrößen ausdrückbare, im vorherigen Abschnitt benannte Daten, zuzüglich den zugehörigen, nur auf monetärer Ebene vorhandenen Daten wie Investitionen, Abschreibungen, Wartungs- und Reparaturkosten, Personalkosten (interne monetäre Ebene) sowie dem Unternehmen auferlegte Kosten mit Umweltbezug wie Abwassergebühren, Sondermüllabgaben und ähnliches, welches im Bereich der an Bedeutung gewinnenden Umweltsteuer-Gesetzgebung noch auf die Unternehmen zukommen wird (externe monetäre Ebene).

Aus dieser Schilderung wird sofort ersichtlich, daß die an erster Stelle genannten physikalischen Daten mit ihrer monetären Bewertung in diese Ebene eingehen und um weitere Angaben ergänzt werden. Diese physikalischen Daten sind im Prinzip das, was unter das Stichwort Öko-Bilanzierung fällt, nämlich der Verbrauch/Gebrauch von Umweltressourcen bezogen entweder auf die Betriebs- oder Produkteinheit. Wichtig ist dabei, daß Umweltressourcen im eigentlichen Sinne nicht nur Wasser, Luft und Boden sind, sondern alle Einsatzstoffe wie Roh-, Hilfs- und Betriebsstoffe, die zur Fertigung eines Produktes vonnöten sind. Da auch diese als Öl, Mineral, Erz oder sonstiger Grundstoff der Umwelt entnommen wurden, gilt es, diese ebenso sparsam zu bewirtschaften und zu gebrauchen wie die bekannten genannten Umweltressourcen Wasser, Luft und Boden. Der bisherige Unterschied lag lediglich darin, daß die einen kostenfrei in Anspruch zu nehmen waren, während die anderen als Kostenfaktor schon immer ganz selbstverständlich in die Kalkulation eingingen und daher entsprechend bewirtschaftet wurden.

Abb. 7.3 zeigt im Überblick die Entwicklung der physikalischen Größen zu monetären Größen hin, was gleichzeitig den Übergang von der Öko-Bilanzierung zum Umwelt-Controlling darstellt.

7.1 Physikalische Verhältniszahlen zur Definition von Umwelteinwirkungen und -leistungen

Diese Verhältniszahlen, die auf der Ermittlung und dem Vergleich von physikalischen Größen beruhen, geben Auskunft darüber, wie intensiv ein Unternehmen die Umwelt als natürliche Ressource nutzt beziehungsweise benutzt. Es ist diesen Zahlen zu eigen, daß sie an sich nur eine beschränkte Aussagekraft haben. Ihre Bedeutung liegt vielmehr auf zwei anderen Schwerpunkten. Zum einen läßt sich über die zeitliche Entwicklung hin ein guter und schneller Überblick gewinnen, wie die Unternehmensentwicklung im Umweltbereich vonstatten geht, zum anderen ist es so möglich, zumindest innerhalb einer Branche, den eigenen mit fremden Betrieben national und international zu vergleichen. Der Einwand, diese Informationen eher vertraulich behandeln zu wollen, um der Konkurrenz nicht Einblicke in Betriebsinterna zu geben, greift hier nur sehr bedingt. Ohne einen wirklichen Vergleich, um nicht zu sagen Wettbewerb, ist es schwerlich möglich, die eigenen Leistungen wirklich zu bewerten und zu wissen, wo noch Lücken

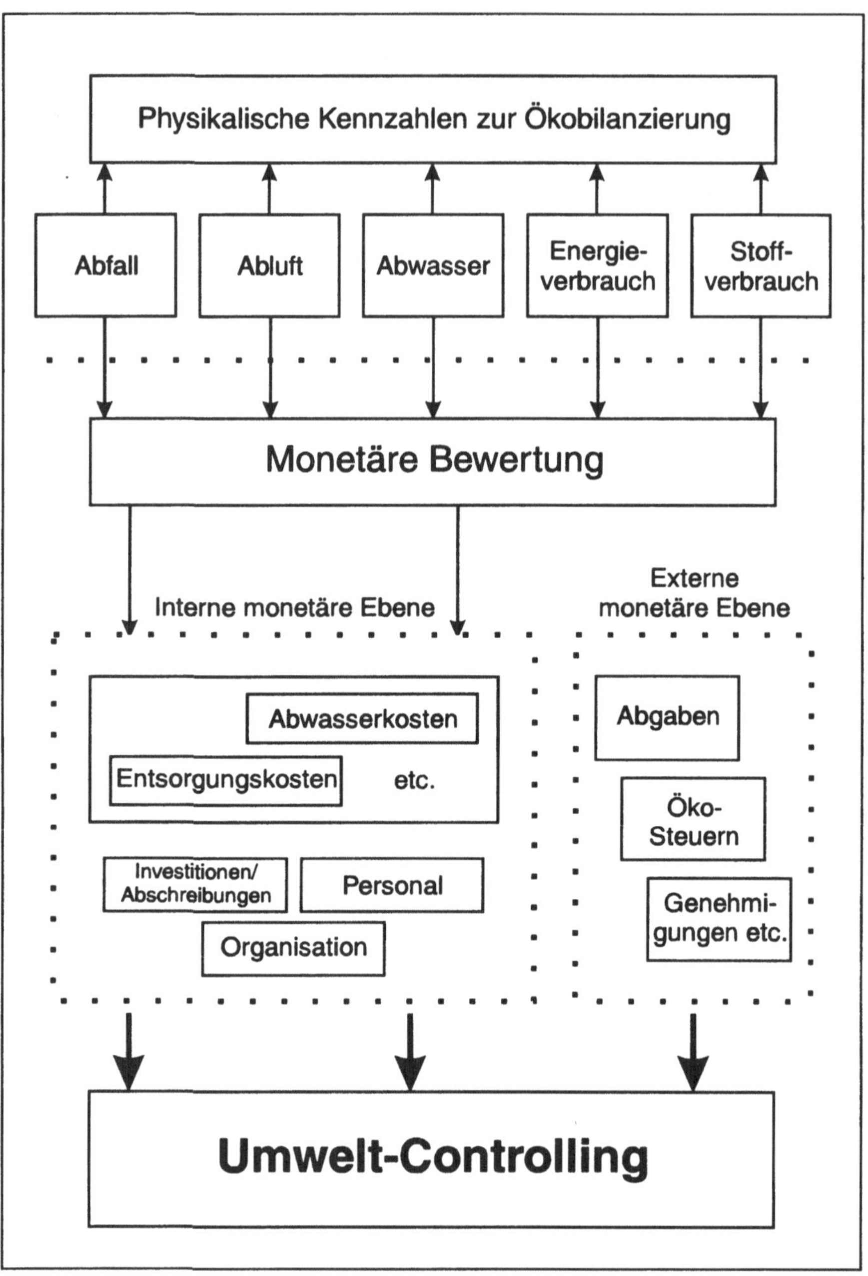

Abb. 7.3. Entwicklung physikalischer Größen zum Umwelt-Controlling

bestehen. Auch können so Aussagen wie „70% Abfall eingespart" oder „Frischwasserverbrauch halbiert" in einen Zusammenhang gestellt werden und einer realistischen Bewertung unterzogen werden, denn so wünschenswert solche

Erfolgsmeldungen auch sein mögen, so muß doch stets der Ausgangspunkt der Arbeiten mit berücksichtigt werden. Und wer in der Vergangenheit besonders sorg- oder achtlos gehandelt hat, dem fällt es naturgemäß leichter, große Erfolge zu erzielen, als dem der, der seit langem in dieser Richtung tätig ist.

Die Wirtschaft sollte um ihrer selbst Willen bereit sein, gegenüber der Öffentlichkeit und auch den Wettbewerbern, auch im Sinne der gemeinsamen gesellschaftlichen Aufgabe Umweltschutz, diese Herausforderung anzunehmen und ihre Leistungsfähigkeit offen zu zeigen.

Die in der Literatur beschriebenen und vorgeschlagenen Verhältniszahlen im Bereich der Ökobilanzierung sind vielfältig und differenziert. Abhängig von Branchenzugehörigkeit, Produktspektrum und Größe muß der Einzelfall über die jeweiligen Schwerpunkte entscheiden. An dieser Stelle sei hier eine Auswahl präsentiert, die wichtige Bereiche des betrieblichen Umweltschutzes abdeckt und beschreiben kann.

Aus dieser Übersicht (Tabelle 7.1) wird deutlich, daß die meisten der eingehenden Größen in den Betrieben schon bekannt sind. Abwasser- und Abfallmengen oder Energieverbräuche sind auf die eine oder andere Art im Unternehmen erfaßt und müssen lediglich zur Ermittlung der Verhältniszahlen in die richtige Beziehung zueinander gesetzt werden. Nach einem gewissen Aufwand für die Ersterhebung wird so ein wertvolles Instrument geschaffen, das einfach und wirkungsvoll die betriebliche Entwicklung nachvollzieht.

Strittig ist in diesem Zusammenhang immer wieder, welche Betrachtungssphäre für solche Untersuchungen die richtige ist. Eine der Meinungen ist es, alle Faktoren von der Herstellung der Grundstoffe, dem Transport, der eigentlichen Herstellung der Produkte über den Weg zum Verbraucher bis hin zur Entsorgung mit zu betrachten. Gerade die Ersteller von sogenannten Produktlebenszyklen verfolgen zum großen Teil diese Philosophie. So sehr diese im Einzelfall auch interessant sein mögen, so geht doch diese Betrachtungsweise an der hier angestrebten Zielsetzung vorbei. Sinn ist es hier, ein betriebliches Informationsinstrument zu schaffen, welches dem Betrieb selbst und im Vergleich mit anderen inhaltliche Aussagen erlaubt. Daß dabei ein Blick über den Tellerrand durchaus sinnvoll sein kann und in die betriebliche Betrachtung beispielsweise auch die Wahl des Transportweges oder die Entsorgungsproblematik Eingang finden kann, sollte dabei selbstverständlich sein. Man sollte es allerdings vermeiden, durch allzu hochgesteckte, wenn auch an sich eherne Ziele, das eigentlich wichtige zu vergessen und wertvolle Initiativen dabei zu unterdrücken. Es ist allemal besser, bei einem klar definierten Endziel vor Augen Etappe um Etappe zu gehen, anstatt schon zu Beginn unrealistischen Visionen nachzujagen oder vor einem in seiner komplexen Gesamtheit scheinbar unlösbaren Problem zu kapitulieren.

Tabelle 7.1. Physikalische Verhältniszahlen zur Erfassung von Umwelteinwirkungen und -leistungen

1. Produktbezogene Abwasserintensität

$$V_{AI} = \frac{\text{anfallende Abwassermenge } [m^3]}{\text{Zahl der Produkteinheiten}}$$

2. Produktbezogene Abluftintensität:

$$V_{AbI} = \frac{\text{anfallende Abluftmenge } [m^3]}{\text{Zahl der Produkteinheiten}}$$

3. Produktbezogene Energieintensität:

$$V_{EI} = \frac{\text{Energieverbrauch}}{\text{Zahl der Produkteinheiten}}$$

4. Produktbezogene Energieeffizienz:

$$V_{EE} = \frac{\text{gesamter Energieverbrauch - Verlustenergie}}{\text{Zahl der Produkteinheiten}}$$

5. Stoffeffizienz:

$$V_{SE} = \frac{\text{Menge der in Produkte transformierte Eingangsstoffe}}{\text{Gesamtmenge der Eingangsstoffe}}$$

6. Verwertungsverhältnis (gesamt)

$$V_{VVg} = \frac{\text{Menge der einer Verwertung zugeführten Stoffe}}{\text{Gesamtmenge der nicht direkt ins Produkt eingehenden Stoffe}}$$

7. Verwertungsverhältnis (intern)

$$V_{VVI} = \frac{\text{Menge der innerbetrieblich einer Verwertung zugeführten Stoffe}}{\text{Gesamtmenge der nicht direkt ins Produkt eingehenden Stoffe}}$$

7.2 Monetäre Verhältniszahlen zur Erfassung und Bewertung von umweltrelevanten Vorgängen

Nahezu alle betrieblichen Vorgänge, die in physikalischen Größen erfaßt sind, schlagen sich in der finanzwirtschaftlichen Sphäre der Unternehmung wieder. Somit muß in einem ersten Schritt die monetäre Bewertung dieser Größen in einer dem Ziel entsprechenden Form erfolgen.

Neben diesen (betriebsinternen) Kosten für die Abwasserbehandlung, Entsorgung etc. sind in die umweltrelevante finanzwirtschaftliche Sphäre einer Unternehmung noch weitere Angaben miteinzubeziehen. Neben Kosten für technische Umweltschutzeinrichtungen wie Abluftreinigungen, Betriebskläranlagen u.a. ist auch das unmittelbar oder mittelbar betraute Personal zu berücksichtigen. Weiterhin muß der sonstige organisatorischer Aufwand, wie beispielsweise Überwachungsarbeiten oder die Sammlung und Trennung von Abfällen hinreichende Berücksichtigung erfahren.

Dazu kommen noch Steuern und Abgaben mit Umweltrelevanz wie beispielsweise Abwasser- und Sondermüllabgaben.

Zur vollständigen und richtigen Erhebung ist die in Kap. 4 beschriebene Vorgehensweise zu empfehlen. Die dort detailliert aufgestellten Daten müssen dann lediglich noch geeignet zusammengefaßt und zugeordnet werden, um ein komplettes Abbild der umweltrelevanten Finanzsphäre des Unternehmens zu liefern. Die eigentliche Aufgabe des Umwelt-Controlling besteht dann darin, unter Zuhilfenahme geeigneter Hilfsmittel (EDV) ein Abbild der Daten zu liefern, über die ständige Aktualisierung ihre Entwicklung nachzuvollziehen und den Entscheidungsträgern die nötigen Informationen zu liefern.

Im folgenden seien einige Beispiele für Kennzahlen genannt, die im Bereich des Umwelt-Controlling Anwendung finden können. Natürlich gilt auch für diese Kennzahlen in Bezug auf Informationsgehalt und Aussagekraft das unter 7.1 Gesagte.

Tabelle 7.2. Umweltkosten-Kennzahlen

1. Umweltinvestitions-Kennzahl:

$$K_{UI} = \frac{\text{Gesamtsumme der Investitionen im Umweltbereich}}{\text{Gesamtsumme aller Investitionen}}$$

2. Umweltkosten-Kennzahl:

$$K_{UK} = \frac{\text{Summe der laufenden Umweltkosten}}{\text{Summe der gesamten Betriebskosten}}$$

3. Fixe Umweltkosten-Kennzahl:

$$K_{UK(F)} = \frac{\text{Summe der fixen Umweltkosten}}{\text{Summe der fixen Betriebskosten}}$$

4. Variable Umwelt-Kennzahl:

$$K_{UK(V)} = \frac{\text{Summe der variablen Umweltkosten}}{\text{Summe der variablen Betriebskosten}}$$

5. Umweltkosten/Umsatz-Relation

$$K_{UU} = \frac{\text{Summe der Umweltkosten}}{\text{Umsatz}}$$

6. Umweltkostenanteil (stückbezogen):

$$K_{SU} = \frac{\text{Summe der relevanten Umweltkosten}}{\text{gefertigte Stückzahl}}$$

Das im Umwelt-Controlling gespeicherte Material darf allerdings nicht zu einem, wenn auch aktualisierten Datenfriedhof führen. Es müssen ganz im Gegensatz aus dem Umwelt-Controlling Impulse erfolgen.

Dazu sind folgende Voraussetzungen notwendig:

- Wille bzw. Einsicht der Geschäftsführung, diese Daten in Entscheidungsprozesse mit einzubeziehen
- zweckorientierte Aufbereitung der Daten zur effektiven Vorbereitung und Unterstützung von Entscheidungsprozessen
- Möglichkeit zur ausreichenden Differenzierung einerseits, um Detailaussagen treffen zu können, und Zusammenfassung andererseits, um kurze und prägnante Überblicke über ausgewählte Themengebiete liefern zu können
- fortlaufende Aktualisierung

Werden diese Voraussetzungen erfüllt, kann ein funktionierendes Umwelt-Controlling-System auf vielfältige Weise auf betriebliche Entscheidungsprozesse einwirken und wertvolle Hilfe bieten, die den Aufwand für Installation und Pflege weit übertreffen.

Die folgende Tabelle 7.3 verdeutlicht prinzipiell die zusätzlichen Faktoren für den Entscheidungsprozess allgemein bei der Auswahl einer Produktionsanlage unter Einbeziehung des Umwelt-Controlling.

Tabelle 7.3. Zusätzliche Entscheidungsfaktoren aus dem Bereich des Umwelt-Controlling

1.	Bereich Einsatzstoffe
1.1	Kosten für Lagerung, Sicherung, Versicherung bei umweltrelevanten Stoffen, z.B. nach Gefahrstoffverordnung
1.2	Transportkosten unter Berücksichtigung geltender Umweltschutzbestimmungen
1.3	Preisentwicklung und Öko-Akzeptanz der Einsatzstoffe*
2.	Bereich Produktion
2.1	Kosten für Abwasser- und Abluftreinigung
2.2	Sicherungsaufwand in der Produktion (Wannen, Schutzsysteme), auch unter Berücksichtigung von Kumulationseffekten
2.3	Energiehaushalt unter Berücksichtigung von betriebsinternen Sekundärenergiequellen
3.	Bereich Entsorgung
3.1	Abfallentsorgungskosten (extern)
3.2	Abfallentsorgungskosten (intern)
3.3	Administrativer Aufwand für die Abfallentsorgung
4.	Bereich Steuern/Abgaben
4.1	Abwasserabgaben
4.2	Abfallabgaben
4.3	Sonstige Öko-Steuern

5. Bereich Personal

5.1 Notwendige Beauftragte (mit Kumulationseffekten)
5.2 Schulungsaufwand
5.3 Kontroll-, Wartungs- und Reparaturzeiten für Umweltschutzeinrichtungen

6. Bereich Sonstiges

6.1 Genehmigungsaufwand (BImSchG, UVP, WHG; auch unter Berücksichtigung des Kumulationseffektes)*
6.2 Kosten für Umwelthaftpflichtversicherungen
6.3 Kosten zur Erfüllung behördlicher Auflagen (z.B. Emissionserklärung, kontinuierliche Kontrollmessungen)
6.4 Öffentlichkeitsarbeit, Image*

* Diese Punkte können meist nicht zahlenmäßig exakt erfaßt werden, sollten aber wenigstens von ihrer Tendenz und Größenordnung Berücksichtigung finden. Die Bedeutung kann nichtsdestoweniger erheblich sein.

8 Umweltorganisation und Umweltmanagement-Systeme

Unternehmen, die eine aktive Unternehmenspolitik im Bereich des Umweltschutzes einführen und langfristig umsetzen wollen, sehen sich vor die Aufgabe gestellt, den ganzen Komplex des Umweltschutzes organisatorisch zu erfassen und umzusetzen. In Kapitel 4 (kostenorientiertes MUM) und Kapitel 5 (betriebsablauforientiertes MUM) werden Wege aufgezeigt, sich den Aufgaben des Umweltschutzes schrittweise unter der Maßgabe der ökologischen und ökonomischen Optimierung zu nähern und dabei gleichzeitig wichtige Bausteine zu sammeln, die für eine spätere umfassende Implementierung des betrieblichen Umweltschutzes als integraler Bestandteil der Unternehmenspolitik verwendet werden können.

Die Umweltorganisation eines Betriebes beschreibt die personelle Struktur und ist dabei Teil des gesamten Umweltmanagement-Systems. Der Begriff des Umweltmanagement-Systems (UMS) aber ist wohl die zur Zeit am häufigsten verwendete und dabei am wenigsten verstandene Vokabel, seit die organisatorische Umsetzung des Umweltschutzes auf breiter Front diskutiert wird. Doch bevor man zur Begriffsdefinition des Umweltmanagement-Systems kommt, muß man sich darüber klar werden, welches übergeordnete Ziel damit verfolgt werden soll.

Zur Lösung dieser Problematik bietet sich die Zuhilfenahme der EG-Öko-Audit-Verordnung[41] an. Diese wird für die nächsten Jahre unzweifelhaft der Maßstab sein, der an die betriebliche Organisation des Umweltschutzes gelegt werden muß. Mit der Bedeutung, die diese Verordnung und die ihr nachfolgende Normenreihe ISO 14000 ff. erlangen wird, ist es für den betrieblichen Praktiker nur ratsam, sich an den Eckpfeilern, die durch diese Verordnung gegeben werden, zu orientieren. Der Ausgangspunkt und die Aufgabe, der ein UMS genügen muß, sind in der Öko-Audit-Verordnung unter dem Begriff „Umweltpolitik" definiert:

Umweltpolitik - umweltbezogene Gesamtziele und Handlungsgrundsätze eines Unternehmens einschließlich der Einhaltung aller einschlägigen Umweltvorschriften

Unmittelbar darauf bezogen ist die Definition des UMS:

Umweltmanagement-System - Teil des gesamten übergreifenden Managementsystems, der die Organisationsstruktur, Zuständigkeiten, Verhaltensweisen, förmliche Verfahren, Abläufe und Mittel für die Festlegung und Durchführung der Umweltpolitik einschließt

Neben dieser ganz allgemeinen Ausformulierung beschreibt der Anhang 1 der genannten Verordnung detaillierter, welche Bestandteile ein UMS beinhalten muß und welche Anforderungen es erfüllen muß. In Anhang 1, Teil B sind die allgemeinen Anforderungen und Bestandteile des UMS beschrieben und, auf die maßgeblichen Aussagen gekürzt, in Tabelle 8.1 wiedergegeben.

Tabelle 8.1. UMS nach EG-Öko-Audit-Verordnung - Bestandteile und zu behandelnde Gesichtspunkte

1.	**Umweltpolitik, -ziele und -programme**
	Festlegung und Überprüfung in regelmäßigen Zeitabständen sowie gegebenenfalls Anpassung von Umweltpolitik, -zielen und -programmen auf der höchsten geeigneten Managementebene
2.	**Organisation und Personal**
2.1	Verantwortung und Befugnisse
	Definition und Beschreibung von Verantwortung, Befugnissen und Beziehungen zwischen den Beschäftigten in Schlüsselpositionen, die die Arbeitsprozesse mit Auswirkungen auf die Umwelt leiten, durchführen und überwachen
2.2	Managementvertreter
	Bestellung eines Managementvertreters mit Befugnissen und Verantwortung für die Anwendung und Aufrechterhaltung des Managementsystems
2.3	Personal, Kommunikation und Ausbildung
2.3.1	Vorkehrungen, die gewährleisten, daß sich die Beschäftigten auf allen Ebenen bewußt sind über • die Bedeutung der Einhaltung der Umweltpolitik und -ziele sowie der Anforderungen nach dem festgelegten Managementsystem • die möglichen Auswirkungen ihrer Arbeit auf die Umwelt und den ökologischen Nutzen eines verbesserten betrieblichen Umweltschutzes • ihre Rolle und Verantwortung bei der Einhaltung der Umweltpolitik und der Umweltziele sowie der Anforderungen des Managementsystems

- die möglichen Folgen eines Abweichens von den festgelegten Betriebsabläufen

2.3.2 Ermittlung von Ausbildungsbedarf und Durchführung einschlägiger Ausbildungsmaßnahmen für alle Beschäftigen mit bedeutend umweltrelevanten Tätigkeiten

2.3.3 Einrichtung und Fortschreibung von Verfahren, um in Bezug auf Umweltauswirkungen und das Umweltmanagement interne und externe Mitteilungen entgegenzunehmen, zu dokumentieren und zu bewerten

3. Auswirkungen auf die Umwelt

3.1 Bewertung und Registrierung der Auswirkungen auf die Umwelt

Prüfung und Beurteilung der Umweltauswirkungen der Tätigkeit des Unternehmens sowie Erstellung eines Verzeichnisses der Auswirkungen, deren besondere Bedeutung festgestellt worden ist, unter Berücksichtigung folgender Sachverhalte

- kontrollierte und unkontrollierte Emissionen in die Atmosphäre
- kontrollierte und unkontrollierte Ableitungen in Gewässer oder in die Kanalisation
- feste und andere Abfälle, insbesondere gefährliche Abfälle
- Kontaminierung von Erdreich
- Nutzung von Boden, Wasser, Brennstoffen und Energie sowie anderen natürlichen Ressourcen
- Freisetzung von Wärme, Lärm, Geruch, Staub, Erschütterungen und optische Einwirkungen
- Auswirkungen auf bestimmte Teilbereiche der Umwelt und auf Ökosysteme

Dies umfaßt Auswirkungen, die aus normalen und abnormalen Betriebsbedingungen sowie Vorfällen, Unfällen und möglichen Notfällen resultieren oder resultieren können und bezieht sich zeitlich auf frühere, laufende und geplante Tätigkeiten

3.2 Verzeichnis von Rechts- und Verwaltungsvorschriften und sonstigen umweltpolitischen Anforderungen

Vom Unternehmen werden Verfahren für die Registrierung aller Rechts- und Verwaltungsvorschriften und sonstiger umweltpolitischer Anforderungen in bezug auf die umweltrelevanten Aspekte seiner Tätigkeiten, Produkte und Dienstleistungen eingerichtet und fortgeschrieben

4. Aufbau- und Ablaufkontrolle

4.1 Festlegung von Aufbau- und Ablaufverfahren

Ermittlung von Funktionen, Tätigkeiten und Verfahren, die sich auf die Umwelt auswirken oder auswirken können und für Politik und Ziele des Unternehmens relevant sind

4.2 Planung und Kontrolle derartiger Funktionen, Tätigkeiten und Verfahren durch:

4.2.1 Dokumentierte Arbeitsanweisungen, in denen festgelegt ist, wie die Tätigkeit entweder von den Beschäftigten des Unternehmens oder von anderen, die für sie handeln, durchgeführt werden muß

4.2.2 Verfahren betreffend die Beschaffung und die Tätigkeit von Vertragspartnern, um sicherzustellen, daß die ökologischen Anforderungen des Unternehmens eingehalten werden

4.2.3 Überwachung und Kontrolle der relevanten verfahrenstechnischen Aspekte

4.2.4 Billigung geplanter Verfahren und Ausrüstungen

4.2.5 Kriterien für Leistungen im Umweltschutz, die in schriftlicher Form als Norm niedergelegt werden

4.3 Kontrolle

Durch das Unternehmen ausgeführte Kontrolle der Einhaltung der Anforderungen, die im Rahmen der Umweltpolitik, seines Umweltprogramms und seines UMS definiert hat, sowie die Ein- und Weiterführung von Ergebnisprotokollen. Dies beinhaltet für jede Tätigkeit bzw. jeden Bereich:

- Ermittlung und Dokumentierung der für die Kontrolle erforderlichen Informationen
- Spezifizierung und Dokumentierung der für die Kontrolle anzuwendenden Verfahren
- Definition und Dokumentierung von Akzeptanzkriterien und Maßnahmen, die im Fall unbefriedigender Ergebnisse zu ergreifen sind
- Beurteilung und Dokumentierung der Brauchbarkeit von Informationen aus früheren Kontrollmaßnahmen, wenn sich herausstellt, daß ein Kontrollsystem schlecht funktioniert

4.4 Nichteinhaltung und Korrekturmaßnahmen

Untersuchung und Korrekturmaßnahmen im Fall der Nichteinhaltung der Umweltpolitik, der Umweltziele oder Umweltnormen, um

- den Grund hierfür zu ermitteln
- einen Aktionsplan aufzustellen
- Vorbeugemaßnahmen einzuleiten

	• Kontrollen durchzuführen, um die Wirksamkeit der ergriffenen Vorbeugemaßnahmen zu gewährleisten • alle Verfahrensänderungen festzuhalten, die sich aus den Korrekturmaßnahmen ergeben
5.	**Umweltmanagement-Dokumentation**
5.1	Erstellung einer Dokumentation mit Blick auf • eine umfassende Darstellung von Umweltpolitik, -zielen und -programmen • die Beschreibung der Schlüsselfunktionen und Verantwortlichkeiten • die Beschreibung der Wechselwirkungen zwischen den Systemelementen
5.2	Erstellung von Aufzeichnungen, um die Einhaltung der Anforderungen des UMS zu belegen und zu dokumentieren, inwieweit Umweltziele erreicht worden sind
6.	**Umweltbetriebsprüfungen**
	Management, Durchführung und Prüfung eines systematischen und regelmäßig durchgeführten Programms, betreffend • die Frage, ob die Umweltmanagementtätigkeiten mit dem Umweltprogramm in Einklang stehen und effektiv durchgeführt werden • die Wirksamkeit des UMS für die Umsetzung der Umweltpolitik des Unternehmens

Beim Aufbau von UM-Systemen steht der Betrieb oft vor dem Problem, die konkrete Umsetzung in seinem individuellen Fall zu realisieren. Ein Weg kann darin bestehen, die in Musterhandbüchern und ähnlichen Hilfsmitteln vorgegebenen Strukturen auf den eigenen Betrieb zu übertragen. Dabei stellen sich aber oft Schwierigkeiten ein. Zum einen sind solche Handbücher zwangsläufig allgemein gefaßt, da ja eine Vielzahl von möglichen Aufgabenstellungen abgedeckt werden müssen. Die Aufgabe, das für den eigenen Betrieb relevante vom nicht notwendigen abzutrennen, ist dabei nicht zu unterschätzen. Viele, von den unterschiedlichsten Institutionen oft in bester Absicht erstellte Musterhandbücher haben in ihrer konkreten Anwendung diese Schwierigkeiten gezeigt. Zum anderen sind die Strukturen eines UMS bei weitem nicht so von vorneherein festgelegt, wie dies beim Qualitätsmanagement der Fall ist. Selbst dort, wo detailliert bis hin zur Kapitelnumerierung der Aufbau des QMS und des Qualitätshandbuches festgelegt ist, können die angesprochenen Arbeitshilfen nur dann einigermaßen effektiv eingesetzt werden, wenn sie eng an eine bestimmte Branche angelehnt sind (z.B.[42]).

In den folgenden Unterkapiteln sollen daher nicht, wie sonst vielfach verbreitet, die einzelnen Elemente des UMS dargestellt, ausgeführt und erläutert, sondern ein Weg aufgezeigt werden, wie ein Betrieb konkret den Aufbau eines solchen Systems angehen und umsetzen kann. Aus der betrieblichen Praxis ist bekannt, daß eine Erläuterung und Darstellung der Elemente eines UMS zwar interessant ist, aber die eigentlichen Probleme sich dann stellen, wenn ein solches System im Unternehmen eingeführt werden soll.

Der vorgestellte Weg ermöglicht es auf eine logische Art und Weise, die einzelnen Elemente des UMS sukzessive aufzubauen und sich dabei an den vom eingespielten Betriebsgeschehen vorgegebenen Strukturen zu orientieren. Zu den einzelnen Schritten werden dabei die so erfüllten Elemente des UMS aufgeführt, wobei sich die Numerierung der Übersichtlichkeit halber an Tabelle 8.1 orientiert. Es wird ebenso gezeigt werden, welche Elemente bereits durch das Modulare Umweltmanagement MUM (Kap. 3, 4, 5) abgedeckt sind, wobei ein integriertes Vorgehen im Rahmen des MUM aus einer Vielzahl von Gründen zweckmäßig und daher empfehlenswert ist.

Ausgangspunkt der Arbeiten ist die Untersuchung des technischen Betriebsablaufes mit nachfolgender Registrierung aller umweltrelevanter Tätigkeiten. Darauf aufbauend wird von unten her die personelle Organisation des Umweltschutzes errichtet. Am Schluß steht noch die Ergänzung des UMS um einige Elemente, die im wesentlichen die Außenkontakte des Unternehmens betreffen, an. Eine Gesamtübersicht über die Vorgehensweise gibt Abb. 8.1.

Es soll dabei bewußt darauf verzichtet werden, für die einzelnen Elemente detaillierte Aufschlüsselungen oder Inhaltsangaben zu geben. Wichtiger ist vielmehr, die Systematik zur Errichtung eines UMS kennenzulernen, die individuelle Ausgestaltung der einzelnen Elemente ist besser für jeden einzelnen Betrieb zu entscheiden. Eine übertrieben genaue Vorgabe, die nur wenig Spielraum für eigene Vorstellungen läßt, widerspricht darüber hinaus dem Willen der EG-Verordnung, die ja gerade Platz für eigene Ausgestaltungsmöglichkeiten lassen will.

8.1 Technische Bestandsaufnahme

Am Anfang der Arbeiten zur Installation eines UMS steht die technische Bestandsaufnahme des Betriebes. Ziel ist dabei, alle umweltrelevanten Aspekte des Betriebsgeschehens zu erfassen und zu beleuchten.

Dazu bieten sich prinzipiell zwei Vorgehensweisen an. Entweder nimmt man eine Gesamtbetrachtung des Betriebes vor und klammert Schritt für Schritt die nicht umweltrelevanten Bereiche aus (siehe dazu ausführlich Kap. 4.1), oder aber man nimmt eine Betrachtung der Output-Seite vor und gelangt so, ausgehend von den

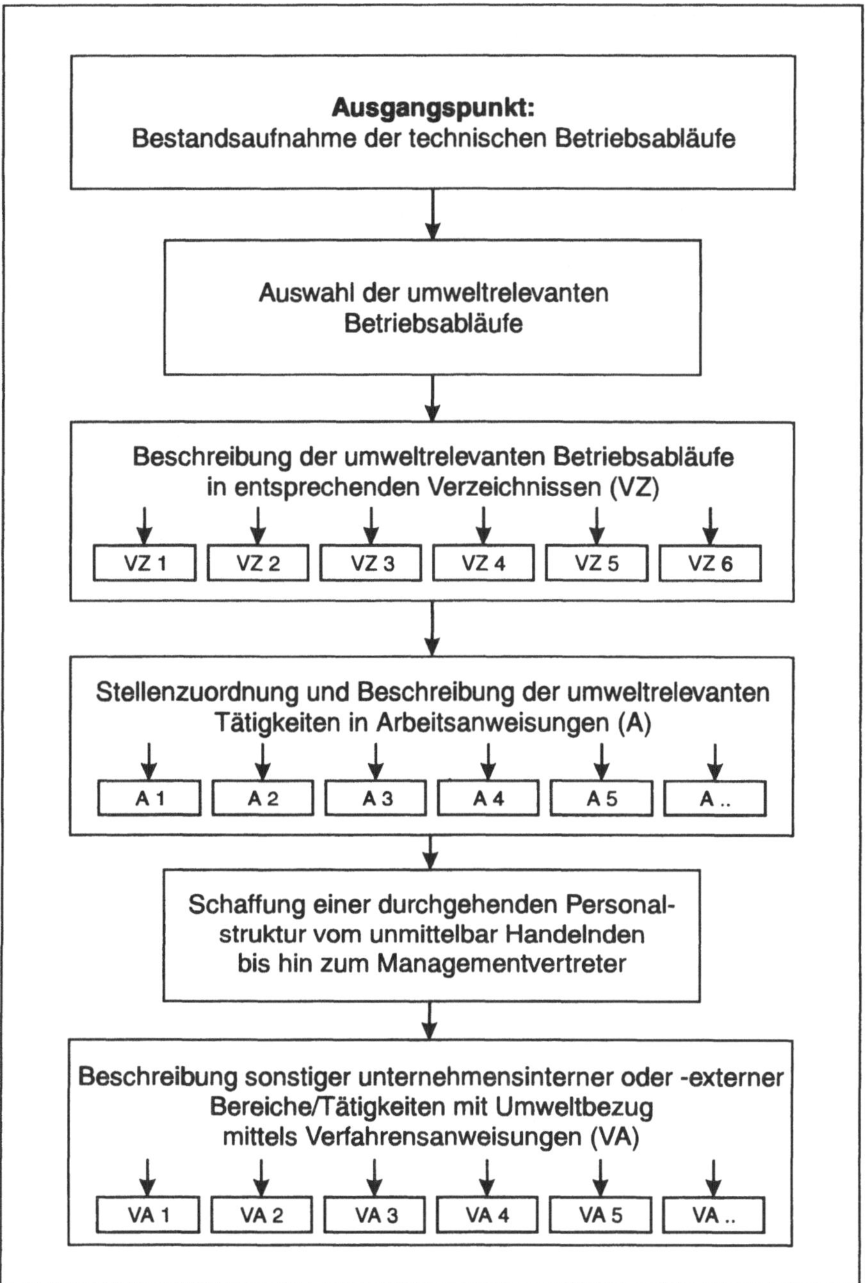

Abb. 8.1. Vorgehensweise zur Installation eines UMS - Übersicht

Emissionen, zu den umweltrelevanten Aspekten des Betriebsgeschehens (siehe dazu ausführlich Kap. 5.2). Auf die detaillierte Vorgehensweise soll an dieser

Stelle nicht weiter eingegangen werden, da diese bereits in den genannten Kapiteln eingehend beschrieben wurde.

Im Ergebnis steht am Ende eine umfassende Darstellung der umweltrelevanten Tätigkeiten des Unternehmens. Um auch den späteren Dokumentationspflichten nachkommen zu können, bietet es sich an, für die verschiedenen Bereiche jeweils ein Kataster anzulegen, in dem alle Einzelpositionen aufgeführt sind. Nach Anhang 1, Teil B gilt dies, sofern vorhanden, für folgende Sachverhalte:

- Emissionen in die Atmosphäre
- Abwässer aller Art
- Abfälle
- Kontaminierung von Erdreich
- Nutzung von Boden, Wasser, Brennstoffen, Energie und anderen natürlichen Ressourcen
- Freisetzung von Wärme, Lärm, Geruch, Staub, Erschütterungen und optische Einwirkungen

Am Beispiel des Unterpunktes „Emissionen in die Atmosphäre" soll beispielhaft der Aufbau und der nötige bzw. mögliche Inhalt eines solchen Katasters beschrieben werden. Dabei besteht die Möglichkeit, einerseits die Angaben hier nur auf das nötigste Maß zu beschränken und Angaben, z.B. zu den Kontrollmechanismen, deren Dokumentation oder die dazu gehörigen Rechts- und Verwaltungsvorschriften in gesonderten Verzeichnissen abzulegen, auf die entsprechend verwiesen wird oder andererseits bereits an dieser Stelle alle erforderlichen und zugehörigen Informationen zu sammeln, was einen erheblich besseren Einblick in den jeweiligen betrachteten Komplex gewährt. Sind allerdings eine große Anzahl gleichartiger Emissionsquellen vorhanden, die gleichen Auflagen unterliegen und gleich behandelt werden, ist die erste Methode vorzuziehen, da dann z.B. Kontrollmechanismen und -instrumente nur einmal beschrieben werden und nur noch auf ihre Gültigkeit verwiesen werden muß. In kleinen und mittleren Betrieben stellt sich oft jedoch eine heterogene Zusammensetzung dar, so daß die zweite Alternative Vorteile zeigt. Eine abschließende Entscheidung kann nur im jeweiligen Einzelfall den tatsächlich vorliegenden Gegebenheiten angepaßt getroffen werden, wobei in den meisten Fällen eine Mischform entstehen wird. Der in Abb. 8.2 dargestellte Aufbau orientiert sich dabei an einer eher ausführlichen Darstellung.

Die in Abb. 8.2 aufgeführten Punkte können, müssen aber nicht in den anzulegenden Verzeichnissen enthalten sein. Neben den nötigen organisatorischen Angaben wie der Ausfertigungsnummer, dem Erstelldatum, dem Verteiler sowie den Handzeichen der betroffenen Personen (siehe Kopf- bzw. Fußzeile) muß der umweltrelevante Komplex - hier eine Emissionsquelle - bezeichnet und beschrieben werden (Punkt 2-4). Daneben gehören Art und Menge der Emission dazu sowie Art und Häufigkeit der Kontrolle sowie deren Dokumentation (Punkt 5-8). Ferner sollte

FIRMA X_Y	Umweltmanagement-Handbuch **Verzeichnis der vorhandenen und potentiellen Emissionsquellen**	Blatt Nr. von
1. Emissionsquelle Nr.:	Ausfertigung Nr.:	Erstell-datum:

2. Bezeichnung:
genaue Bezeichnung der tatsächlichen oder möglichen Emissionsquelle

3. Lage:
Lagebeschreibung der Emissionsquelle mit Gebäudenummer, Planquadrat oder ähnlichem mit hinreichender Genauigkeit

4. Beschreibung des emissionsverursachenden Prozesses:
genaue Beschreibung des emissionsverursachenden Prozesses oder der potentiellen Möglichkeit der Emission

5. Emissionsmenge und Zusammensetzung:
Beschreibung der (möglichen) Emissionsmenge mit allen relevanten Angaben wie wichtigen chemischen und physikalischen Daten sowie Anfallzeiten (permanent, 2-Schicht-Betrieb etc.)

6. Emissionsmindernde Maßnahmen:
Darstellung der vorhandenen emissionsmindernden Maßnahmen

7. Kontrollinstrumente:
Auflistung der verwendeten Kontrollinstrumente zur Registrierung und Überwachung der Emission, eventuell Sicherheitseinrichtungen

8. Dokumentation der Kontrolle:
Beschreibung der Dokumentation der Kontrolle z.B. anhand von Fremd- und Eigenmessungen, Meßprotokollen, Kontrollbüchern etc.

9. zugehörige Arbeitsanweisungen:
Verweis auf zugehörige Arbeitsanweisungen für mit den verschiedenen Aufgaben betrautes Personal (z.B. für Kontrollmessungen etc.)

10. Verantwortlicher:
Bennung eines Verantwortlichen für den Emissionskomplex

11. zugehörige Dokumente:
Benennung der zugehörigen Dokumente wie Bedienungsanleitungen

12. zugehörige Rechts- und Verwaltungsvorschriften:
Bennung der relevanten Rechts- und Verwaltungsvorschriften mit Bezug oder Einfluß auf die Emissionsquelle

gez. Verantwortlicher	gez. Vorgesetzter	gez. Ersteller	Verteiler:

Abb. 8.2. Verzeichnis der Emissionsquellen - Inhaltsmuster

die verantwortliche Position benannt sein sowie ein Verweis auf eventuell korrespondierende Arbeitsanweisungen enthalten sein (Punkt 9-10). Den Abschluß bilden eine Übersicht über dazugehörige Dokumente (Bedienungsanleitungen, Genehmigungsbescheide, Sicherheitsvorschriften, sonstige Protokolle) sowie eine Übersicht über relevante Rechts- und Verwaltungsvorschriften mit dem jeweiligen

Aufbewahrungsort (Punkt 11-12).

Mit dem Aufstellen der genannten Verzeichnisse in der aufgeführten Form sind bereits folgende Punkte des UMS nach EG-Verordnung abgedeckt (siehe auch Tabelle 8.1):

- 3.1 Bewertung und Registrierung der Auswirkungen auf die Umwelt
- 3.2 Verzeichnis von Rechts- und Verwaltungsvorschriften und sonstigen umweltpolitischen Anforderungen
- 4.1 Festlegung von Aufbau- und Ablaufverfahren
- 4.2.3 Überwachung und Kontrolle der relevanten verfahrenstechnischen Aspekte

Die Zusammenführung der verschiedenen genannten Gesichtspunkte innerhalb dieser Verzeichnisse gewährleistet dabei einen umfassenden Überblick über die organisatorische und technische Struktur der jeweiligen umweltrelevanten Einheiten.

Ein weiterer Punkt, den es zum Aufbau eines UMS zu erfüllen gilt, ist die Formulierung der Umweltpolitik sowie das Aufstellen der Umweltziele und -programme. Während die Umweltpolitik die allgemeine verbale Verpflichtung des Unternehmens zum Umweltschutz darstellt, müssen in Bezug auf die Umweltziele und -programme konkretere Aussagen getroffen werden. Sie sind laut EG-Verordnung wie folgt definiert[43]:

Umweltziele - die Ziele, die sich ein Unternehmen im einzelnen für seinen betrieblichen Umweltschutz gesteckt hat

Umweltprogramm - eine Beschreibung der konkreten Ziele und Tätigkeiten des Unternehmens, die einen größeren Schutz der Umwelt an einem bestimmten Standort gewährleisten sollen, einschließlich einer Beschreibung der zur Erreichung dieser Ziele getroffenen oder in Betracht gezogenen Maßnahmen oder der gegebenfalls festgelegten Fristen für die Durchführung dieser Maßnahmen

Gerade hier kommt eine der besonderen Stärken des MUM zum Tragen. Dadurch, daß im MUM nicht nur eine bloße Bestandsaufnahme der Umweltsituation mit den Stärken und Schwächen des Unternehmens erfolgt, sondern unmittelbar Handlungsempfehlungen abgeleitet werden, die sowohl in ökonomischer als auch in ökologischer Hinsicht geprüft sind (siehe dazu i. b. Problem-Lösung-Paar-Analyse, Kap. 5), können im Rahmen der Umweltziele beziehungsweise des Umweltprogramms diejenigen Punkte angegangen werden, die wirklich Priorität genießen sollten. So ist es natürlich auch möglich, die im Umweltprogramm explizit genannten Maßnahmen, einschließlich einer zeitlichen Umsetzungsplanung, konkret zu benennen und somit in der Summe auch den Punkt 1 der Tabelle 8.1 zu erfüllen.

An dieser Stelle sei nochmals darauf hingewiesen, daß das MUM mit den daraus resultierenden Ergebnissen für sich allein gesehen Sinn macht und nicht im Rahmen eines UMS angesiedelt werden muß. Es wird jedoch deutlich, daß die Resultate aus dem MUM auch hier sinnvoll eingesetzt werden können, um zum einen die Anforderungen an ein UMS nach EG-Verordnung nicht nur zu gezwungenermaßen zu erfüllen, sondern auch im Sinne des Unternehmens ökologisch und ökonomisch optimiert auszufüllen.

8.2 Personelle Organisation des Umweltschutzes

Der nächste Schritt nach der technischen Bestandsaufnahme des umweltrelevanten Betriebsgeschehens ist die personelle Umsetzung dieser technischen Struktur.

Dabei sind zwei Schritte zu unterscheiden

1. Stellenzuordnung zu den umweltrelevanten Tätigkeiten
2. Schaffung einer durchgehenden Personalstruktur

8.2.1 Stellenzuordnung zu den umweltrelevanten Tätigkeiten

Sinn der Stellenzuordnung ist es, formal für alle real oder potentiell umweltrelevanten Betriebstätigkeiten Stellen bzw. Funktionen zu benennen, deren Stellen-/Funktionsinhaber als unmittelbar Handelnde diesen Tätigkeiten zugeordnet werden können. Diese Zuordnung ist Voraussetzung dafür, von der Basis her eine durchgehende personelle Organisation des Umweltschutzes überhaupt aufbauen zu können. Auch im Sinne der Rückverfolgbarkeit muß gewährleistet sein, daß in letzter Konsequenz für jede umweltrelevante Handlung direkt Bezug zu einer genau festgelegten, dafür bestimmten Stelle genommen werden kann.

Sinn einer solchen Regelung darf es aber nicht sein, daß versucht wird, die Verantwortung von den Führungsetagen auf die unmittelbar Handelnden abzuwälzen, vielmehr muß sichergestellt werden, daß die unmittelbar Ausführenden über den erforderlichen Ausbildungsstand verfügen, in Hinsicht auf ihre Tätigkeit, auch bei Abweichungen vom bestimmungsgemäßen Betrieb, hinreichend genau instruiert sind und, dies ist nicht zu vernachlässigen, über die Konsequenzen ihres Handelns aufgeklärt werden. Der letzte Punkt ist insofern wichtig, als ohne Vermittlung eines ausreichenden Problembewußtseins die Effektivität und der Erfolg des gesamten Projektes erheblich leidet. Mitarbeiter, die von etwas überzeugt sind, werden wesentlich besser die Ziele in die betriebliche Praxis umsetzen als dies unter dem Zwang der „Verordnung von oben“ der Fall ist.

Nachdem jede umweltrelevante Tätigkeit einer Stelle zugeordnet ist, muß hierfür eine Arbeitsanweisung angefertigt werden (Abb. 8.3).

In dieser Arbeitsanweisung wird der jeweilige umweltrelevante Vorgang beschrieben (Punkt 2), örtlich gekennzeichnet (Punkt 3) und die mit der Ausführung, Überwachung o.ä. des Vorgangs betraute Stelle bezeichnet (Punkt 4). Es findet an dieser Stelle keine namentliche Nennung der Person statt, sondern die Stellenbezeichnung (Schichtführer, Anlagenfahrer, Lagerarbeiter etc.). Die Personen, die diese Stelle einnehmen können, haben dann in der Fußzeile unter „Ausführender“ die Kenntnisnahmen mit ihrem Handzeichen zu bestätigen. Von Seiten des Vorgesetzten ist darauf zu achten, daß auch bei Urlaubsvertretungen, Krankheit etc. gewährleistet ist, nur mit der Arbeitsanweisung vertrautes Personal mit der Aufgabe zu betrauen. Wichtig ist es auch, die für die Tätigkeit notwendige Qualifikation festzustellen und gegebenenfalls durch Schulungen (in periodisch wiederkehrenden Abständen) zu sichern. Der Qualifikationsgrad bzw. der Schulungsaufwand ist dabei am konkreten Einzelfall von zuständigen internen (Umweltbeauftragter) oder externen Fachkräften (z.B. Berufsgenossenschaften, externe Berater) festzustellen (Punkt 5). Es folgt die Begründung der Umweltrelevanz der betreffenden Handlung (Punkt 6) und eine detaillierte Übersicht über die nötige Handlungsweise, die bei Abweichen vom bestimmungsgemäßen Betrieb nötig ist, um eine Umweltgefährdung zu vermeiden oder zu minimieren. Dieser Punkt ist immens wichtig und sollte daher mit großer Sorgfalt behandelt werden. Die empfohlenen Maßnahmen können dabei von der Verwendung des richtigen Bindemittels bis hin zum Stop ganzer Produktionslinien reichen. Dabei ist auch darauf zu achten, daß die nötigen Verhaltensweisen immer wieder mit den betreffenden Personen durchgesprochen und geübt werden müssen, um sofortiges richtiges Handeln zu gewährleisten. Zu diesem Punkt zugehörig ist auch eine Liste der zu benachrichtigenden Personen sowohl intern (z.B. Umweltbeauftragter) als auch extern (Feuerwehr). Als weitere Punkte folgen noch die Kontrolle der Einhaltung der Arbeitsanweisung (Punkt 8), die personelle Einordnung der betroffenen Stelle (Punkt 9) sowie Dokumente, die einen Bezug zu der jeweiligen Arbeitsanweisung haben, wie beispielsweise Bedienungsanleitungen, Schulungsunterlagen etc. (Punkt 10).

8.2.2 Schaffung einer durchgehenden Personalstruktur

Nachdem alle umweltrelevanten Betriebsabläufe erfaßt, den Stellen zugeordnet und anhand von Arbeitsanweisungen beschrieben wurden, besteht der nächste Schritt darin, eine durchgehende Personalstruktur für den Umweltbereich aufzustellen, die eine eindeutige Weisungsbefugnis und Kompetenzzuweisung von der

FIRMA χ_y	Umweltmanagement-Handbuch **Arbeitsanweisung**	Blatt Nr. von
	Ausfertigung Nr.:	Erstell- datum:

1. Bezeichnung des Vorgangs:
   Bezeichnung des Vorgangs, die auch eine Identifikation für nicht unmittelbar damit befaßte Personen ermöglicht

2. Beschreibung des Vorgangs:
   Beschreibung der Handlung/des Vorgangs im bestimmungsgemäßen Betrieb

3. Lage:
   Lage- bzw. Ortsbeschreibung, an der der Vorgang stattfindet (der gleiche Vorgang kann/muß an unterschiedlichen Orten unterschiedlich gehandhabt werden)

4. Stellenbezeichnung:
   genaue Stellenbezeichnung

5. Qualifikation/Schulungen:
   Beschreibung der erforderlichen Qualifikation bzw. der erforderlichen Schulungen mit Fristen zur Aktualisierung der Kenntnisse auf gesetzlicher und/oder freiwilliger Basis

6. Umweltrelevanz:
   Darstellung der Umweltrelevanz im bestimmungsgemäßen/nicht bestimmungsgemäßen Betrieb mit Beschreibung der resultierenden Einwirkungen auf die Umwelt, soweit möglich

7. Verhalten bei nicht bestimmungsgemäßem Betrieb:
   detaillierte Darstellung des Verhaltens bei nicht bestimmungsgemäßem Betrieb/Verhalten zur Vermeidung/Reduzierung von Umwelteinwirkungen; Benennung von zu benachrichtigenden Personen; Einleitung von Gegenmaßnahmen

8. Dokumentation der Kontrolle:
   Darstellung der Kontrollmechanismen, die die Einhaltung dieser Arbeitsanweisung überwachen, sowie Darstellung der Dokumentation

9. Personelle Einordnung:
   Nennung der in der Umweltorganisation über-/untergeordneten Stellen mit Weisungsbefugnis

10. Betroffene Dokumente:
    Dokumente mit Bezug zur Arbeitsanweisung (Bedienungsanleitungen, Sicherheitsdatenblätter etc.)

gez. Ausführender	gez. Vorgesetzter	gez. Ersteller	Verteiler:

Abb. 8.3. Inhalt und Aufbau einer Arbeitsanweisung - Muster

untersten Ebene (unmittelbar Ausführender) bis zur obersten Ebene (Managementvertreter) erlaubt. Die detaillierte Aufstellung einer solchen Personalstruktur ist stark von den Gegebenheiten vor Ort abhängig und kann daher nur am individuellen Fall entschieden werden. Zu den Einflußgrößen zählen hierbei insbesondere:

- Größe des Betriebes
- Art und Umfang der umweltrelevanten Betriebstätigkeiten
- Art und Umfang der im Umweltbereich den Betrieb betreffenden gesetzlichen Regelungen (Beauftragte)
- Heterogenität des Produktionsspektrums
- bestehende Personalstruktur

Prinzipiell bestehen zwei Möglichkeiten, das Umwelt-Organigramm eines Unternehmens aufzubauen. Die erste Möglichkeit besteht darin, sich an den drei „Umweltressorts“ Abluft, Abwasser und Abfall zu orientieren und betriebsübergreifend für diese drei Bereiche jeweils eine Personalstruktur aufzubauen, die dann beim Umweltschutzbeauftragten bzw. dem Gesamtverantwortlichen für den Umweltschutz zusammenläuft (Abb. 8.4).

Den Betriebsleitern der betroffenen Betriebsteile kommt dabei eine beratende Funktion zu, um mit den Ressortleitern, die auf ihrem jeweiligen Arbeitsgebiet spezialisiert sind, die praktische Situation in dem jeweiligen Betriebsteil mit einzubeziehen. In der Spezialisierung der Ressortleiter liegt auch ein Vorteil dieses Systems, da diese „Spezialisten“ auf den Gebieten Abluft, Abwasser und Abfall sich durch diese Einschränkung ihres Fachgebietes besser über technische und gesetzliche Neuerungen auf ihren Gebieten informieren können, als dies bei „Generalisten“ in Sachen Umweltschutz der Fall wäre. Dies gilt ebenso für die anfallenden Kontroll- und Aufsichtsaufgaben, die in den genannten Gebieten jeweils anders gelagert und mit anderen Schwerpunkten behaftet sind. Nachteilig ist an diesem Aufbau, daß oft im Gegensatz bzw. zusätzlich zu der bestehenden Personalorganisation eine weitere, zusätzliche Struktur eingerichtet wird, was insbesondere bei kleineren und mittleren Betrieben nicht realisierbar und organisatorisch schwer umsetzbar ist. Auch sind die durch die Spezialisierung entstehenden Wissensvorteile bei Betrieben mit weniger umweltrelevantem Produktionsgeschehen nicht in einem den Aufwand rechtfertigenden Maße umsetzbar. Bei größeren Betrieben hingegen, die in hohem Maße umweltrelevante Verfahren einsetzen, kann die konsequente Umsetzung der Ressortorientierung im Umweltschutz eine sinnvolle Alternative bedeuten.

Eine andere Möglichkeit besteht darin, sich an den bestehenden Personalstrukturen zu orientieren und darin die personelle Organisation des Umweltschutzes zu integrieren (Abb. 8.5)

Ausgangspunkt sind dabei wiederum die unmittelbar mit umweltrelevanten Tätigkeiten befaßten Personen. Diesen werden dann, der bestehenden Betriebsstruktur folgend, Verantwortliche zugeteilt, die wiederum Vorgesetzte in der höheren Ebene haben. Zahl und Tiefe dieser Gliederung richtet sich dabei an der konkreten Situation im jeweiligen Betrieb.

Da in diesem Fall die Vorgesetzten bzw. Weisungsbefugten für den Umweltbe-

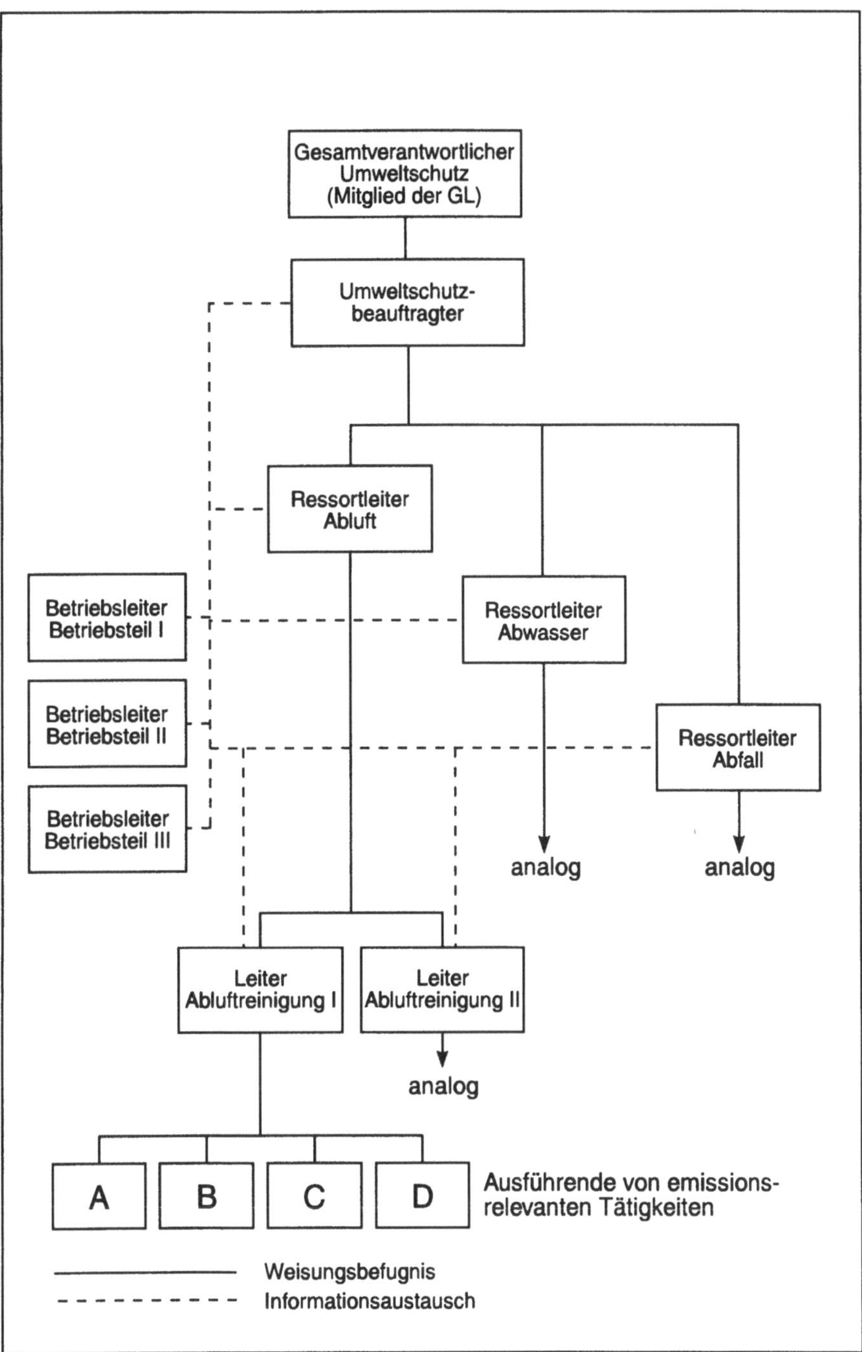

Abb. 8.4. Umwelt-Organigramm - ressortorientiert

reich mit den Vorgesetzten bzw. Weisungsbefugten für den sonstigen, gewohnten Betriebsablauf übereinstimmen, werden Doppelzuständigkeiten vermieden und die Zahl der Ansprechpartner insbesondere für die Personen, die unmittelbar mit umweltrelevanten Tätigkeiten betraut sind, eingeschränkt.

Dadurch, daß die Vorgesetzen neben den Umweltschutzaufgaben noch andere, meist sehr umfangreiche Pflichten haben, ist es jedoch unerläßlich, ihnen zur Informationsvermittlung und zur Unterstützung fachlich geeignete Personen beizustellen. Dies können, wie in Abbildung 8.5, die Beauftragten für Gewässerschutz, Immissionschutz etc. sein, falls diese ohnehin vom Betrieb aufgrund gesetzlicher Bestimmungen zu bestellen sind. Eine andere Möglichkeit besteht darin, externe Berater bei aktuellen Problemen hinzuzuziehen, die dann zu den jeweiligen Problemstellungen in Zusammenarbeit mit den Betroffenen Lösungen erarbeiten. Es ist aber auf alle Fälle unerläßlich, nicht nur Zuständigkeiten und Verantwortungen zu verteilen, sondern auch dafür zu sorgen, daß sowohl ausreichend Zeit für die Bearbeitung der hinzugekommenen Aufgaben als auch Zeit für die Gewinnung und Aktualisierung der dafür notwendigen Wissenbasis verbleibt.

Mit der Stellenzuordnung zu den umweltrelevanten Tätigkeiten, der Formulierung der Arbeitsanweisungen sowie dem Aufbau einer durchgehenden Personalstruktur in der beschriebenen Form sind zusätzlich im wesentlichen folgende Punkte des UMS nach EG-Verordnung abgedeckt (siehe auch Tabelle 8.1):

- 2.1 Verantwortung und Befugnisse
- 2.2 Managementvertreter
- 2.3.1 Vorkehrungen, die gewährleisten, daß sich die Beschäftigten auf allen Ebenen bewußt sind über ....
- 2.3.2 Ermittlung von Ausbildungsbedarf und Durchführen einschlägiger Ausbildungsmaßnahmen für alle Beschäftigten mit bedeutend umweltrelevanten Tätigkeiten
- 4.2.1 Dokumentierte Arbeitsanweisungen
- 4.3 Kontrolle
- 4.4 Nichteinhaltung und Korrekturmaßnahmen

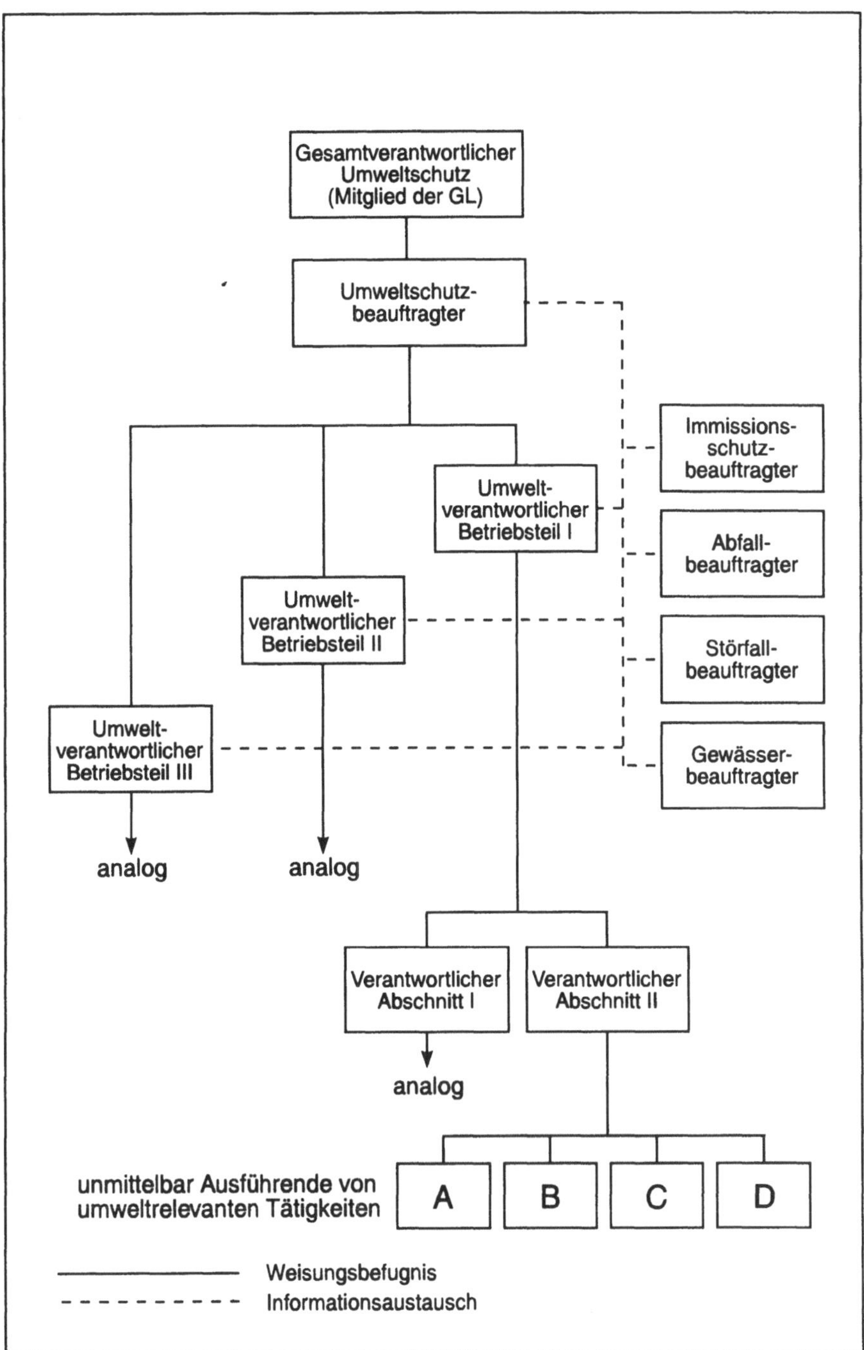

Abb. 8.5. Umwelt-Organigramm - funktionsorientiert

8.3 Beschreibung sonstiger Bereiche/Tätigkeiten mit Umweltbezug

Neben der Dokumentation des unmittelbar umweltrelevanten Betriebsgeschehens sowie der Übertragung und Organisation desselben auf die Personalebene werden in einem Unternehmen eine ganze Reihe von Aktivitäten entfaltet, die zwar nicht unmittelbar umweltrelevantes Handeln im Sinne des produktiven Geschehens bedeuten, aber im weiteren Sinne doch einen Bezug zur Umwelt haben. Sinn und Zweck eines Umweltmanagementsystems ist es auch, diese „Randbereiche" mit zu erfassen und strukturiert auch unter Umweltgesichtspunkten zu bearbeiten.

Im Sinne der EG-Verordnung (siehe auch Tab. 8.1) zählen dazu im besonderen:

- Entgegennahme, Bewertung und Dokumentation von internen und externen Mitteilungen in Bezug auf die Umwelt
- Sicherstellung der Einhaltung der ökologischen Anforderungen bei der Beschaffung sowie der Tätigkeit von Vertragspartnern
- Billigung geplanter Verfahren und Ausrüstungen
- Einbeziehung der ökologischen Richtlinien bei der Produktplanung

Im weiteren zählen dazu noch eine Reihe anderer Punkte wie beispielsweise Planung und Organisation der Weiterbildungsmaßnahmen oder Dokumentation der Kontrollmechanismen zur Einhaltung der Anforderungen aus Umweltpolitik, Umweltprogramm und Umweltmanagement-System. Diese können, wie in den vorangegangenen Beispielen gezeigt, mit in die geforderten Verzeichnisse (Kap. 8.1) oder Arbeitsanweisungen (Kap. 8.2.1) integriert oder auch getrennt angelegt werden. Welchen Weg das einzelne Unternehmen hier wählt, muß es nach seinen speziellen Anforderungen entscheiden, jedoch bietet es sich aus Übersichtlichkeitsgründen an, logische Komplexe auch an einer Stelle zusammenhängend in allen Fragen zu beschreiben, anstatt eine Aufteilung nach Aspekten vorzunehmen.

Unabhängig von dem gewählten Weg stellt sich für die erstgenannten Punkte die Aufgabe, diese den Erfordernissen eines UMS gemäß zu beschreiben. Dabei bietet es sich an, diese Punkte anhand von sogenannten Verfahrensbeschreibungen zu klären, die die in Frage kommenden Abläufe verbindlich festlegen und von den betroffenen Mitarbeitern so nachvollzogen werden müssen. Abbildung 8.6 zeigt beispielhaft anhand des Einkaufs den möglichen Aufbau und den Inhalt einer solchen Verfahrensanweisung.

In einer solchen Verfahrensanweisung wird zuerst deren Geltungsbereich beschrieben (Punkt 1), sodann werden die Verantwortlichen für die Einhaltung der Verfahrensanweisung benannt und alle Positionen im Unternehmen aufgeführt, für die diese Verfahrensanweisung Bedeutung haben kann (Punkt 2, 3). In Punkt 4 wird der eigentliche Ablauf des Verfahrens beschrieben sowie die dazu in einer Beziehung stehenden Dokumente (Punkt 4.1) aufgeführt. Punkt 5 benennt die Kontrollmechanismen, die die Einhaltung der Verfahrensanweisung überwachen und Punkt 6 beschreibt allgemein zu der Verfahrensanweisung gehörige Dokumente.

Werden für die genannten Punkte in der beschriebenen Form Verfahrensanweisungen angefertigt, sind auch diese Bereiche des Unternehmens im Sinne eines UMS erfaßt.

In Tabelle 8.1, Punkt 5 wird dann eine Dokumentation verlangt, die die Elemente und Funktionsweise des UMS beschreibt. Nicht ausdrücklich in der EG-Verordnung gefordert wird die Erstellung eines Umweltmanagement-Handbuches, wie es in der Qualitätssicherung als QS-Handbuch Gang und Gäbe ist. Dabei bietet es sich aber an, die bisher beschriebenen Dokumente in geeigneter Weise in einem Werk zusammenzufassen, welches einen systematischen und vollständigen Überblick über die „Umweltaktivitäten" des Betriebes liefert. Für die Gliederung solcher Handbücher gibt es eine Reihe unterschiedlich brauchbarer Vorlagen, die dem Ersteller zumindest einen Einblick in die möglichen Strukturierungen liefern. Leider ist es aber oft so, daß die Einhaltung von Formalismen gegenüber einer am Zweck ausgerichteten Darstellung überbetont wird. Die Zusammenfassung und Gliederung der Dokumente sollte unter dem Gesichtspunkt der Klarheit und Verständlichkeit erfolgen und die sicherlich nötigen Formalismen auf das absolut notwendige Mindestmaß beschränkt bleiben.

Letzter Punkt des UMS nach EG-Öko-Audit-Verordnung ist die Durchführung von Umweltbetriebsprüfungen. Die Systematik solcher Umweltbetriebsprüfungen ist im Anhang II der EG-Verordnung beschrieben. Vom Prinzip her orientiert sie sich stark an der aus der Qualitätssicherung bekannten ISO-Norm 10 011, Teil I. Umweltbetriebsprüfungen stellen einen Soll/Ist-Vergleich zwischen dem Anspruch der Umweltpolitik, den Umweltprogrammen, des UMS und dem tatsächlichen realen Stand dar. Dazu gehört neben der Befragung von Mitarbeitern beispielsweise auch die Prüfung von Kontrollmechanismen und die Sichtung und Bewertung der verschiedenen im Rahmen des UMS erstellten Dokumente.

Aufbau, Durchführung und Dokumentation einer Umweltbetriebsprüfung im Detail zu beschreiben, nähme sicherlich mehr Platz ein, als an dieser Stelle zur Verfügung steht und würde dem originären Zweck dieses Buches, praxisorientierte Handlungshilfen für den Umweltschutz vorzustellen, auch nicht entsprechen. Daher soll es an dieser Stelle auch unterbleiben, näher auf die Durchführung und Zertifizierung eines Öko-Audits nach EG-Verordnung einzugehen und auf spezielle Literatur verwiesen. Ein Umweltmanagement-System in der beschriebenen Form aufzubauen, ist ein erster wichtiger Schritt in diese Richtung.

FIRMA X_Y	Umweltmanagement-Handbuch **Verfahrensanweisung** Einkauf	Blatt Nr. 1 von: 1
	Ausfertigung Nr.:	Erstell- datum:

1. Geltungsbereich der Verfahrensanweisung:
   Diese Verfahrensanweisung gilt für den gesamten Einkauf des Unternehmens an Roh-, Hilfs- und Betriebsstoffen, Vorprodukten sowie sonstigen Artikeln (Büromaterial etc.).

2. Verantwortlicher für die Einhaltung der Verfahrensanweisung:
   Verantwortlich ist der Leiter Einkauf gemeinsam mit dem Umweltschutzbeauftragten.

3. Betroffene von der Verfahrensanweisung:
   Die Verfahrensanweisung gilt für alle Beschaffungsberechtigten.

4. Beschreibung des Verfahrens:
   Alle zur Beschaffung Berechtigten haben vor der Beschaffung einer Sache zu prüfen, ob diese Sache in Bezug auf Zusammensetzung, Herstellung, Transport und Entsorgung durch eine umweltfreundliche Alternative ersetzt werden kann. Unterstützung bei der Beurteilung bieten der Leiter Einkauf und der Umweltschutzbeauftragte. Dabei ist darauf zu achten, daß bei weiterzuverarbeitenden Stoffen Produkteigenschaften und Qualität beibehalten werden. Im Zweifelsfall ist die Abteilung Entwicklung bzw. der betreffende Produktionsleiter zu konsultieren.

4.1 Dazugehörige Dokumente:
   Einkaufsführer, Produktionsbeschreibungen der Lieferanten, technische Datenblätter, Beschreibungen der ökologischen Leistungen der Lieferanten (Öko-Audits), Öko-Testberichte

5. Kontrollmechanismen:
   Für jede zu beschaffende Sache wird ein Ergebnisprotokoll angefertigt, in dem die Gründe für die Beschaffung einer bestimmten Sache dargelegt bzw. Alternativen verworfen werden und welches von Beschaffungsberechtigten, dem Leiter Einkauf und dem Umweltschutzbeauftragten abgezeichnet wird. Liegen keine neuen Erkenntnisse vor, ist die Beschaffung dieser Sache bis auf weiteres direkt vom Beschaffungsberechtigten möglich. Spätestens nach Ablauf eines Jahres ist eine erneute Prüfung vorzunehmen und zu dokumentieren.

6. Dazugehörige Dokumente:
   Ergebnisprotokolle
   Gesetzliche Bestimmungen

gez. Ausführender	gez. Vorgesetzter	gez. Ersteller	Verteiler:

Abb. 8.6. Muster-Verfahrensanweisung Einkauf

8.4 Informationsvermittlung im Umweltschutz

Ein Umweltmanagement-System stellt, wenn es erst einmal installiert ist, kein statisches Gebilde dar, sondern muß, um seinen Aufgaben gerecht werden zu können, mit Leben erfüllt werden. Dazu gehört selbstverständlich eine fortwährende Aktualisierung der Strukturen, um auf Veränderungen im Betriebsablauf, Modifikationen im Produktspektrum oder auch geänderte rechtliche Rahmenbedingungen reagieren zu können.

Innerhalb eines UMS sind deshalb verschiedene Mechanismen vorgesehen, um diese Veränderungen zu registrieren und an geeigneter Stelle, beispielsweise bei den Verfahrens- und Arbeitsanweisungen zu berücksichtigen. Auch kann die beste Verfahrensanweisung zum Thema Einkauf ihr Ziel verfehlen, wenn Informationen über umweltfreundlichere Alternativprodukte nicht vorhanden sind oder nicht der richtigen Person zur Kenntnis gebracht werden.

Ein Unternehmen hat im Normalfall im Laufe seiner Entwicklung eine ganze Reihe von Informationsmechanismen entwickelt, um für das Unternehmen relevante Informationen jeglicher Art zu sammeln und unter den Beschäftigten zu verbreiten. Die Palette reicht dabei von wöchentlichen oder monatlichen Konferenzen, Meetings etc. der Geschäftsführung, der Abteilungsleiter, oder der Meister zu den verschiedensten Themen bis hin zu allgemeineren Informationsmedien wie Hausmitteilungen, Hauszeitschriften usw..

Letztere, als eher allgemein angelegte Medien, die meist einen größeren Kreis oder alle Beschäftigten über abteilungsübergreifend interessante Fragen unterrichten, bieten ein ausgezeichnetes Forum, um grundsätzliche Fragen des betrieblichen Umweltschutzes zu diskutieren und dieses Thema prinzipiell im Unternehmen anzusprechen.

Nun ist es darüber hinaus aber so, daß die Verwirklichung eines durchgehenden betrieblichen Umweltschutzgedankens eine abteilungs- und fachübergreifende Zusammenarbeit erfordert, wie sie innerhalb der bestehenden Informationsstrukturen durch deren Spezialisierung auf bestimmte Bereiche (Produktion, Vertrieb, Einkauf) nicht immer geleistet werden kann.

Mit für den Erfolg des betrieblichen Umweltschutzes ausschlaggebend ist, daß die „Spezialisten" in Sachen Umweltschutz, wie es beispielsweise die verschiedenen Beauftragten sind (Betriebsebene II, Abb. 8.7), mit den weiteren betrieblichen Einheiten (Betriebsebene I, Abb. 8.7) in engem Austausch und Kontakt stehen. Dabei geht es zum einen um die Weitergabe und den Austausch von externen Informationen, zum anderen um die Diskussion von anstehenden Problemen.

Berücksichtigt man weiterhin, daß gerade im Umweltschutz eine Vielzahl unterschiedlichster Informationen aus den verschiedensten Richtungen auf ein Unternehmen einwirken können (Abb. 8.8), wird die Notwendigkeit des Aufbaus einer funktionierenden Informationsstruktur und eines effektiven Informationsmanagements einsichtig. Es muß insbesondere darauf geachtet werden, daß unterschiedlichste Informationen, die für sich alleine nicht unbedingt eine hohe Relevanz für den Betrieb zeigen, so verdichtet werden, daß ein repräsentatives Gesamtbild entsteht. So kann beispielsweise die Geschäftsleitung Kenntnisse von Aktivitäten eines Konkurrenten erhalten, der die Recyclingfähigkeit eines Produktes erheblich verbessern wird, der Außendienst bei den Kunden eine verstärkte Nachfrage in diese Richtung registrieren und der Umweltschutzbeauftragte zusätzlich Informationen liefern, daß die laufende Produktion eines ähnlichen Produktes wegen der Änderung rechtlicher Rahmenbedingungen in naher Zukunft erheblich verteuert wird.

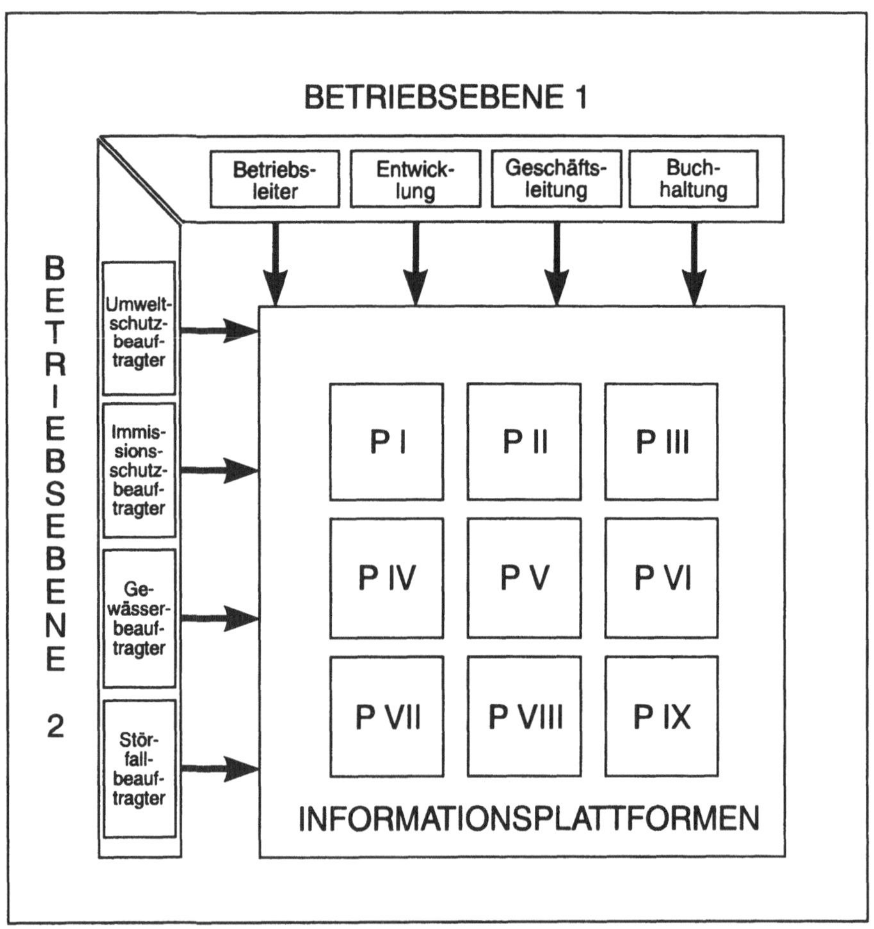

Abb. 8.7. Matrix zum betriebsinternen Informationsaustausch und -beschaffung

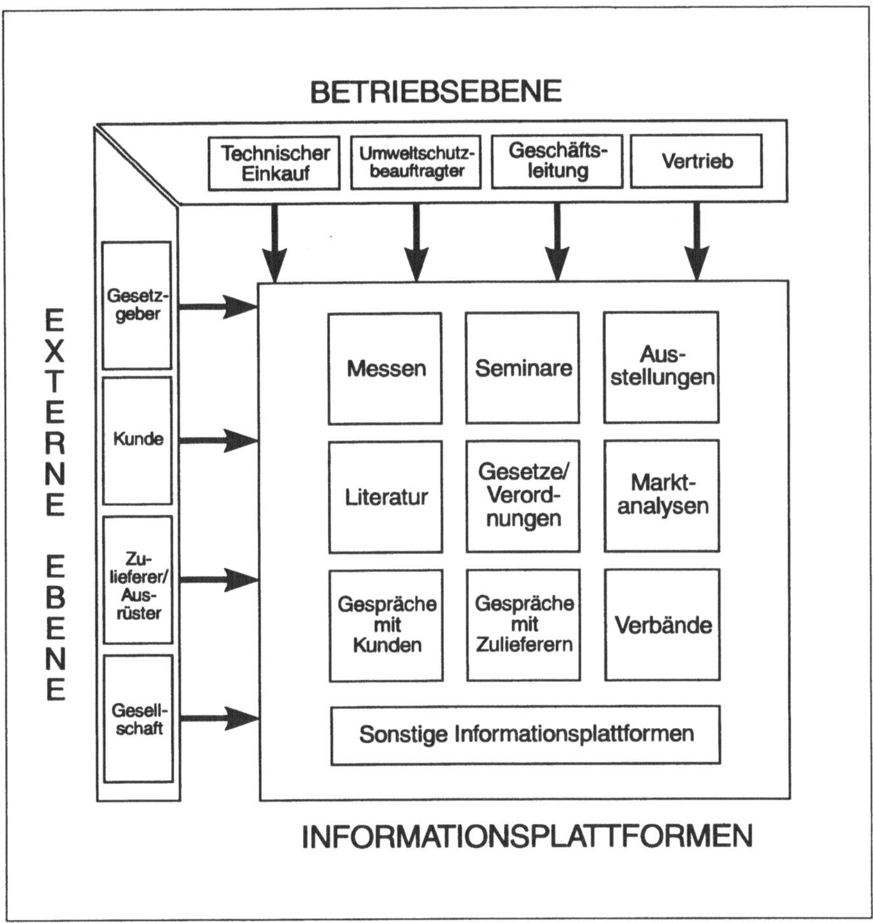

Abb. 8.8. Matrix zur externen Informationsbeschaffung

Auf diese Weise können einzelne Bausteine zu einem aussagefähigen Gesamtbild zusammengesetzt werden, um strategisch richtig auf die Anforderungen des Marktes in allen ihren Ausprägungen reagieren zu können.

Daß dabei natürlich nicht nur Umweltschutzgründe eine Rolle spielen, ist wohl ohne weiteres einsichtig, aber ohne deren ausreichende Berücksichtigung wird ein Unternehmen, wie allgemein anerkannt ist, keine langfristige ökonomische Perspektive haben.

Voraussetzung auch für die Akzeptanz eines solchen Systems ist dabei, daß der zusätzliche Aufwand möglichst gering gehalten wird, ohne dabei die gewünschte Heterogenität zu vernachlässigen. Eine Möglichkeit hierzu bietet der Aufbau eines Problem-Pools.

8.4.1 Der Problem-Pool - Ein Modell zur kontinuierlichen Problembewältigung im Unternehmen

Unternehmen können im Umweltbereich vielfältige Probleme haben. Wie auch in anderen betrieblichen Bereichen, können zu diesen Problemen eine Vielzahl verschiedener Lösungsmöglichkeiten existieren. In den meisten Fällen ist sozusagen „das Problem am Problem", den Entscheidungsträger und die passende Problemlösung zusammenzuführen. Viel Energie wird darauf verwendet, eine möglichst umfassende Informationsbeschaffung durchzuführen (siehe auch Abb. 8.9).

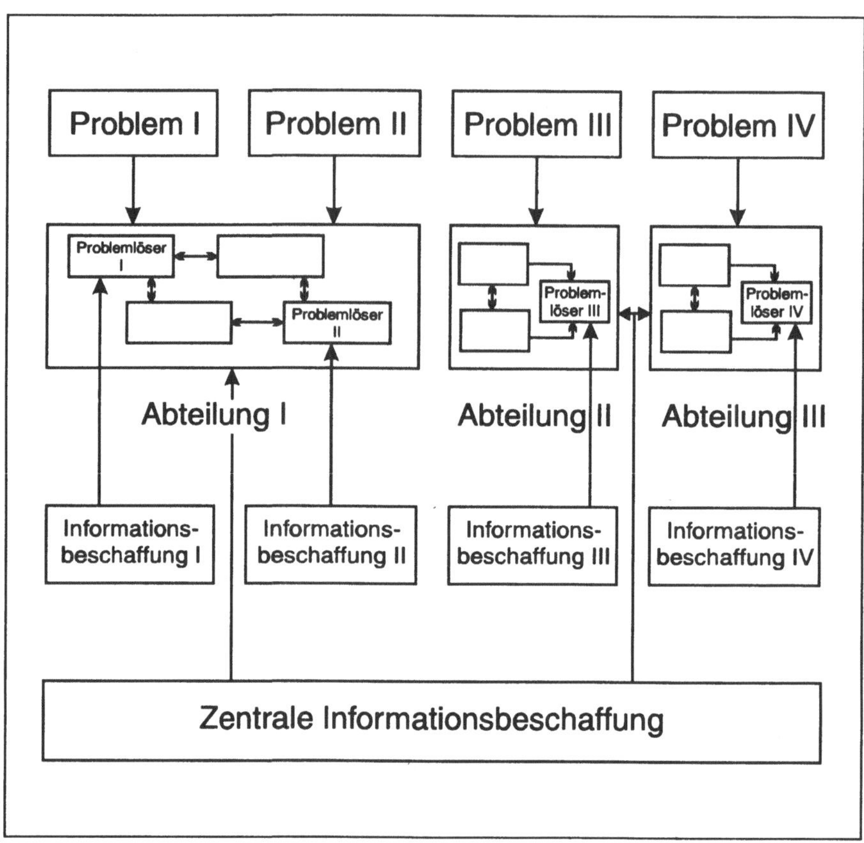

Abb. 8.9. Externe Informationsbeschaffung im Unternehmen

In vielen Fällen ist es so, daß die Informationsbeschaffung zielgerichtet auf das jeweilige Problem vom jeweils zuständigen Problemlöser immer wieder aufs neue erfolgt. Daran ändert auch eine in vielen, vor allem größeren Betrieben geschaffene zentrale Informationsstelle nichts, da diese nur auftragsbezogen bei den in Frage kommenden Informationsträgern recherchiert (Datenbanken), Brancheninformationsdiensten, Zeitschriften, etc.).

Hierfür gibt es verschiedene Gründe:

- Der mit der jeweiligen Problemlösung Beauftragte befürchtet, ein Hinzuziehen (abteilungs-)fremder Personen könne als eigenes Versagen ausgelegt werden;

- Problemlösungen sollen als Einzelerfolg „verkauft" werden, um auch die Belohnung (Ansehen, Beförderung, Prämie, etc.) alleine zu erhalten;

- ungelöste Probleme werden als Schwäche der jeweiligen Abteilung angesehen und sollen nicht nach außen getragen werden;

- offensive Problempolitik läßt ein insgesamt schlechteres Bild auf die betreffende Abteilung fallen, als das „Totschweigen" derselben.

In der täglichen Praxis ist es nun aber so, daß auf alle im Betrieb Tätigen ständig eine Vielzahl von Informationen einwirkt, die nicht unbedingt nur auf das jeweilige Spezialgebiet bezogen sind (siehe auch Abb. 8.9). Solche Informationsprozesse können resultieren aus

- Gesprächen mit Kunden
- Gesprächen mit Lieferanten
- Messen, Ausstellungen
- Kongressen, Fachtagungen
- eigener Informationsbeschaffung
- sonstigen Informationsquellen

Ziel muß es sein, diesen „Informationsüberschuß" gezielt zu nutzen. Grundbedingung dazu ist, daß die in einem Betrieb anstehenden Probleme in ihren Grundzügen abteilungsübergreifend bekannt gemacht werden. Es geht hier nicht darum, daß alle an allen Problemen arbeiten, was sicherlich äußerst uneffektiv wäre, sondern darum, die bei allen auflaufenden redundanten Informationen ohne Mehrarbeit dahingehend zu nutzen, dem im Detail mit der Lösung eines Problems Beauftragten Hinweise und Anregungen zu geben. Die im einzelnen für den betriebsspezifischen Fall notwendige Prüfung und Abstimmung kann und soll natürlich nicht ersetzt werden. Es geht an dieser Stelle darum, Doppelarbeit zu vermeiden und die an anderer Stelle bei der Informationsauswahl schon geleistete Arbeit zu nutzen. Nichts kann im Grunde uneffektiver und damit für den Betrieb teurer sein, als ein Problemlöser, der nach langer zäher Recherche seine Lösung vorstellt und dann ein „hätten Sie mich doch gleich gefragt", ein „wenn ich das gewußt hätte" oder ein „davon hab' ich schon vor sechs Monaten gehört" zu hören bekommt.

Die Lösung kann darin liegen, einen Problem-Pool zu errichten (Abb. 8.10), der alle im Betrieb relevanten Personen über die anstehenden Probleme informiert.

Kern dieses Pools ist dabei eine Sammlung von knappen Problembeschreibungen, in dem die wichtigsten Informationen zum jeweiligen Problem zusammengefaßt sind.

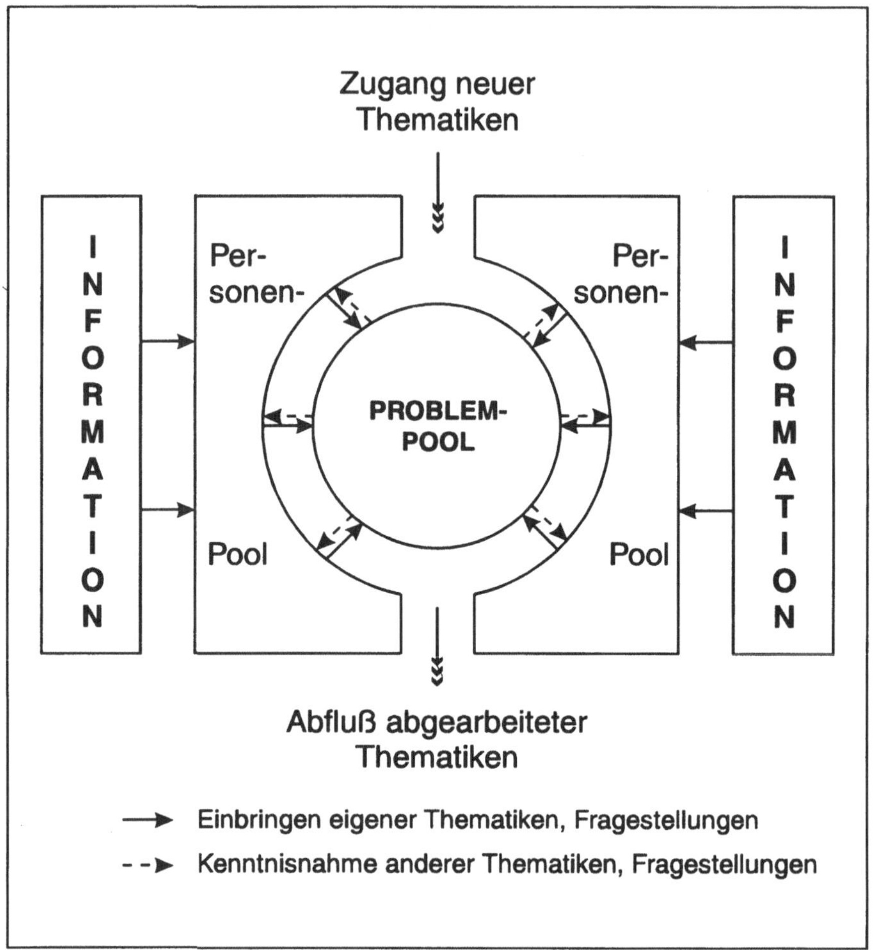

Abb. 8.10. Systematik eines Problem-Pools

Wichtige Bestandteile des Problem-Pools sind:

- kurze Problembeschreibung
- Dringlichkeitseinstufung
- Problemauslöser (Kosten, Gesetzeslage, Betriebszuverlässigkeit, etc.)
- zuständiger Bearbeiter

Der Inhalt dieser Problembeschreibung sollte kurz gefaßt sein und nur den eigentlichen Kern beschreiben. Auch nicht unmittelbar mit der speziellen Materie Befaßte sollen einen Eindruck bekommen, wo die Schwerpunkte liegen und welche Hauptpunkte ausschlaggebend sind.

Fast noch wichtiger als der Inhalt dieser Problembeschreibungen ist es, ein Forum zu schaffen, auf dem diese vorgestellt und diskutiert werden können. Es hat sich dabei mit Blick auf ähnlich gelagerte Projekte gezeigt, daß ein rein schriftlicher Informationsaustausch (z.B. als Rundschreiben, etc.) in den meisten Fällen nicht zu den gewünschten Ergebnissen führt, da dies einen weiteren Baustein in der ohnehin vorhandenen Papierflut darstellt und dementsprechend schlecht akzeptiert wird.

Besser ist es, ein regelmäßig einzuberufendes Forum zu schaffen (z.B. monatlich), auf dem die Probleme vorgestellt, diskutiert und neue Anregungen eingebracht werden können. Die organisatorische Frage zu klären, ist letztendlich Aufgabe jedes einzelnen Betriebes, der schon vorhandene Strukturen nutzen bzw. erweitern kann. Gleiches gilt für den einbezogenen Personenkreis, der von Betrieb zu Betrieb bestimmt werden muß. Die Einbeziehung eines zu großen Personenkreises macht die ganze Sache zu unübersichtlich, andererseits führt eine zu enge Einschränkung eben genau am angestrebten Ziel vorbei. Wichtiger als die bloße Zahl der Beteiligten ist vielmehr eine Heterogenität, die durch die Einbeziehung möglichst vieler Betriebsbereiche erreicht wird. Gerade durch diese Heterogenität werden auch neue, unkonventionelle Überlegungen eingebracht, die oft überraschende Perspektiven bieten. Eine altbekannte Tatsache ist, daß derjenige, der eng und über längere Zeit mit einem Thema befaßt ist, die Fähigkeit zur vorbehaltlosen Sicht der Dinge verliert und dadurch nur schwer alle potentiellen Lösungen in seine Betrachtungen miteinbezieht.

Weiterhin ist es wichtig, diesen Problem-Pool als dynamischen Prozeß aufzufassen. Neue Problemstellungen müssen ebenso aufgegriffen, wie über erfolgreiche Projekte, die daraus resultieren, berichtet werden muß. Auch ist es so möglich und anzuraten, nicht nur über akute, dringende Problemfälle zu sprechen, sondern bereits vorausschauend ganze Problemfelder anzusprechen, die für die Zukunft absehbar sind. Auf diese Weise kann in einem Zusammenspiel aller Kräfte die Unternehmung als Ganzes zukunftsorientiert handeln und denken und alle Potentiale nutzen.

Es muß in diesem Zusammenhang aber auch angesprochen werden, daß die Umsetzung eines solchen Systems in den bestehenden Betriebsstrukturen nicht ohne Probleme abläuft. Das Management ist hier zum Teil gefordert, neue Denkweisen durch- und im betrieblichen Alltag einzusetzen.

Hierbei ist insbesondere folgendes zu leisten:

- Fördern eines gemeinschaftlichen Denk- und Handelsansatzes;
- Begreifen des Umweltschutzes als gemeinsame Aufgabe und Chance;
- positives Belegen des Problemaufdeckens;
- langfristige Denkstrukturen installieren;
- Abkehr von einzelpersonenbezogenen Prämien- und Belohnungssystemen zu gruppenorientierten Gratifikationsmustern.

Wie bei allen Veränderungen an Betriebsstrukturen und bei der Einführung neuer Denkweisen kann auch hier nicht davon ausgegangen werden, daß ohne die nötige Überzeugungsarbeit und eine entsprechende Anlaufzeit sofort Ergebnisse resultieren. Auch sollen bestehende Informationsstrukturen nicht abgeschafft, sondern durch den Problem-Pool ergänzt werden. Man sollte allerdings diese Chance nicht vergeben, die bei nur unerheblichem Mehraufwand eine Fülle von Möglichkeiten bietet.

9 Umweltschutz und Personal

Umweltschutz wird von Menschen gemacht. Trotz dieser einfachen und jedem einleuchtenden Erkenntnis wird oftmals aber gerade die Personalarbeit im Hinblick auf den Umweltschutz im Unternehmen vernachlässigt. Ein konsequenter Umweltschutz ist aber nur unter Einbeziehung eines jeden einzelnen Mitarbeiters realisierbar. Umweltbewußte, aktive Mitarbeiter sind für ein Unternehmen doppelt wertvoll. Sie bringen zum einen Ideen und Verhaltensweisen in das Unternehmen ein und tragen zum anderen das Umweltimage des Unternehmens nach außen.

Der Umweltschutz muß in einem Unternehmen von zwei unterschiedlichen Punkten ausgehen. Zum einen von „oben", d.h. von der Geschäftsleitung, die Sorge dafür zu tragen hat, daß Gesetze, Verordnungen und Auflagen eingehalten werden, und daß mit dem Unternehmen bzw. mit den Produkten ein verkaufsförderndes Umweltimage verbunden ist. Darüber hinaus muß die Unternehmensführung den Umweltschutz als wesentlichen Faktor in die strategische Unternehmensplanung integrieren und nicht mehr nur unter ausschließlich ökonomischen Argumenten zur Entscheidungsfindung zulassen.

Der zweite Ansatzpunkt für den Umweltschutz kommt von „unten", von den Mitarbeitern, die durch ihr Innovationspotential vor Ort einen wesentlichen Beitrag zum Umweltschutz liefern können und die die von der Geschäftsleitung angeordneten Maßnahmen letztendlich im Betrieb umsetzen.

9.1 Der Umweltschutz in der Unternehmensstruktur

Wesentlich für die Effizienz und die Glaubwürdigkeit ist die Verankerung des Umweltschutzes auf der Ebene der Geschäftsführung. Geeignet hierfür ist die Schaffung einer Stelle für einen sogenannten „Umweltmanager" innerhalb des Managements. Der Umweltschutz sollte als eigenständiger Bereich den Bereichen

Verwaltung, Produktion, Vertrieb, Marketing und F + E gleichgestellt werden (Abb. 9.1).

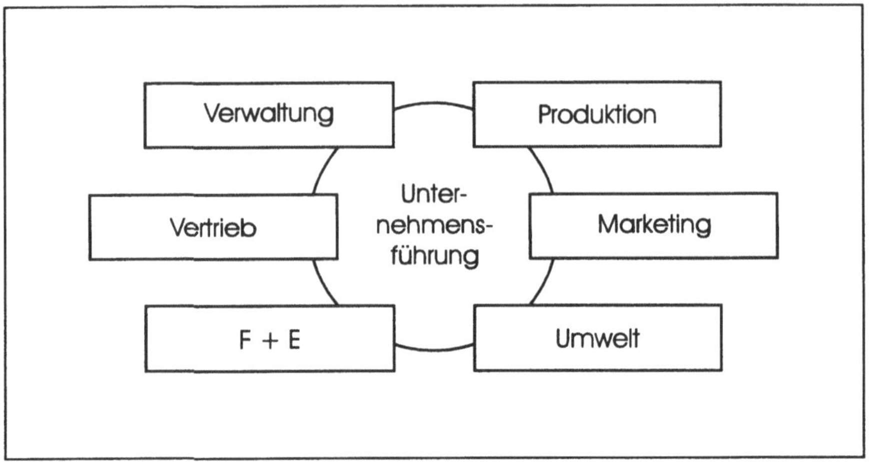

Abb. 9.1. Integration des Umweltschutzes in die Unternehmensführung

Der Umweltschutz hat Einfluß auf alle anderen Unternehmensbereiche, da in jedem Bereich Ansatzpunkte für Umweltschutzmaßnahmen vorhanden sind. Besonders gilt das natürlich für die Produktion, in der Stoffe verarbeitet werden und dabei neben dem Produkt auch Abluft, Abwasser und Abfälle entstehen. Hier sind in der Regel die Beauftragten angesiedelt, der Immissionsschutzbeauftragte, der Gewässerbeauftragte, der Abfallbeauftragte sowie der Störfallbeauftragte. In Unternehmen entsprechender Größe kann es sinnvoll sein, diesen Beauftragten einen Umweltschutzbeauftragten vorzuschalten, der gleichzeitig als Bindeglied zum Umweltmanager in der Geschäftsleitung fungiert. In Abbildung 9.2 ist die Hierarchie der Personen, die vorwiegend mit Umweltfragen im Unternehmen befaßt sind, dargestellt.

Ein ausführliches funktionsorientiertes Umwelt-Organigramm mit Einbindung der Umweltverantwortlichen und der mit umweltrelevanten Tätigkeiten Befaßten ist in Kapitel 8.2 gegeben.

Die Schaffung der in Abbildung 9.2 dargestellten Positionen mit dem entsprechenden Personal macht natürlich nur in Unternehmen entsprechender Größe und Produktionsvielfalt Sinn. In kleineren Mittelstandsbetrieben werden sich oftmals der Geschäftsführer und der Betriebsleiter die Aufgaben und Arbeit des Umweltmanagers sowie der einzelnen Beauftragten teilen müssen. Ein schweres Unterfangen, wenn man bedenkt, daß die komplizierte und umfangreiche Umweltgesetzgebung sowie die Gesetze des Marktes auch für kleinere Unternehmen in vollem Maße gelten. In diesem Zusammenhang sei erwähnt, daß die Mehrzahl der Aufgaben, die die Beauftragten zu erfüllen haben, auch an externe Berater vergeben werden können.

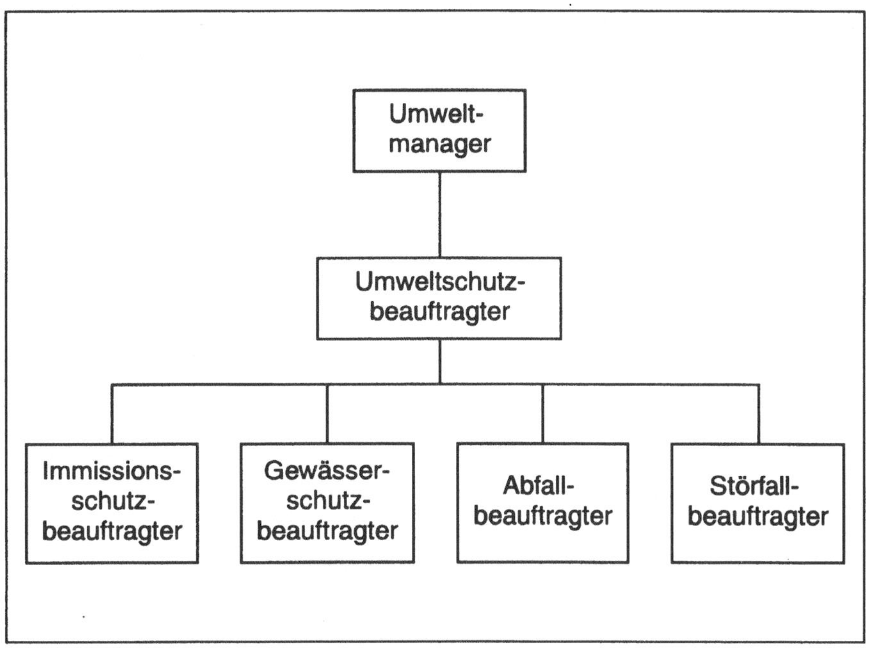

Abb. 9.2. Hierarchie der mit Umweltschutz befaßten Personen

9.2 Die Rolle der Mitarbeiter im betrieblichen Umweltschutz

Im allgemeinen engagiert sich nur ein geringer Teil der Belegschaft aktiv am Umweltschutz im Unternehmen. Die überwiegende Zahl der Mitarbeiter ist meist grundsätzlich für Umweltschutz, verhält sich aber passiv. Diese Mitarbeiter müssen daher durch entsprechende Maßnahmen zur aktiven Mitarbeit im betrieblichen Umweltschutz motiviert werden.

Am Beginn jeder Motivation steht die Information. Ein diffuses Verhältnis zum Umweltschutz liegt oftmals in Fehlinformation begründet. Viele Mitarbeiter bangen um ihren Arbeitsplatz, wenn sie erfahren, daß sich ihr Unternehmen verstärkt im Umweltschutz engagiert. Die immer wieder, auch in den Medien verbreitete Halbwahrheit, Umweltschutz koste nur Geld, die Produkte würden deswegen zu teuer, Marktanteile gingen verloren, der Umsatz ginge als Folge davon zurück und

Arbeitsplätze gingen letztendlich verloren, führen schnell zu einer latenten Angst vor Umweltschutz als Bedrohung für den eigenen Arbeitsplatz.

Glücklicherweise setzt sich aber mehr und mehr die Erkenntnis durch, daß Umweltschutz nicht zwangsläufig zu Kostensteigerungen führen muß, sondern durchaus auch die Sicherung von Marktanteilen bedeuten kann, vorausgesetzt, es findet im Unternehmen eine entsprechend konsequente und effektive Umsetzung statt, beispielsweise in Form eines Umweltmanagementsystems. Mit eine vorrangige Aufgabe der Unternehmensführung muß die Information der Mitarbeiter sein, allgemein was den Umweltschutz angeht und natürlich auch über die geplanten Umweltmaßnahmen im Unternehmen und die daraus resultierenden Konsequenzen für Betrieb und Belegschaft. Das Umweltmanagement erweist sich auch hierfür als geeignetes Instrumentarium, da ein wesentlicher Bestandteil die Kommunikation zwischen Mitarbeitern und der Unternehmensführung ist.

Idealerweise findet eine regelrechte Umweltbildung des Personals statt. Diese sollte aber nicht so gestaltet sein, daß nur Informationen an die Mitarbeiter weitergegeben werden, vielmehr sollten die Mitarbeiter aktive Teilnehmer am Informationsaustausch sein und so motiviert werden, aktiv am Umweltschutz teilzunehmen. In Abbildung 9.3 ist eine Übersicht über mögliche Instrumentarien zur Umweltbildung gegeben.

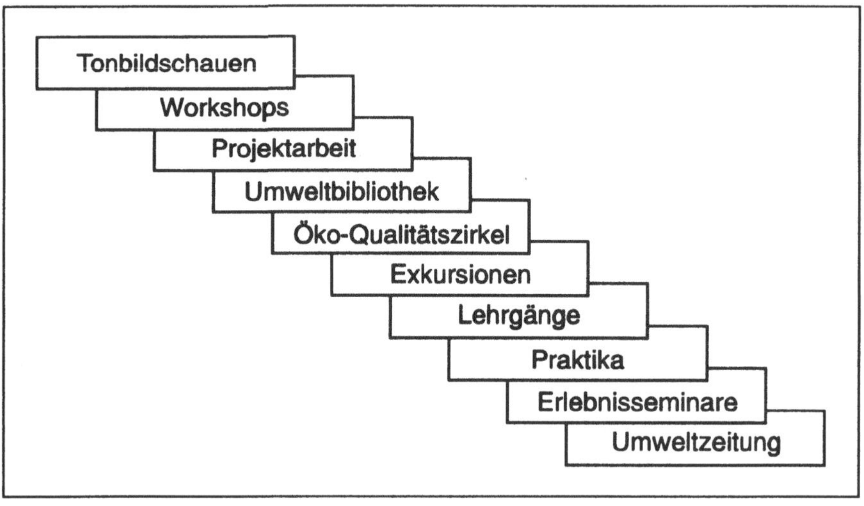

Abb. 9.3. Instrumentarien zur Umweltbildung

Der Einstieg in die Umweltbildung erfolgt vielleicht am einfachsten über Tonbildschauen zu aktuellen und unternehmensspezifischen Umweltthemen. Anhand der so vermittelten Informationen können im Rahmen von Mitarbeiter-Workshops unternehmensspezifische Umweltthemen herausgearbeitet und formuliert und Schwachstellen definiert werden. In Projektarbeiten kann dann nach Lösungsansätzen und -möglichkeiten gesucht werden. Zur effektiven Arbeit solcher Workshops ist längerfristig der Aufbau einer betriebseigenen Umweltbibliothek sinnvoll. Bei konsequenter Durchführung wird sich aus den Workshops und Projektarbeiten heraus nach und nach ein Öko-Qualitätszirkel etablieren, der auf Mitarbeiterebene eine äußerst sinnvolle und effektive Ergänzung zum von der Unternehmensleitung „verordneten" Umweltschutz darstellt und einen festen Platz im betrieblichen Umweltmanagementsystem haben wird, als „Sprachrohr" des Personals.

Ergänzt werden sollten die vorgenannten Aktivitäten durch Exkursionen, Lehrgänge und Praktika, um den Mitarbeitern die Möglichkeit zu geben auch einmal über den „Unternehmenshorizont" hinauszublicken, Eindrücke und natürlich auch Ideen zu sammeln. Beliebt sind auch Erlebnisseminare in der Natur, einfach um zu erkennen, warum Umweltschutz so wichtig ist und gemacht werden muß.

Ein weiteres, gut geeignetes Informations- und Bildungsmedium ist eine betriebseigene Umweltzeitung oder auch eine ökologische Seite in einer bereits bestehenden Firmenzeitung, nach dem Motto „Mitarbeiter informieren Mitarbeiter".

Darüber hinaus gibt es noch zahlreiche weitere Möglichkeiten zur Umweltbildung, die auch ein wenig von der Branche und der Unternehmensgröße abhängen. Es bietet sich an, die Mitarbeiter bereits in die Methodenwahl mit einzubeziehen, beispielsweise durch eine Umfrage mit einer Themenstellung wie „Was mich im Umweltschutz interessiert und wie ich darüber informiert werden möchte".

Zur Motivation der Mitarbeiter gibt es neben der Umweltbildung noch zahlreiche andere Möglichkeiten. Beispielsweise kann ein Prämiensystem für Mitarbeiter, die Verbesserungen im Bereich des Umweltschutzes vorschlagen, eingeführt werden. Dies birgt allerdings die Gefahr der „Eigenbrötelei", da jeder seine Prämie oder auch das Ansehen für sich alleine haben möchte. Dadurch funktioniert aber der Gedankenaustausch zwischen den Mitarbeitern, die mit denselben Themenstellungen befaßt sind, nicht mehr und erhebliche Synergieeffekte gehen so verloren. Sinnvoller ist es deshalb, ganze Abteilungen oder Arbeitsgruppen für ihr Umweltengagement zu belohnen. Das entspricht auch viel mehr dem „Miteinander für die Umwelt", einem Grundgedanken des Umweltmanagements.

Ein weiteres gutes Motivationsinstrument der Unternehmensleitung ist die Unterstützung von Mitarbeitern bei Umweltschutzmaßnahmen im privaten Bereich. So kann das Unternehmen Mitarbeitern einen Zuschuß zur Nachrüstung ihrer Privatfahrzeuge mit Katalysatoren geben oder auch verbilligte Mitarbeiterkredite gewähren, beispielsweise zur Ausrüstung eines Wohnhauses mit Solarzellen zur Renovierung einer alten Heizungsanlage, etc.. Dem Einfallsreichtum der Unternehmensleitung sind hier keine Grenzen gesetzt.

9.3 Qualifikation des Umweltpersonals

An die Qualifikation des Umweltpersonals werden im allgemeinen hohe Anforderungen gestellt. Die mit dem Umweltschutz befaßten Mitarbeiter müssen zum einen über breites Fachwissen verfügen, zum anderen auch gute kommunikative Fähigkeiten besitzen, da sie oftmals an den Schnittstellen zwischen Unternehmensleitung, Personal und Behörden sitzen.

Innerhalb eines Unternehmens besteht das „Umweltpersonal" aus Umweltmanager, Umweltbeauftragten und den Beauftragten für Immissionsschutz, Gewässerschutz, Abfall und für Störfälle. Während die Aufgaben der Beauftragten durch gesetzliche Vorschriften festgelegt sind, ist der Beruf des Umweltmanagers bisher wenig beschrieben. Im Zuge der Einführung von Umweltmanagementsystemen, vor allem auch im Rahmen der EG-Öko-Audit-Verordnung, wird dieser Beruf in Zukunft stark an Bedeutung gewinnen. Die Stellenprofile und Anforderungen an das Umweltpersonal sind im folgenden kurz zusammengefaßt, wobei der Schwerpunkt auf die Stellenbeschreibung und das Anforderungsprofil des Umweltmanagers gelegt wurde.

9.3.1 Der Umweltmanager

Die Aufgaben eines Umweltmanagers sind sehr umfangreich und komplex. Er muß in sämtlichen Unternehmensbereichen, angefangen von der Verwaltung über die Produktion bis hin zu Forschung und Marketing über ausreichend fundierte Kenntnisse verfügen und sich darüber hinaus in praktisch allen Sparten des Umweltschutzes auskennen. Er fungiert auch nicht als passiver Beobachter der anderen Unternehmensbereiche, sondern wird aktiv in deren Abläufe, Entscheidungen und Planungen eingreifen. Dazu ist es notwendig, daß er von der Gesamtgeschäftsleitung die entsprechenden Befugnisse erhält. Im Prinzip sollte in keinem Unternehmensbereich ohne die Anhörung bzw. die Zustimmung des Umweltmanagers eine Entscheidung getroffen werden. Der Umweltmanager verfügt über die Entscheidungskompetenz in allen Fragen des Umweltschutzes, er trägt somit die Gesamtverantwortung für den Umweltschutz und hat deshalb vor allem im technischen Bereich Mitspracherecht. Hier kann es leicht zu Kompetenzüberschneidungen mit dem technischen Leiter des Betriebes kommen, der angehalten ist, seine Entscheidungen vorrangig unter ökonomischen Gesichtspunkten zu treffen. Wegen der Gleichstellung beider Verantwortlicher müssen hier zwangsläufig Kompromisse ausgearbeitet werden, was durchaus im Sinne eines Umweltmanagementsystems ist.

Die Hierarchie innerhalb des Umweltpersonals wird sinnvollerweise so aufgebaut, daß der Umweltmanager der direkte Vorgesetzte der Beauftragten ist, wobei es sich als nützlich erwiesen hat, in entsprechend großen Betrieben, den Umweltbeauftragten zwischen der Geschäftsleitung und den übrigen Beauftragten anzusiedeln. So liegt dann auch die betriebliche Verantwortung für

- Abfallvermeidung
- Fremd- und Eigenwasserversorgung
- Abwassereinleitung
- Betrieb der genehmigungsbedürftigen Anlagen
- Abluft
- Lärm und
- Betrieb der nichtgenehmigungsbedürftigen Anlagen

beim Umweltmanager. Der Gesetzgeber hat ausdrücklich vorgesehen, daß die Verantwortung bei Personen mit Entscheidungsbefugnis liegt und nicht einfach delegiert werden kann. Strafrechtlich belangbare Personen sind somit Gesellschafter, leitende Angestellte und Beauftragte, die ausdrücklich eigenverantwortlich arbeiten, wofür aber deren Einverständnis erforderlich ist.

Aus dem Gesagten ergibt sich folgendes Profil. Die Wichtung der einzelnen Fähigkeiten und Eigenschaften ist, in Grenzen, branchen- und betriebsgrößenabhängig.

Erforderliche Kenntnisse eines Umweltmanagers. An erster Stelle der Qualifikation eines Umweltmanagers stehen die naturwissenschaftlichen, technischen und betriebswirtschaftlichen Kenntnisse (Abb. 9.4). Ohne eine fundierte naturwissenschaftliche oder ingenieurtechnische Ausbildung wird es dem Umweltmanager kaum möglich sein, die weitgefächerten Zusammenhänge zwischen Umweltschutz, Produktion sowie Forschung und Entwicklung aus jedem Blickwinkel heraus zu erkennen und die richtigen Konsequenzen zum frühestmöglichen Zeitpunkt zu ziehen. Hierfür sind auch fundierte technische Kenntnisse erforderlich, da die technische Verwirklichung getroffener Entscheidungen und beschlossener Maßnahmen bezüglich Umweltschutz und Produktion gewährleistet sein muß. Schließlich haben alle Handlungen in einem Unternehmen auch einen betriebswirtschaftliche Bezug, alle Entscheidungen und Maßnahmen müssen auch ökonomisch machbar sein, was wegen der Komplexität der Zusammenhänge gute betriebswirtschaftliche Kenntnisse notwendig macht.

Eine der wesentlichen Aufgaben des Umweltmanagers ist das Umweltcontrolling (s. Kap. 7), um einen reibungslosen und effektiven Umweltschutz im Betrieb zu gewährleisten. Dazu gehört auch das Know-how für eine umweltgerechte Beschaffung und vor allem Entsorgung.

Das Umweltrecht mit allen seinen Gesetzen, Verordnungen und Regelungen ist ein Stützpfeiler der Entscheidungsfindung des Umweltmanagers, weswegen umfassende Kenntnisse in dieser Materie ebenfalls unabdingbar sind.

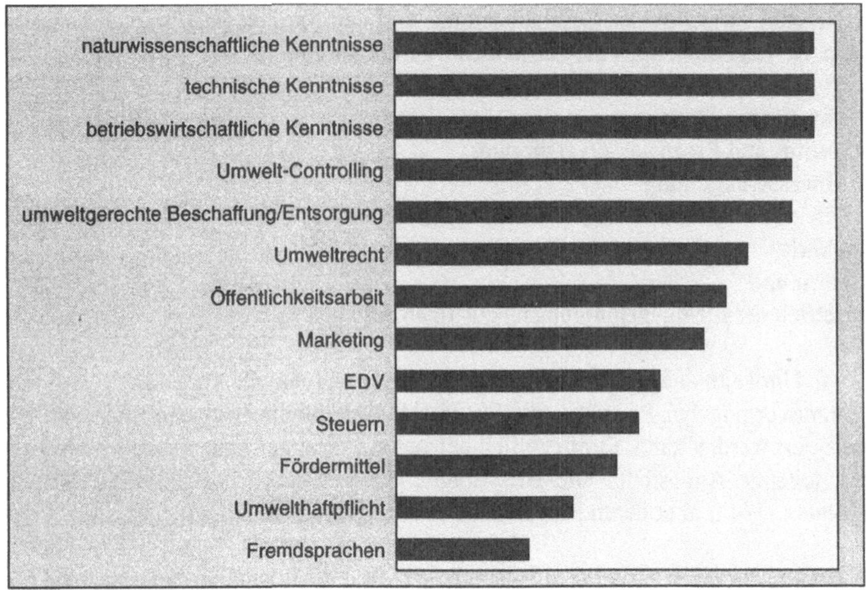

Abb. 9.4. Liste der erforderlichen Kenntnisse eines Umweltmanagers, geordnet nach Prioritäten

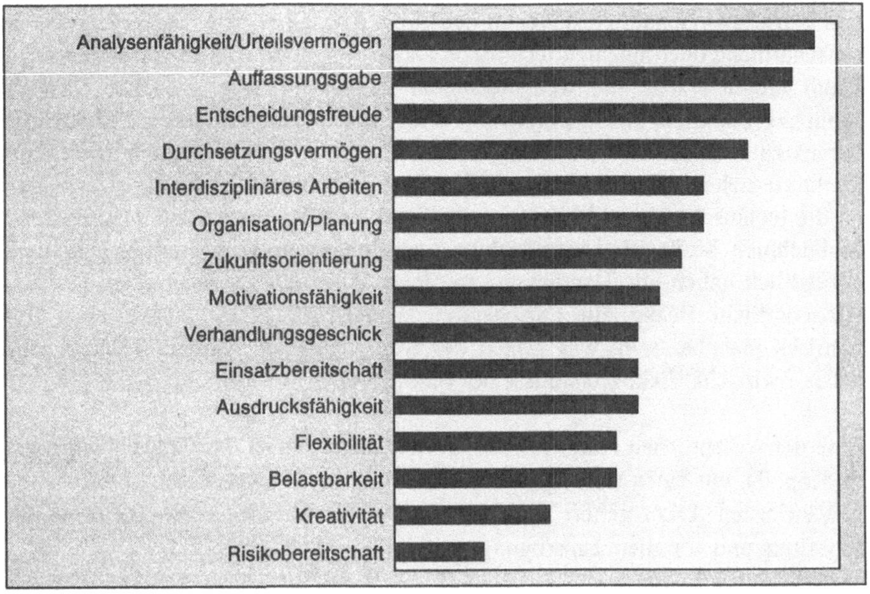

Abb. 9.5. Liste der erforderlichen Fähigkeiten eines Umweltmanagers, geordnet nach Prioritäten

Die Öffentlichkeitsarbeit zählt ebenfalls zu den Hauptaufgaben eines Umweltmanagers. Dazu gehört nicht nur die Information der Öffentlichkeit, sondern auch die Darstellung der Umweltaktivitäten des Unternehmens bei Behörden, Verbänden, Interessengruppen und anderen Gremien.

Zur konsequenten Umsetzung und Integration der Umweltaktivitäten des Unternehmens in Marketingstrategien und dem Aufbau eines umweltfreundlichen Firmenimages muß der Umweltmanager auch einen guten Teil beitragen, vor allem was die fachliche Seite solcher Projekte angeht. In seinen Aufgabenbereich fällt deshalb auch, daß eine konsequente Durch- und Weiterführung von Umweltmaßnahmen stattfindet, die im Rahmen von längerfristig angelegten Marketingstrategien den Kunden oder der Öffentlichkeit versprochen wurden oder die dem angestrebten „sauberen“ Firmenimage entsprechen. Gerade im Umweltbereich ist einmal verlorenes Vertrauen in ein Unternehmen praktisch nicht wiederzugewinnen.

Ausreichende EDV-Kenntnisse sind heute in Positionen, wie ein Umweltmanager sie bekleidet, unabdingbar. Das reibungslose Funktionieren eines effektiven Umweltmanagementsystems ist ohne EDV-Unterstützung nicht denkbar.

Vor allem die von Regierungsseite und auf Länderebene geplanten Öko-Steuern werden in Zukunft einen größeren Raum bei der Steuerbelastung von Unternehmen einnehmen. Da bereits heute abzusehen ist, daß es sich dabei in erster Linie um sog. Vermeidungssteuern handeln wird, ist es Aufgabe des Umweltmanagers, diesen Steuern durch entsprechende Maßnahmen frühzeitig entgegenzuwirken.

Kenntnisse im Fördermittelsektor, vor allem im Umgang mit den Fördermittelgebern sowie die entsprechenden Kontakte, sind ebenfalls von nicht zu unterschätzender Bedeutung. Oftmals ist den Unternehmen eine große Anzahl von Fördermöglichkeiten unbekannt. Mögliche Kosteneinsparungspotentiale bei Umweltschutzmaßnahmen bleiben so ungenutzt.

Der Umwelthaftpflichtbereich muß ebenfalls durch den Umweltmanager abgedeckt werden. Allerdings sind hier strenge Vorgaben durch die Versicherer und den Gesetzgeber gegeben, die auch durch noch so große Kreativität und Einfallsreichtum des Umweltmanagers kaum verändert werden können. Hauptaufgabe des Umweltmanagers wird es deshalb sein, durch Integration der entsprechenden Vorgaben in den betrieblichen Umweltschutz die Kosten für Umwelthaftpflichtversicherungen so gering wie möglich zu halten. Ein Umweltmanagementsystem ist hierfür ebenfalls ein geeignetes Instrumentarium.

Fremdsprachenkenntnisse schließlich spielen bei einem Umweltmanager eine nur untergeordnete Rolle. Wegen der sehr uneinheitlichen Stellung des Umweltschutzes und daraus resultierender unterschiedlicher Umweltgesetzgebungen, selbst in den Ländern der EU, bleibt ein Informationsaustausch im Bereich des Umweltschutzes zwischen den einzelnen Ländern weitgehend aus. Aufgrund des hohen Standards in der BRD ist allenfalls noch englischsprachige Fachliteratur zu Themen der Umwelttechnik relevant, und Englischkenntnisse sind in der Position eines Umweltmanagers obligatorisch. Ausnahmen sind multinational operierende Unternehmen, die unabhängig von den Regelungen vor Ort einen bestimmten Umweltlevel halten wollen und deren Umweltmanager in permanenten Austausch mit Kollegen im Ausland steht.

Erforderliche Eigenschaften und Fähigkeiten eines Umweltmanagers. Die Analysenfähigkeit und das Urteilsvermögen stehen im Mittelpunkt der Fähigkeiten eines Umweltmanagers (Abb. 9.5). Die komplexen, von Naturwissenschaft, Technik und Betriebswirtschaft gleichermaßen geprägten Aufgaben und Problemstellungen verlangen ausgeprägtes analytisches Denken. Dazu ist selbstverständlich auch eine schnelle Auffassungsgabe notwendig. Der Umweltmanager muß auch in der Lage sein, die Konsequenzen aus seinen Analysen und Beurteilungen zu ziehen und Entscheidungen zu treffen. Hier ist ein ausgeprägtes Durchsetzungsvermögen des Umweltmanagers gegenüber den Verantwortlichen anderer Unternehmensbereiche nötig.

Seinen umfassenden Aufgaben kann der Umweltmanager nur durch die intensive Zusammenarbeit mit anderen Abteilungen, Gremien etc. gerecht werden, die Fähigkeit zum interdisziplinären Arbeiten muß deshalb entsprechend stark ausgeprägt sein.

Wegen des Umfanges seiner Arbeiten muß der Umweltmanager auch über ein schlagkräftiges Team verfügen. Da er jedoch immer die Gesamtverantwortung trägt, wird ihm ein hohes Maß an Fähigkeit zur Planung und Organisation abverlangt.

Die Zukunftsorientierung sollte bei einem Umweltmanager eine Charaktereigenschaft sein. Bei allen seinen Entscheidungen sind immer längerfristige Aspekte mit einzubeziehen, er darf sich nicht von kurzfristigen Vorteilen beeindrucken lassen.

Die Motivationsfähigkeit spielt bei der Arbeit des Umweltmanagers eine große Rolle. Ihm obliegt es letztendlich, alle Mitarbeiter des Unternehmens auf den praktizierten Umweltschutz einzuschwören, er ist verantwortlich für die Organisation und Durchführung von Umweltbildung und anderen Motivationsmaßnahmen wie Prämiensysteme etc..

An das Verhandlungsgeschick und die Ausdrucksfähigkeit des Umweltmanagers werden erhöhte Anforderungen gestellt, da er das Unternehmen gegenüber der Öffentlichkeit, Interessengruppen, Verbänden und Behörden vertritt.

Die Notwendigkeit von Eigenschaften wie Einsatzbereitschaft, Flexibilität sowie

Belastbarkeit ergibt sich schon aus der Tatsache, daß der Umweltmanager der Unternehmensleitung angehört. Sie werden jedem Mitarbeiter in dieser Position gleichermaßen abverlangt.

Die Kreativität spielt eine eher untergeordnete Rolle. Aufgabe des Umweltmanagers ist in erster Linie Vorgaben zu entwickeln, und deren Umsetzbarkeit beurteilen zu können. Die eigentliche Umsetzung im technischen Bereich wird aber durch entsprechende Fachleute durchgeführt werden. Das gleiche gilt für die „Vermarktung" der Umweltschutzaktivitäten. Der Umweltmanager liefert die Fakten und sollte beurteilen können, welche Aktivitäten vermarktbar sind. Die Entwicklung entsprechender Marketing- und Imagekampagnen sind jedoch Aufgabe von Marketingspezialisten.

Die Risikobereitschaft schließlich sollte bei einem Umweltmanager eher verhalten sein. Sein Tätigkeitsfeld ist durch die Gesetzgebung, die öffentliche Meinung und den Stand der Technik stark reglementiert und läßt kaum Platz für Experimente. Bei allen seinen Entscheidungen und Maßnahmen den Umweltschutz betreffend, sollte sich der Umweltmanager immer auf der sicheren Seite bewegen. Steht ein Unternehmen erst einmal als Umweltsünder im Rampenlicht, so ist dieses Negativimage nur sehr schwer wieder abzubauen.

9.3.2 Der Immissionsschutzbeauftragte

Die Aufgaben, Rechte und Pflichten eines Immissionsschutzbeauftragten sind im Bundesimmissionsschutzgesetz[44] festgeschrieben. Hauptaufgabe des Immissionsschutzbeauftragten ist die Beratung des Unternehmens auf allen Ebenen in Angelegenheiten, die für den Immissionsschutz bedeutsam sein können. Zu seinen Rechten und Pflichten gehört es, auf den Einsatz und die Entwicklung umweltfreundlicher Verfahren bzw. Produkte hinzuwirken und diese zu begutachten.

Darüber hinaus hat er dafür zu sorgen, daß die Regelungen des Bundesimmissionsschutzgesetzes, einschließlich der im Rahmen dieses Gesetzes erlassenen Verordnungen, und sonstiger erteilter Bedingungen und Auflagen im Unternehmen eingehalten werden. Dafür ist er berechtigt und verpflichtet, in regelmäßigen Abständen die Betriebsstätte zu kontrollieren, Messungen von Emissionen und Immissionen durchzuführen, die festgestellten Mängel der Geschäftsführung mitzuteilen und Maßnahmen zu deren Beseitigung vorzuschlagen.

Über die von der Anlage verursachten schädlichen Umwelteinwirkungen und Einrichtungen und Maßnahmen zu deren Verhinderung hat der Immissionsschutzbeauftragte die Mitarbeiter zu informieren.

Schließlich hat der Immissionsschutzbeauftragte die Aufgabe, der Unternehmensführung einmal jährlich über die in seinem Aufgabenbereich durchgeführten und beabsichtigten Maßnahmen Bericht zu erstatten.

Bezüglich der Fachkunde werden an den Immissionsschutzbeauftragten vom Gesetzgeber hohe Ansprüche gestellt. Verlangt wird ein Hochschulabschluß in den Fächern Ingenieurwesen, Physik oder Chemie und die Teilnahme an einem von der obersten Landesbehörde anerkannten Lehrgang,der zum Ziel hat, dem Immissionsschutzbeauftragten die für die Ausübung seiner Tätigkeit notwendigen Fachkenntnisse zu vermitteln. Dabei handelt es sich um Kenntnisse in der Anlagen- und Verfahrenstechnik entsprechend dem Stand der Technik, in der Feststellung, Überwachung und Minimierung von Emissionen sowie die Messung und Bewertung von Immissionen, bezüglich der chemischen und physikalischen Eigenschaften von Schadstoffen und im vorbeugenden Brand- und Explosionsschutz. Darüber hinaus muß der Immissionsschutzbeauftragte über ein entsprechendes Wissen bezüglich der umwelterheblichen Eigenschaften von Produkten, einschließlich der Verfahren zur Wiedergewinnung bzw. -verwertung, sowie der Vermeidung, Verwertung oder Beseitigung von Reststoffen verfügen. Dasselbe gilt für die Energieeinsparung, insbesondere im Hinblick auf die Nutzung von Abwärme. Obligatorisch ist die Kenntnis des Umweltrechts, speziell des Immissionsschutzrechts.

Mindestens alle zwei Jahre ist der Immissionschutzbeauftragte dazu verpflichtet, an von der obersten Landesbehörde anerkannten Fortbildungsmaßnahmen teilzunehmen. Bezüglich der Fachkunde können von der zuständigen Behörde auf Antrag Ausnahmen genehmigt werden.

9.3.3 Der Gewässerschutzbeauftragte

Die Aufgaben, Rechte und Pflichten des Gewässerschutzbeauftragten sind im Wasserhaushaltsgesetz[45] festgeschrieben. Dem Gewässerschutzbeauftragten obliegt es, auf die Anwendung geeigneter Abwasserbehandlungsverfahren einschließlich der ordnungsgemäßen Beseitigung der bei der Abwasserbehandlung entstehenden Reststoffe und auf die Entwicklung und Einführung innerbetrieblicher Maßnahmen bzw. Verfahren zur Vermeidung oder Verminderung von Abwasser sowie umweltfreundlicher Produktionen hinzuwirken.

Der Gewässerschutzbeauftragte hat auf die Einhaltung von Vorschriften, Bedingungen und Auflagen bezüglich des Gewässerschutzes zu achten und die regelmäßige Kontrolle der Abwasseranlagen durch geeignete Messungen einschließlich der Dokumentation durchzuführen. Festgestellte Mängel und Vorschläge zu deren Beseitigung sind umgehend der Unternehmensleitung mitzuteilen. Darüber hinaus erstattet der Gewässerschutzbeauftragte Bericht über durchgeführte und geplante Maßnahmen im Bereich des Gewässerschutzes.

Im Rahmen seiner Informationspflicht berichtet der Gewässerschutzbeauftragte den Mitarbeitern des Unternehmens über vom Betrieb verursachte Gewässerverschmutzungen und schlägt Maßnahmen vor, wie diese abzustellen sind.

Die im Wasserhaushaltsgesetz enthaltenen Aufgaben des Gewässerschutzbeauftragten können durch die zuständige Behörde genauer definiert, erweitert oder eingeschränkt werden. Es ist deshalb notwendig, nach Bestellung eines Gewässerschutzbeauftragten sich bezüglich dessen Zuständigkeiten mit der entsprechenden Behörde abzustimmen.

9.3.4 Der Abfallbeauftragte

Die Aufgaben, Rechte und Pflichten eines Abfallbeauftragten sind im Abfallgesetz[46] festgelegt. Der Abfallbeauftragte hat die Befugnis und die Pflicht, den Weg der Abfälle von ihrer Entstehung bis zu ihrer Entsorgung zu überwachen und dabei für die Einhaltung der geltenden Gesetze, Verordnungen, Bedingungen und Anordnungen zu sorgen. Um seinen Aufgaben gerecht werden zu können, ist er berechtigt, den Betrieb regelmäßig zu kontrollieren und ist dazu verpflichtet, eventuell aufgedeckte Mängel der Geschäftsleitung zu melden und Vorschläge zur Beseitigung der Mängel zu machen.

Gegenüber den Betriebsangehörigen hat auch er die Pflicht, sie über schädliche Umwelteinwirkungen, die von den Abfällen ausgehen, sowie mögliche Gegenmaßnahmen, aufzuklären.

Der Betriebsbeauftragte für Abfall hat auch dafür zu sorgen, daß umweltfreundliche Verfahren zu Minderung der Abfälle entwickelt oder eingeführt werden, die im Betrieb entstehenden Reststoffe einer ordnungsgemäßen und schadlosen Verwertung unterzogen werden oder, wenn das technisch nicht möglich oder unzumutbar ist, die Abfälle ordnungsgemäß entsorgt werden.

Grundsätzlich hat der Abfallbeauftragte bei Abfallentsorgungsanlagen auf eine Verbesserung des Verfahrens im Hinblick auf die Umwelteinwirkung bzw. auf die verstärkte Verwertung der Reststoffe hinzuwirken.

Wie die anderen Betriebsbeauftragten hat der Abfallbeauftragte der Geschäftsleitung einen jährlichen Statusbericht vorzulegen.

9.3.5 Der Störfallbeauftragte

Der Störfallbeauftragte ist Berater des Unternehmens in Fragen der Anlagensicherheit. Seine Pflichten und Rechte bestehen darin, auf Verbesserungen bei der Sicherheit der Anlagen hinzuwirken und Störungen im bestimmungsgemäßen Betrieb dem Anlagenbetreiber mitzuteilen. Desweiteren obliegt ihm die Überwachung der Einhaltung aller Gesetze, Verordnungen, Auflagen und Bedingungen im Hinblick auf die Verhinderung von Störfällen. Als Konsequenz daraus hat er die Betriebsstätten in regelmäßigen Abständen zu kontrollieren, über festgestellte Mängel der Geschäftsleitung zu berichten und ihr Vorschläge zur Abhilfe zu unterbreiten. Das gilt insbesondere für Mängel beim vorbeugenden und abwehrenden Brandschutz sowie bezüglich der technischen Hilfeleistung.

Neben dem vom Betriebsbeauftragten obligatorischen jährlich anzufertigenden Rechenschaftsbericht an die Geschäftsleitung betreffend der durchgeführten und beabsichtigten Maßnahmen, hat er zusätzlich die ihm bekannt gewordenen Störungen des bestimmungsgemäßen Gebrauch mit Gefährdungspotential für die Allgemeinheit und die Nachbarschaft schriftlich zu dokumentieren und die Aufzeichnungen über einen Zeitraum von fünf Jahren aufzubewahren.

Im Rahmen des Bundesimmissionsschutzgesetzes benötigt ein Störfallbeauftragter einen Hochschulabschluß auf dem Gebiet des Ingenieurwesens, der Physik oder der Chemie, die Teilnahme an einem von der obersten Landesbehörde anerkannten Lehrgang, in dem die vom Gesetzgeber vorgeschriebenen Kenntnisse vermittelt werden, sowie eine mindestens zweijährige praktische Tätigkeit an einer Anlage, die zumindest vergleichbar ist mit der Anlage, für die der Störfallbeauftragte zuständig ist. Ausnahmen bezüglich der Fachkunde können im Einzelfall von der zuständigen Behörde verfügt werden. Auch der Störfallbeauftragte hat regelmäßig an entsprechenden Fortbildungslehrgängen teilzunehmen.

9.3.6 Der Umweltschutzbeauftragte

Einen Umweltschutzbeauftragten im Sinne eines Betriebsbeauftragten hat der Gesetzgeber bislang nicht vorgesehen. Es gibt somit keine Voraussetzung für die Berufung und kein klar umrissenes Aufgabengebiet. In Abb. 9.2 ist der Umweltschutzbeauftragte zwischen Umweltmanager und den Betriebsbeauftragten für Immissionsschutz, Gewässerschutz, Abfall und Störfälle angesiedelt. Zu seinen Aufgaben gehört neben der Koordination der einzelnen Beauftragten die Initiierung und Aufrechterhaltung der Kommunikation der mit dem Umwelt befaßten Personen in den „zwischenhierarchischen Bereichen, also dem Informationsaustausch zwischen Stellen, die aufgrund ihrer Ansiedlung in der Firmenstruktur kaum Kontakt miteinander haben, aufgrund ihrer Tätigkeit im Umweltbereich aber doch am gleichen Strang ziehen sollen. Ein geeignetes Forum für einen solchen Informationsaustausch ist beispielsweise der in Kapitel 8.4.1 beschriebene „Problem-Pool“.

Eine der Hauptaufgaben des Umweltbeauftragten aber ist die Zuarbeit zum Umweltmanager und die Erledigung dessen Tagesgeschäfts. Aus diesem Grund muß seine Qualifikation in den Bereichen Technik, Umweltgesetzgebung, umweltgerechte Beschaffung und Entsorgung und Umwelthaftpflicht ungefähr der des

Umweltmanagers entsprechen. Im Gegensatz zum Umweltmanager hat der Umweltschutzbeauftragte allerdings kein Mitentscheidungsrecht auf Geschäftsführungsebene und, wie die anderen Betriebsbeauftragten auch, keine Weisungsbefugnis.

Wie bereits erwähnt, stellt die hier beschriebene Verteilung der Aufgaben im Umweltschutz auf Umweltmanager, Umweltbeauftragten und die Betriebsbeauftragten für Immissionsschutz, Gewässerschutz, Abfall und Störfälle den Idealfall dar, der nur in entsprechend großen Unternehmen realisiert werden kann. Gängige Praxis in kleinen und mittleren Betrieben, die in der Regel auch nicht alle o.g. Beauftragten benötigen, ist die Übertragung der entsprechenden Aufgaben an Personen, die am ehesten dafür qualifiziert sind und die mit einem relativ geringen Aufwand die notwendige Fachkenntnis bzw. Qualifikation erwerben können. Dieses, durchaus naheliegende Verfahren birgt jedoch die Gefahr, daß Umweltschutz und daraus abgeleitete Maßnahmen nicht mehr objektiv betrachtet oder bewertet werden. Ist beispielsweise der Umweltschutzbeauftragte oder auch der Umweltmanager, deren Aufgaben und Befugnisse nicht im Rahmen eines Gesetzes festgelegt sind, gleichzeitig auch für z.B. die Produktion oder einen Produktionszweig verantwortlich, kann leicht der Fall eintreten, daß seine Vorschläge zur Verbesserung des Umweltschutzes, von ihm selbst in seiner Funktion als Produktionsleiter umgesetzt werden müßten. Hier liegt möglicherweise ein Interessenkonflikt vor. Eine objektive Betrachtung der Sachverhalte unter den gegebenen Bedingungen ist auf jeden Fall sehr schwierig. Die Verzögerung notwendiger oder möglicher Umweltschutzmaßnahmen wirkt sich jedoch für ein Unternehmen mittel- oder langfristig immer negativ aus. Sind im Betrieb keine weiteren Personen mit der entsprechenden „Beurteilungsqualifikation" vorhanden, sollte auf jeden Fall externer Sachverstand zu den Entscheidungsfindungen im Bereich Umweltschutz hinzugezogen werden.

10 Umwelthaftpflicht - ein Argument für das Umweltmanagement-System

In der betrieblichen Praxis können Unfälle, auch solche mit Umweltauswirkungen, nie mit absoluter Sicherheit vermieden werden. Auch ein noch so gutes Umweltmanagement-System kann das Eintreten eines solchen Ereignisses nicht ganz ausschließen. Bei bestimmten Tätigkeiten, insbesondere beim Umgang mit Gefahrstoffen, ist, nicht zuletzt auch wegen des „menschlichen Faktors", ein Restrisiko nicht zu vermeiden.

Lange wurde das Umwelthaftungsrecht vom Gesetzgeber eher vernachlässigt, umfassende gesetzliche Regelungen existierten nicht. Auch wegen der fehlenden gesetzlichen Grundlagen taten sich die Versicherer schwer, eine spezielle Umwelthaftpflichtversicherung anzubieten.

Mit Auftreten der schweren Umweltunfälle wie Seveso, Tschernobyl, Bhopal und Sandoz in den 70er und 80er Jahren wurde deutlich, daß die bis dahin geltenden gesetzlichen Regelungen zur Umwelthaftung nicht mehr zeitgemäß und ausreichend waren. Allein die Katastrophe von Seveso verursachte Kosten in Höhe von über 300 Mio. DM.

Außerdem stieg die Belastung der Versicherungen, da aufgrund strenger werdender Gesetze, Auflagen und Grenzwerte immer mehr Umweltschäden behoben werden mußten. Die Haftpflichtversicherer sahen sich, nach der Verabschiedung des neuen UmweltHG gezwungen, ein neues Umwelthaftpflicht-Modell (UHM) zu entwickeln und einzuführen, um den Betrieben im Rahmen einer Versicherung die Umwelthaftpflicht anbieten zu können.

Vor Einführung des UHM konnte ein Betrieb seine Umweltrisiken nur durch die Kumulierung der Deckung einzelner Standardversicherungen und Zusatzvereinbarungen möglichst umfassend abdecken. Folgende Standardversicherungen standen zur Verfügung[47]:

- Betriebshaftpflichtversicherung
- WHG-Deckung

- Regreßrisiko-Deckung
- Restrisiko-Deckung
- Umweltschaden-Deckung.

Die WHG-, die Regreßrisiko- und die Restrisiko-Deckung beziehen sich ausschließlich auf Gewässerschäden, während sich die Umweltschaden-Deckung auf die Bereiche Luft, Boden, Wasser und Lärm erstreckt. Alle vier Deckungsformen sind als Ergänzung zur Betriebshaftpflichtversicherung angelegt.

Die **Betriebshaftpflichtversicherung** basiert auf den Allgemeinen Versicherungsbedingungen für Haftpflichtversicherungen (AHB). Sie kommt für begründete Schadensersatzansprüche Dritter an den Betrieb oder an Mitarbeiter des Betriebes auf, unbegründete Ansprüche wehrt sie ab. Wie bei allen Haftpflichtversicherungen besteht auch hier eine Reihe von Ausschlüssen, wie beispielsweise Haftpflichtansprüche aus Sachschäden, die durch Abwasser entstanden sind, Haftpflichtansprüche wegen Sachschäden, die eintraten, weil vom Versicherer verlangte Maßnahmen zur Gefahrenabwehr nicht durchgeführt wurden, oder auch Haftpflichtansprüche durch Personen, die den Schadensfall absichtlich herbeigeführt haben.

Die Zusatzbedingungen zur Betriebs- und Berufshaftpflichtversicherung für die Versicherung der Haftpflicht aus Gewässerschäden, kurz **WHG-Deckung**, bestehen aus der Versicherung der Anlagenhaftung bzw. der Versicherung der Abwässeranlagen- und der Einwirkungshaftung. Es sind Haftpflichtansprüche versichert, die sich daraus ergeben, daß Schadstoffe unbeabsichtigt in ein Gewässer gelangen. Schäden, die durch Einbringung oder Einleitung solcher Stoffe entstehen, sind nicht abgedeckt. Vorteil der WHG-Deckung ist die Klausel, daß Schäden an Sachen des Versicherungsnehmers, die durch den nichtbestimmungsgemäßen Austritt wassergefährdender Stoffe aus einer Anlage auch dann versichert sind, wenn der Gewässerschaden nicht eintritt. Schäden an der Anlage selbst bleiben allerdings ausgeschlossen.

In der **Regreßrisiko-Deckung** sind die Zusatzbedingungen für die Versicherung der Haftpflicht aus Gewässerschäden aus der Herstellung, Lieferung, Montage, Instandhaltung und Wartung von Anlagen im Rahmen der Betriebshaftpflichtversicherung zusammengefaßt. Diese Versicherung ist in erster Linie für Anlagenbauer gedacht, deren Anlagen mit wassergefährdenden Stoffen betrieben werden, oder die wassergefährdende Stoffe verarbeiten oder produzieren.

Die **Restrisiko-Deckung** schließlich dient zur Abdeckung der in den drei vorgenannten Deckungsformen nicht erfaßten Gewässerschadenrisiken.

Die **Umweltschaden-Deckung** enthält die besonderen Bedingungen und Risikobeschreibungen für die erweiterte Versicherung von Umweltschäden im Rahmen der Betriebshaftpflichtversicherung. Abgedeckt werden Schäden durch Verunreinigungen oder sonstige nachteilige Veränderungen des Bodens, der Luft oder des Wassers, mit Ausnahme von Gewässern nach WHG sowie Umweltschäden durch Geräusche.

Neben diesen Standardmöglichkeiten der Haftpflichtschadensdeckung im Umweltschutzbereich gibt es noch ein große Anzahl von Spezialdeckungen für Schadensfälle, die nicht in den Standardversicherungen enthalten sind, um den Betrieben einen möglichst lückenlosen Versicherungsschutz gewähren zu können. Allerdings gehen die Versicherer wegen der ständig steigenden Schadensfälle schon seit einigen Jahren dazu über, Beschränkungen im Versicherungsschutz einzuführen, angefangen bei der Begrenzung von Deckungssummen, bis hin zum Ausschluß bestimmter Schadensfälle. Besonders hervorzuheben ist dabei, daß eine Deckung für Altlasten weitgehend ausgeschlossen ist und die Voraussetzung für die Inanspruchnahme von Versicherungsleistungen eine Betriebsstörung ist. In Kauf genommene Umweltschäden durch Freisetzung von Schadstoffen im Normalbetrieb sind fast immer ausgeschlossen.

Zahlreiche Betriebe unterliegen noch dieser alten Form der „Umwelthaftpflichtversicherung". Die Versicherer sind jedoch bestrebt, diese alten Verträge in neue nach dem Umwelthaftpflicht-Modell umzuwandeln. Neue Verträge werden nur noch nach dem UHM abgeschlossen.

10.1 Das neue UmweltHG

Zentraler Punkt des UmweltHG[48,49] ist die Anlagenhaftung. Die von einer Anlage ausgehenden Umwelteinwirkungen sind ausschlaggebend für die Haftung, nicht der Betrieb der Anlage. Bei stillgelegten oder noch im Bau befindlichen Anlagen gilt das UmweltHG unter bestimmten Voraussetzungen ebenfalls. Als Umwelteinwirkungen werden im Gesetz Stoffe, Erschütterungen, Geräusche, Druck, Strahlen, Gase, Dämpfe, Wärme und sonstige Erscheinungen bezeichnet, die sich in Boden, Luft oder Wasser ausbreiten. Der Begriff der Anlage erstreckt sich auf ortsfeste Einrichtungen wie Betriebsstätten und Lager und alle damit in einem räumlichen oder betriebstechnischen Zusammenhang stehenden Maschinen, Geräte, Fahrzeuge oder sonstigen mobilen technischen Einrichtungen. Die betreffenden Anlagen sind im Anhang 1 des UmweltHG detailliert aufgeführt.

Die Haftung im Rahmen des UmweltHG erstreckt sich nicht nur auf Umweltschäden, die durch Störfälle verursacht wurden, sondern auch auf entsprechende Schäden aus dem Normalbetrieb. Für Schäden als Folge höherer Gewalt ist keine Ersatzpflicht vorgesehen. Ebenfalls nicht aufgekommen werden muß für sogenannte Bagatellschäden, genausowenig wurde eine Haftung für immaterielle Schäden vorgesehen.

Ein weiterer wesentlicher Bestandteil des UmweltHG ist die Vermutungsklausel. Diese führt zu einer Umkehr der Beweislast. Während früher ein Geschädigter nachweisen mußte, daß er infolge eines in einer bestimmten Anlage eingetretenen Störfalls geschädigt wurde, so genügt es nach der neuen Gesetzgebung, wenn die prinzipielle Möglichkeit der Schädigung durch die betreffende Anlage vorliegt. Der Betreiber der Anlage muß dann den Beweis führen, daß in seiner Anlage kein Störfall der Art eingetreten ist, der zu Schädigung des Geschädigten geführt haben kann.

Die Vermutungsklausel greift nicht bei bestimmungsgemäßem Betrieb. Dieser kann bei nachgewiesener Einhaltung aller gesetzlichen Vorschriften, Auflagen und Anordnungen ebenfalls vermutet werden. Ein Ausschluß der Vermutung liegt beispielsweise vor, wenn auch ein anderer Umstand den Schaden hätte verursachen können.

Zur Erleichterung der Durchsetzung seiner Schadensersatzansprüche gewährt das UmweltHG dem Geschädigten einen Auskunftsanspruch gegenüber dem Inhaber einer Anlage. Voraussetzung für diesen Anspruch ist auch hier die prinzipielle Möglichkeit, daß der Schaden durch die betreffende Anlage verursacht werden kann. Die Auskunftspflicht des Anlagenbetreibers bleibt beschränkt auf Angaben bezüglich der verwendeten Einrichtungen, der Art und Konzentration der eingesetzten oder freigesetzten Stoffe und der sonst von der Anlage ausgehenden Wirkungen sowie der besonderen Betriebspflichten.

Der Geschädigte hat darüber hinaus auch einen Auskunftsanspruch gegen Behörden, welche die Anlage genehmigt haben oder überwachen oder die Umwelteinflüsse von Anlagen beobachten, soweit dies zum Nachweis eines Anspruches auf Schadensersatz nach dem UmweltHG notwendig ist. Die Behörde ist von ihrer Auskunftspflicht befreit, wenn „berechtigte Interessen", wie beispielsweise Betriebsgeheimnisse, dem entgegenstehen.

Für die Ersatzpflicht bei Personenschäden enthält das UmweltHG detaillierte Regelungen. Im Falle der Tötung müssen alle Kosten, beispielsweise Kosten, die durch eine versuchte Heilung entstanden sind, aber auch Vermögensnachteile und Beerdigungskosten ersetzt werden. War der Getötete einem Dritten gegenüber unterhaltspflichtig oder wäre er es geworden, so hat der Ersatzpflichtige dem Dritten gegenüber den entgangenen Unterhalt zu leisten und zwar in dem Maße, wie der Getötete während der mutmaßlichen Dauer seines Lebens zum Unterhalt verpflichtet gewesen wäre. Bei Körperverletzung sind die Kosten der Heilung sowie mit der Körperverletzung im Zusammenhang stehende Vermögensnachteile zu ersetzen. Liegen beim Geschädigten für die Zukunft eine Aufhebung oder Minderung der Erwerbsfähigkeit oder vermehrte Bedürfnisse infolge der Schädigung vor, so ist eine entsprechende Geldrente zu leisten. Der Haftungshöchstbetrag beträgt bei Personenschäden 160 Mio. DM.

Für Schadensersatzansprüche aus Sachschäden enthält das UmweltHG mit Ausnahme von Wiederherstellungsmaßnahmen keine expliziten Regelungen, weswegen die allgemeinen Regeln des Schadensausgleichs gemäß BGB gelten. Beeinträchtigung von Natur oder Landschaft müssen im Rahmen der Wiederherstellungsmaßnahmen gemäß UmweltHG durch den Schädiger auch dann beseitigt werden, wenn die Wiederherstellungsmaßnahmen den Wert der Sache wesentlich übersteigen. Bei Sachschäden gilt wie bei den Personenschäden ein Höchstbetrag von 160 Mio. DM.

Im UmweltHG ist eine sogenannte Deckungsvorsorge für bestimmte Anlagen vorgeschrieben. Liegt keine Freistellungs- oder Gewährleistungsverpflichtung des Bundes, eines Landes oder eines dazu befugten Kreditinstitutes vor, muß der Inhaber die Deckungsvorsorge durch den Abschluß einer Haftpflichtversicherung erbringen. Von der Deckungsvorsorge betroffene Anlagen sind:

- Anlagen, für die gemäß der Störfall-Verordnung eine Sicherheitsanalyse anzufertigen ist

- bis auf wenige Ausnahmen Anlagen zur Rückgewinnung von einzelnen Bestandteilen aus festen Stoffen durch Verbrennen, soweit die Stoffe nach der Störfall-Verordnung im bestimmungsgemäßen Betrieb vorhanden sein oder bei einer Störung des bestimmungsgemäßen Betriebs entstehen können

- Anlagen zur Herstellung von Zusatzstoffen zu Lacken oder Druckfarben auf der Basis von Cellulosenitrat, dessen Stickstoffgehalt bis zu 12,6 vom Hundert beträgt

Bei fehlender Deckungsvorsorge ist die zuständige Behörde ermächtigt, die Anlage oder Teile davon stillzulegen. Umfang und Höhe der Deckungsvorsorge, sowie die Pflichten des Anlageninhabers und der Versicherung oder Bank, welche die Freistellungs- oder Gewährleistungverpflichtung übernommen hat, gegenüber der Kontrollbehörde, werden durch Rechtsverordnung festgelegt.

Wegen der teilweise sehr tief gehenden Haftungspflichten von Unternehmen bei Umweltschäden ist davon auszugehen, daß in Zukunft Unternehmen verstärkt versuchen werden, ihr Haftpflichtrisiko zu versichern. Das gilt insbesondere für Unternehmen, die Anlagen betreiben, die im Anhang 1 zum UmweltHG genannt werden, d.h., für die Anlagenhaftung bei Umwelteinwirkungen gilt. Aufgrund der Vielfältigkeit dieser Anlagen und aus den bereits in der Einführung genannten Gründen, wurde die Einführung eines neuen Umwelthaftpflichtsystems notwendig.

10.2 Die Umwelthaftpflichtversicherung

Die neu strukturierte Umwelthaftpflichtversicherung[50] wurde mit dem Anspruch entwickelt, den Unternehmen einen maßgeschneiderten Versicherungsschutz bieten zu können und die Umwelthaftpflichtversicherung insgesamt etwas transparenter zu machen. Während die seit den 70er Jahren verkaufte Umweltpolice eine Zusatzversicherung zu Betriebshaftpflichtversicherung war, ist die neue Umwelthaftpflichtversicherung als eigenständige Versicherung angelegt.

Gegenstand der Versicherung ist die gesetzliche Haftpflicht privatrechtlichen Inhalts für Personen- und Sachschäden durch Umwelteinwirkung auf Luft, Boden und Wasser einschließlich Gewässer. Die versicherten Risiken werden mittels der einzelnen Bausteine festgelegt. Eingeschlossen sind Haftpflichtansprüche aus Sachschäden, die durch die allmähliche Einwirkung von Temperatur, Gasen, Dämpfen, Feuchtigkeit, sowie Niederschlägen wie Rauch, Ruß, Staub etc. entstehen. Versichert sind auch gesetzliche Vertreter des Versicherungsnehmers oder aufsichtführende Personen im Betrieb sowie alle übrigen Betriebsangehörigen für Schäden, die sie in Ausführung ihrer Pflichten verursachen. Ebenfalls versichert sind Vermögensschäden infolge der Verletzung von Aneignungsrechten, des Rechtes am eingerichteten Gewerbebetrieb sowie von wasserrechtlichen Benutzungsrechten oder -befugnissen. Sie erhalten den Status eines Sachschadens. Haftpflichtansprüche aus Personenschäden infolge eines Arbeitsunfalles sind dagegen ausdrücklich ausgeschlossen.

Das neue Umwelthaftpflicht-Modell besteht aus 7 Bausteinen, die unterschiedliche Risiken abdecken:

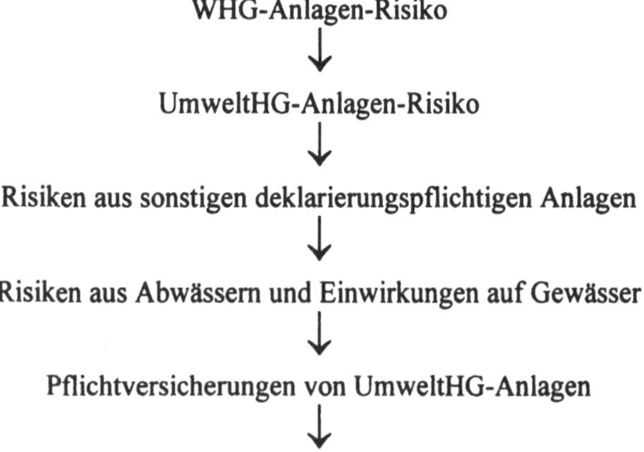

Anlagenregreß-Deckung

↓

Allgemeines Umweltrisiko = Basisdeckung

Die einzelnen Bausteine basieren im wesentlichen auf den bereits bestehenden Deckungen nach dem WHG und dem neuen UmweltHG. Versichert nach dem UH-Modell sind ausdrücklich nur die im Versicherungsschein aufgeführten Risiken.

Die Versicherung des **WHG-Anlagen-Risikos** umfaßt Anlagen zur Herstellung, Verarbeitung, Lagerung, Beförderung oder Wegleitung wasserschädlicher Stoffe. Ausgenommen sind Abwasseranlagen, Schäden durch Abwässer und alle vorgenannten Anlagen, die gleichzeitig in den Anhängen des UmweltHG aufgeführt sind. Baustein 1 ist auch vorgesehen zur Absicherung von Schäden, die dadurch entstehen, daß wassergefährdende Stoffe aus einer Anlage über das Abwasser in ein Gewässer gelangen.

Mit Baustein 2, dem **UmweltHG-Anlagen-Risiko**, werden Schäden versichert, die durch Anlagen verursacht werden, die im Anhang 1 des UmweltHG genannt sind. Ausgenommen sind Abwasseranlagen, Einwirkungen auf Gewässer und Schäden durch Abwässer.

Unter die **Risiken aus sonstigen deklarationspflichtigen Anlagen** fallen Schäden durch Anlagen, die nicht durch das WHG oder das UmweltHG erfaßt sind und einer Genehmigungs- oder Anzeigepflicht unterliegen. Mit Baustein 3 können beispielsweise Anlagen versichert werden, die zwar in Anhang 1 des UmweltHG aufgeführt sind, die dort genannte Mengenschwelle aber nicht erreichen. Abwasseranlagen, Einwirkungen auf Gewässer sowie Schäden durch Abwässer sind auch hier ausgeschlossen.

Mittels Baustein 4, **Risiken aus Abwässern und Einwirkungen auf Gewässer**, lassen sich nun Schäden versichern, die verursacht wurden durch Abwasseranlagen oder durch das Einbringen oder Einleiten von Stoffen in Gewässer oder durch Einwirkungen, welche die physikalische, chemische oder biologische Beschaffenheit des Wassers ändern.

Der mit dem UmweltHG eingeführten Deckungsvorsorgepflicht wird mit Baustein 5, **der Pflichtversicherung von UmweltHG-Anlagen**, Rechnung getragen. Die von der Deckungsvorsorgepflicht betroffenen Anlagen sind in Kapitel 10.1 aufgeführt. Kann die Deckungsvorsorge nicht durch andere Maßnahmen erbracht werden, schreibt der Gesetzgeber den Abschluß einer entsprechenden Haftpflichtversicherung zwingend vor.

Unter die **Anlagenregreß-Deckung** fallen Umwelteinwirkungen, die von Anlagen oder Anlagenteilen ausgehen, die durch den Versicherungsnehmer geplant, hergestellt, geliefert, montiert, demontiert, instandgehalten oder gewartet wurden und von denen der Versicherte nicht selbst Inhaber ist. Wegen dieser Konstellation ist Baustein 6 nicht als anlagenbezogen zu betrachten, er gehört vielmehr in den Bereich der Umweltprodukt-Risiken. Schäden durch Abwässer sind in der Anlagenregreß-Deckung mitversichert.

Baustein 7 schließlich, die sogenannte **Basisdeckung,** dient zur Abdeckung des allgemeinen Umweltrisikos. Auch dieser Baustein ist nicht anlagenbezogen sondern deckt die Umweltrisiken ab, die nicht von einer Anlage oder einer Tätigkeit ausgehen. Typisches Beispiel hierfür sind Umweltschäden, die durch einen Brand entstehen. Ausgeschlossen von der Basisdeckung sind grundsätzlich alle Risiken, die unter die Risikobausteine 1-6 fallen, auch wenn diese nicht abgeschlossen wurden.

Benötigt ein Versicherungsnehmer zur Abdeckung seines Umweltrisikos nur die Basisdeckung, so wird diese nicht, wie die übrigen sechs Bausteine, in Form einer eigenständigen Umwelthaftpflichtversicherung abgeschlossen, sondern als Erweiterung der Betriebshaftpflichtversicherung. Die Kombination der Basisdeckung mit einem weiteren Baustein führt dann in jedem Fall zu einer eigenständigen Umwelthaftpflichtversicherung.

Das neue UH-Modell birgt neben Vorteilen natürlich auch einige empfindliche Nachteile für den Versicherungsnehmer. Zahlreiche Schadensfälle sind nach dem neuen UH-Modell nicht mehr versicherbar. Besonders schmerzlich für die Unternehmen dürfte der Ausschluß von Klecker-, Eigen- oder Altschäden sein, da die überwiegende Mehrzahl dieser Schäden ausschließlich das eigene Betriebsgelände betrifft. Darüber hinaus werden Umweltschäden, die durch den Normalbetrieb einer Anlage in Kauf genommen werden, nicht mehr ersetzt, es sei denn, der Inhaber der Anlage konnte nach dem Stand der Technik die Möglichkeit eines solchen Schadeneintritts nicht vorhersehen. Ausgeschlossen sind selbstverständlich auch vor Vertragsbeginn eingetretene Schäden. Auch ein bewußter Verstoß gegen Gesetze, Verordnungen, behördliche Auflagen oder Anordnungen im Bereich des Umweltschutzes führt zum Wegfall des Versicherungsschutzes, das gleiche gilt bei unterlassenen Kontrollen, Inspektionen, Wartungen oder notwendigen Reparaturen an einer Anlage oder deren unsachgemäßen Gebrauch. Schäden, die aus dem Eigentum oder Betrieb von Abfallentsorgungsanlagen entstehen oder Schäden aus erzeugten oder gelieferten Abfällen sind nicht versicherbar.

Das neue UH-Modell stößt infolgedessen bei den Betroffenen nicht immer auf große Gegenliebe. Anläßlich einer Informationsveranstaltung zur Einführung des neuen UH-Modells kommentierte ein Anlagenbetreiber die Ausführungen der Vertreter der Versicherungen mit den Worten: „Versichert werde ich nur, wenn ich den Eintritt eines Schadenfalles 100%ig ausschließe, aber wozu brauche ich dann noch eine Versicherung?".

Auf den Widerstand der betroffenen Unternehmen stößt auch die Tatsache, daß der Versicherer vor Abschluß einer Versicherung auf den Einbau von Sicherheitseinrichtungen bestehen und eine Dokumentation der Überwachung der zu versichernden Anlage verlangen kann.

Die Unterschiedlichkeit der Anlagen und deren Einsatz führt nach Einführung des UHM vermehrt zu schwierigen Verhandlungen zwischen Betreiber und Versicherer bezüglich des Gefährdungspotentials und damit der Höhe der Versicherungsprämie. Unternehmen, die über ein konsequent durchgeführtes Umweltmanagement-System oder ein Öko-Audit verfügen, sind in solchen Verhandlungen von vornherein in einer besseren Position. Sie können nachweisen, daß sich die Anlagen auf dem Stand der Technik befinden und verfügen bereits über die vom Versicherer geforderten Daten zur Abschätzung des Gefährdungspotentiales oder die Instrumentarien zu deren Erstellung. Einige Versicherer denken bereits darüber nach, Unternehmen mit Umweltmanagement-Systemen automatisch Rabatte auf die Versicherungsprämien zu gewähren.

Doch zunächst einmal sollten die gesetzlichen Auflagen und die Prämienpolitik der Versicherer nicht nur als Kostentreiber gesehen werden. Sie bewirken in hohem Maße auch Prävention vor Umweltverschmutzung und vielleicht können dadurch Unfälle wie Seveso, Bhopal und Tschernobyl in Zukunft verhindert werden. Hinter diesen Namen verbergen sich nicht nur horrend hohe Kosten sondern tausendfacher Tod von Menschen, irreparable Gesundheitschäden sowie unabsehbare und unbeherrschbare Umweltverschmutzungen.

11 Umweltmarketing

Das Umweltmarketing gewinnt aufgrund eines veränderten Umweltbewußtseins und damit veränderten Kaufverhaltens beim Konsumenten mehr und mehr an Bedeutung. Während derzeit noch der Schwerpunkt auf der Bewerbung einzelner Produkte als umweltfreundlich liegt, beispielsweise durch Kennzeichnung mit dem Umweltengel, vollzieht sich bei den Unternehmen eine Wandlung hin zu einer umweltfreundlichen Darstellung des gesamten Unternehmens und nicht nur einzelner Produkte. Impulsgeber hierzu war letzten Endes der Gesetzgeber, der auf Europaebene das Öko-Audit ins Leben rief, das jetzt auch in der Bundesrepublik in nationales Recht umgewandelt wurde. Einer der wesentlichen Bestandteile des Öko-Audits ist die Herausgabe einer sogenannten Umwelterklärung, in der die Öffentlichkeit über die Aktivitäten des Unternehmens im Umweltbereich informiert. Diese Offenlegung, der zunächst weite Teile der Industrie kritisch gegenüberstanden, erkannten bald einige Marketing-Spezialisten als Chance zur Entwicklung völlig neuer Marketingstrategien und somit einer wesentlichen Aufwertung des Umweltmarketings, das hinter anderen Marketingstrategien, wie beispielsweise der Verbindung von Produkten mit Sport, weit hintenansteht. Durch ein umweltfreundliches Image eines gesamten Unternehmens kann der Unternehmensname vermarktet werden und nicht nur der einzelner Produkte.

11.1 Ausgangssituation für das Umweltmarketing

In repräsentativen Umfragen unter Konsumenten ist Umweltschutz ein wichtiges Thema, für das etwas getan werden muß. Interessant sind dabei die Ergebnisse einer von B.A.U.M in[51] veröffentlichten Umfrage, wer Umweltschutz betreiben muß (Abb. 11.1). Dabei fällt auf, daß alle möglichen Institutionen und Verbände bis hin zur Kirche genannt werden, die Aussage „ich selbst" aber nicht zu finden ist. Hier zeigt sich die eigentliche Problematik des Umweltmarketings: Jeder weiß, daß etwas getan werden muß, aber unterschwellig denkt doch fast jeder, die anderen seien zuständig. Dafür gibt es zahlreiche Gründe, auf die im Rahmen einer Umweltmarktingstrategie eingegangen werden muß. Der Hauptgrund dürfte

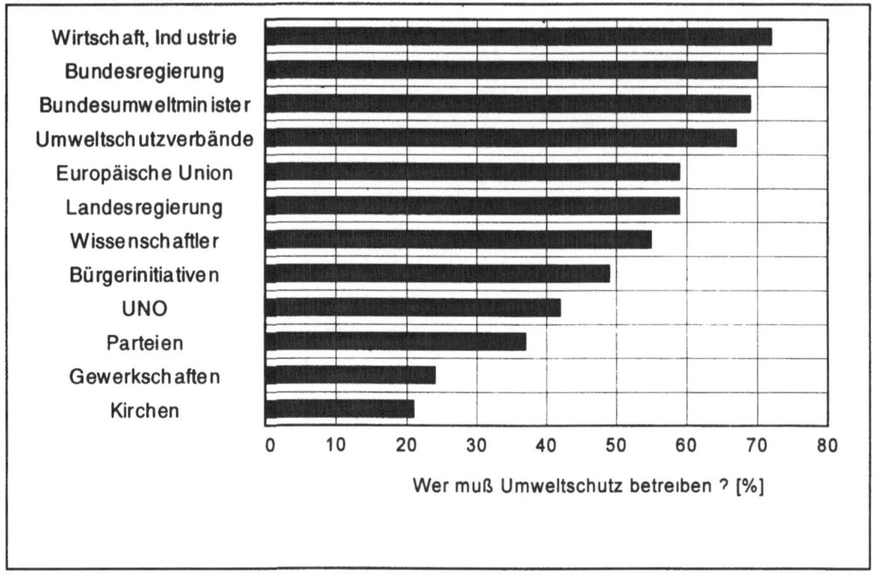

Abb. 11.1. Umfrageergebnis „Wer muß etwas für den Umweltschutz tun ?"

die oftmals fehlende direkte Betroffenheit durch, beziehungsweise der fehlende Bezug zu Umweltschäden sein. Tote Fische im Wasser sind ein schrecklicher Anblick im Fernsehen, aber Assoziationen zu irgendeiner Form der persönlichen Schuld durch umweltschädigendes Verhalten sind nur sehr schwer herzustellen. Es ist deswegen auch kaum einzusehen, sein persönliches Verhalten zu ändern. Liegt allerdings auch nur sozusagen eine „Quasibetroffenheit" vor, wird umgehend und massiv reagiert. Ein Beispiel dafür ist das Ozonloch: lange wurde davor gewarnt, doch erst als die Hautkrebsrate stieg und der Grund dafür nachweislich im ständig fortschreitenden Ozonabbau lag, wurde gehandelt. Jeder fühlte sich gefährdet, aufgrund des Käuferverhaltens verschwanden FCKW-haltige Produkte wie Haarsprays, Schaumstoffe etc., vom Markt. Oftmals waren mit den Ersatzstoffen des FCKW's eine Preiserhöhung oder Komfortnachteile verbunden, diese wurden jedoch vom Großteil der Konsumenten akzeptiert.

Die Widersprüchlichkeit beim Konsumenten läßt sich auch anhand von Umfrageergebnissen[52] belegen. Zwar würde mit fast 80% der Befragten die große Mehrheit umweltfreundliche Produkte eher kaufen, es fehlt jedoch bei annähernd der Hälfte die Bereitschaft, für solche Produkte einen Mehrpreis in Kauf zu nehmen. Bei den Befragten, die sich bereiterklären, für umweltfreundliche Produkte tiefer in die Tasche zu greifen, endet diese Bereitschaft dann bereits bei 10% Mehrpreis. Nur eine kleine Minderheit ist bereit, noch mehr auszugeben.

Obwohl die Umfrage zunächst einmal zeigt, daß sich der Einzelne nicht in der

Pflicht sieht, verlangt der Konsument doch eindeutig vom Produzierenden Gewerbe, etwas für den Umweltschutz zu tun. Hierin liegt ein Ansatz für das Umweltmarketing. Der Konsument hat einen gewissen Erwartungshorizont, was das Umweltverhalten eines Produktionsbetriebes angeht. In den allermeisten Fällen tut das Unternehmen auch etwas für den Umweltschutz, vielleicht nicht nur, weil der Käufer es verlangt, sondern weil gesetzliche Auflagen erfüllt werden müssen, aber es wird etwas getan, was primär der Umwelt, und letztendlich auch dem Konsumenten zugute kommt. Unverständlicherweise gibt es kaum ein Unternehmen, das diesen Sachverhalt im Rahmen seines Marketings, beziehungsweise seiner Imagebildung, dem Konsumenten vermittelt. Hier liegt eindeutig ein Marketingpotenial brach. Vielleicht liegt das daran, daß immer noch vorwiegend mit der Umweltfreundlichkeit des Produktes geworben wird. Eine hochmoderne Kläranlage, mit der das Unternehmen mit großem Aufwand Gewässerschutz betreibt, paßt nun zugegebenermaßen auch kaum in eine Werbekampagne für beispielsweise ein umweltfreundliches Haushaltsgerät. Es sollte jedoch darüber nachgedacht werden, ob hier nicht die Umstellung der gesamten, auf Produkte bezogenen Marketingstrategien hin zu einem umweltfreundlichen Image des Gesamtbetriebes als Marketingargument für die gesamte Produktpalette vorgenommen werden sollte. Den Weg in diese Richtung weisen bereits Umweltmanagementsysteme und das Öko-Audit, quasi die Qualitätssicherung im Umweltbereich.

Eine Umweltmarketingstrategie birgt zahlreiche Chancen, aber auch Risiken für ein Unternehmen[53]. Zu den Chancen zählen die Verbesserung des Firmenimages, die Erschließung neuer Märkte, das Eindringen in neue Kundensegmente. Daraus ergeben sich Wettbewerbsvorteile, die zu einer Gewinn- beziehungsweise Rentabilitätsverbesserung führen und damit zur Unternehmenssicherung beitragen. Das wiederum begünstigt eine ökologische Produktinnovation sowie die Motivation der Mitarbeiter.

Auf der Risikenseite sind zunächst einmal mögliche Kostenerhöhungen, damit nötige Preiserhöhungen und dadurch bedingt eine zurückgehende Nachfrage und Marktanteilsverluste zu nennen. Auch fehlende Reife von Umweltschutztechniken, unternehmensinterne Widerstände sowie mangelnde Wettbewerbsmöglichkeiten zählen zu den möglichen Risiken eines Umweltmarketings, das beim Eintreten eines oder mehrerer der genannten Faktoren sich in sein Gegenteil umkehrt und letztendlich zu einer sinkenden Wettbewerbsfähigkeit führt.

Chancen wie Risiken müssen in die zu treffenden marketingpolitischen Entscheidungen eingehen, von denen vor allem die Produktion, die Kontrahierung, die Kommunikation sowie die Distribution im Unternehmen betroffen sind. Die Entscheidung für die Einführung eines Umweltmarketings bedeutet für die Produktion die Substitution knapper Rohstoffe, die Einführung ökologischer Produktionsverfahren, die Eliminierung umweltschädlicher Produkte und schließlich die Einbeziehung ökologischer Aspekte in die Produktinnovation mit dem Ziel einer ökologischen Produktverbesserung. Eine umweltgerechte Verpackung der Produkte ist obligatorisch.

In den Bereich der Kontrahierung fällt eine durchzuführende ökologische Preisdifferenzierung, eine Mischkalkulation zugunsten umweltfreundlicher Produkte sowie die Berücksichtigung von Entsorgungskosten und Umweltbelastung im Preis. Dabei darf natürlich nicht die Preispolitik der Konkurrenz außer Acht gelassen werden.

Die Kommunikation mit dem Kunden oder dem Verbraucher muß der Umweltmarketingstrategie angepaßt werden. Dazu gehören eine Werbung mit ökologischen Inhalten sowie sachliche Informationen über umweltfreundliche Produkte. Ziel ist letzten Endes die Vermittlung eines umweltfreundlichen Images des Unternehmens.

Der Vertrieb ist nicht immer unter ökologischen Aspekten optimal gestaltet. Ein durchrationalisiertes Logistikkonzept, eine funktionierende Retrodistribution existieren häufig nicht und die Außendienstmitarbeiter, die das neue Image nach außen tragen, sind meist auch nicht genügend auf die Auseinandersetzung mit Umweltthemen vorbereitet.

11.2 Voraussetzungen für erfolgreiches Umweltmarketing

Grundvoraussetzung für ein erfolgreiches Umweltmarketing und ein positives Umweltimage ist die Glaubwürdigkeit eines Unternehmens im Umweltschutz. Im Zuge des immer umfassender werdenden Wissens des kritischen Verbrauchers reicht es heute nicht mehr aus, umweltfreundliche Produkte auf den Markt zu bringen. Längst weiß der interessierte Konsument, daß ein umweltfreundliches Produkt nicht automatisch auch eine umweltfreundliche Produktion bedeutet. Es ist deshalb heute notwendig, ganzheitlichen Umweltschutz im Unternehmen zu praktizieren und damit ein positives Umweltimage für das Unternehmen aufzubauen. Werden in einem Unternehmen alle Bereiche in den Umweltschutz mit einbezogen, so ist es letzendlich notwendig, ein dafür geeignetes Instrumentarium wie beispielsweise ein Umweltmanagement-System einzuführen. Ein kompetentes Umweltmanagement gibt dem Unternehmen selbst die Sicherheit, in allen Bereichen des Umweltschutzes glaubwürdig zu sein.

Das positive Umweltimage eines Unternehmens steht im Spannungsfeld vieler Einflußfaktoren (Abb. 11.2). Für den Verbraucher ist primär die Umweltfreundlichkeit des von ihm erworbenen Produktes wichtig. Paradebeispiele hierfür sind die FCKW. Ein FCKW-haltiges Produkt, beispielsweise ein Haarspray, ist heute nicht mehr am Markt plazierbar. Produkte, die giftige Bestandteile (z.B. Farben auf Schwermetallbasis), oder giftige Zusätze enthalten, werden ebenfalls gemieden, wobei hier der Umweltschutzgedanke neben der Gesundheitsgefährdung ins Feld geführt wird. In diesem Fall besteht im übrigen ein Zusammenhang zwischen dem Prädikat "umweltfreundlich" und nicht gesundheitsgefährdend. Viele umweltschädliche Produkte sind überdies auch gesundheitsgefährdend.

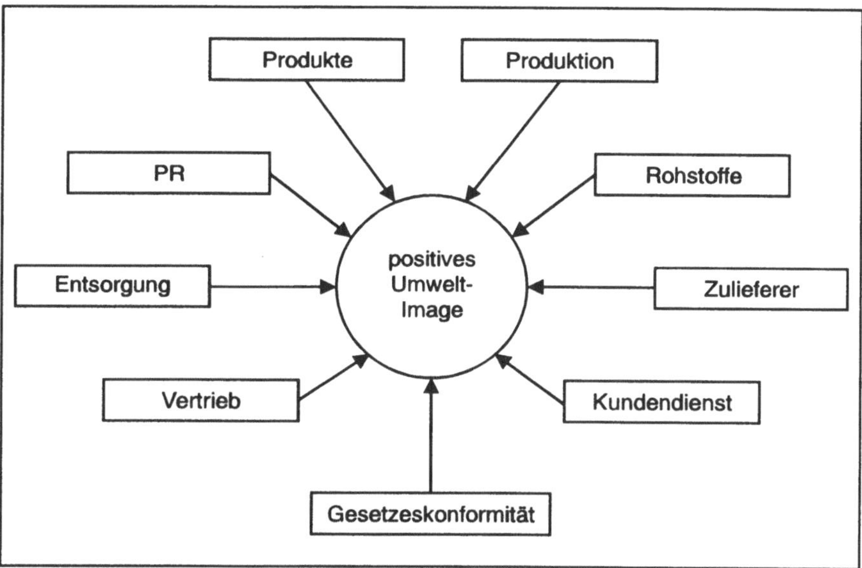

Abb. 11.2. Einflußfaktoren auf den Umweltschutz

Ebenfalls von hoher Relevanz für den Verbraucher ist die Entsorgung der Verpackung nach dem Kauf sowie die Entsorgung der Produkte nach dem Gebrauch. Nach Einführung des dualen Systems verlangt die überwiegende Mehrheit der Verbraucher, daß zunächst einmal Verpackung und später auch das Produkt umweltfreundlich entsorgt werden oder im Wertstoffkreislauf verbleiben kann, dafür hat er schließlich in Form von Gebühren bezahlt.

Direkten Kontakt zum Verbraucher hat auch der Kundendienst. Deshalb ist es notwendig, daß Reparatur- oder Wartungsarbeiten umweltschonend durchgeführt werden, und daß mit umweltschädigenden Stoffen entsprechend umgegangen wird und sie richtig entsorgt werden. Auch ein in Umweltfragen geschultes Personal, das Umweltfragen zum Produkt beantwortet und darüber hinaus beratend tätig werden kann, verbessert das Umweltimage eines Unternehmens.

Neben diesen den Verbraucher direkt betreffenden Faktoren fließen noch weitere Faktoren in das Umweltimage ein. Nicht nur die Produkte selber, sondern auch die Produktion muß so wenig umweltschädigend wie möglich gestaltet sein. Emissionen aller Art müssen durch Sekundär- oder prozeßintegrierte Maßnahmen so weit technisch und ökonomisch möglich gesenkt werden. Auf eine umweltgerechte Entsorgung bzw. Recycling der Produktionsabfälle ist zu achten. Die Einhaltung der geltenden Gesetze ist obligatorisch.

Eine umweltgerechte Produktion erfordert auch umweltfreundliche Rohstoffe. Ziel ist eine Minimierung der Ressourcenausbeute und wo möglich das Ausweichen auf erneuerbare Rohstoffe sowie Wiederverwertung von Altstoffen.

Auch die Zulieferer müssen in ein positives Umweltimage integriert werden, was bedeutet, daß dort im Umweltschutz das gleiche Niveau wie im belieferten Unternehmen gelten muß.

Der Vertrieb muß ebenfalls unter ökologischen Aspekten organisiert werden. Hauptaugenmerk liegt hierbei auf einer Verbesserung der Logistik, was nicht nur zu einem umweltfreundlicheren Vertrieb, sondern häufig auch mittelfristig zu Kosteneinsparungen durch den Einsatz von Fahrzeugen mit niedrigerem Treibstoffverbrauch oder optimierten Auslieferungsrouten führt.

Aufgabe der Public Relation (PR) ist es schließlich, dem Konsumenten all diese Anstrengungen des Unternehmens im Umweltschutz zu vermitteln und damit ein positives Umweltimage zu erzeugen. Dabei ist darauf zu achten, daß die PR dazu Mittel einsetzt, die einer ökologischen Prüfung standhalten.

Ein Umweltmarketing ist nur dann sinnvoll, wenn das postive Umweltimage in sich konsequent und an keiner Stelle angreifbar ist. Andernfalls droht das „ins Leere laufen" der Umweltmarketingkampagne und damit ein hoher wirtschaftlicher Schaden. Steht die Glaubwürdigkeit eines Unternehmens erst einmal im Umweltbereich zur Disposition, so droht auch ein Verlust der Glaubwürdigkeit in anderen Bereichen, wie beispielsweise der Qualität, was letztendlich den Fortbestand eines Unternehmens gefährden kann.

Unter den derzeit gegebenen gesellschaftlichen Bedingungen ist es in kaum einem Bereich möglich, alle Konsumenten mit dem Umweltargument zu erreichen. Am Beginn der Entwicklung einer Umweltmarketingstrategie steht deshalb die Ermittlung des Marktsegmentes für das zu vermarktende Produkt. Das gilt besonders für Produkte, die aufgrund ihrer besseren Umweltverträglichkeit im Vergleich zu Konkurrenzprodukten in Herstellung, Gebrauch oder Entsorgung teurer, schwerer handhabbar, optisch nicht so ansprechend und/oder qualitativ minderwertig sind. Je stärker die vorgenannten Faktoren greifen, desto kleiner wird das zu erwartende Marktsegment sein. Hier liegt allerdings eine Wechselwirkung zwischen objektiver Marktchance und Vermarktung vor, die schwer einschätzbar ist. Die Marktchance und damit die Größe des Marktsegments hängt nämlich zu einem guten Teil von der Vermarktung selbst ab und nicht nur von den Eigenschaften des Produktes. Die Vergangenheit hat mehr als einmal gezeigt, daß mit einer guten Marketingstrategie auch Märkte geschaffen werden können.

Vertreibt ein Unternehmen seine Produkte über den Handel und nicht in eigenen Niederlassungen, so muß der Handelspartner in die Umweltmarketing-Strategie eingebunden werden. Gerade im Handel treten aber spezifische Barrieren auf, die ein Umweltmarketingkonzept durchaus zu Fall bringen können. Bei den am häufigsten auftretenden Barrieren handelt es sich um folgende[54]:

- Personalmotivation fehlt
- Marktforschungsinformationen fehlen
- Verunsicherung der Kunden
- „Umweltwissen" des Personals zu gering
- Umwelt-Preisbereitschaft zu gering
- Umwelt-Segment zu gering
- Entsorgungssystem fehlt

Im Vorfeld des Starts einer Umweltmarketingkampagne müssen diese Barrieren ausgeräumt werden. Sind die Produkte eines Unternehmens bisher über mehrere Handelsketten gestreut, empfiehlt es sich im Rahmen der Marktanalyse die einzelnen Kundengruppen im Hinblick auf ihr Umweltverhalten und ihre Zahlungsbereitschaft für Umweltschutz zu durchleuchten und die umweltfreundlichen Produkte dann auch nur in den entsprechenden Handelsunternehmen zu plazieren. Eventuell macht es auch Sinn, für die umweltfreundlichen Produkte neue Vertriebswege zu beschreiten und vielleicht mit Einzelhändlern zusammenzuarbeiten, die bereits ein positives Umweltimage besitzen, um auf diesem Wege einen leichteren Einstieg in den Umweltmarkt zu bekommen.

11.3 Instrumentarien zur Verkaufsförderung im Rahmen eines Umweltmarketings

Auch das Umweltmarketing orientiert sich an den Gesetzen des Marktes. Die zur Verfügung stehenden Werbemöglichkeiten sind ähnlich denen anderer Marketingstrategien. Das eigentliche Problem des Umweltmarketing ist der verbrauchergerechte Transport der Message „Umweltschutz". Dafür muß, und hier unterscheidet sich Umweltmarketing von den meisten anderen Marketingstrategien, zunächst einmal die Überzeugungsarbeit geleistet werden, daß

- etwas für die Umwelt getan werden muß
- jeder von der Umweltverschmutzung betroffen ist
- jeder etwas zur Umweltverschmutzung beiträgt
- jeder einzelne etwas gegen die Umweltverschmutzung tun kann.

Ziel ist das Erzeugen einer Betroffenheit. Es muß vermittelt werden, daß Umweltschutz Bestandteil der sozialen Verantwortung ist, die jeder in unserer Gesellschaft trägt und dies beispielsweise in den Bereichen der Kranken-, Renten- und Arbeitslosenversicherungssysteme auch ohne weiteres tut.

Wesentlich ist die Vermittlung des Bewußtseins „Jeder kann etwas für die Umwelt tun", jetzt gleich und zwar durch den Kauf eines bestimmten Produktes. Das muß allerdings auch der Wahrheit entsprechen, der Verbraucher ist kritisch und prüft nach, ein gutes Marketingkonzept muß hier vor allem greifen. Der Konsument hat zunächst einmal keine objektiven Kriterien zur Beurteilung der Umweltverträglichkeit eines Produktes. Daraus ergibt sich für das Marketing die Aufgabe der Vermittlung von auch für den Laien nachvollziehbaren Informationen in Zahlen und Fakten als vertrauensbildende Maßnahme. Gerade im Umweltschutz hat es sich gezeigt, daß vom Verbraucher eine objektive Information erwünscht wird. Eine nur auf Emotionen ausgelegte Werbung, wie zum Beispiel für Produkte, die der Verbesserung des Lebensgefühles dienen, läuft hier auf längere Sicht betrachtet ins Leere.

Für die Vermarktung eines umweltfreundlichen Pruduktes steht eine Vielzahl von Instrumentarien zur Verfügung (Abb. 11.3), die sich oftmals ergänzen. Wichtig ist auch hier, daß keine Widersprüche auftreten, daß das Marketingkonzept in sich schlüssig ist. Der Konsument darf auf keinen Fall und zu keinem Zeitpunkt in irgendeiner Weise verunsichert werden. Hauptaufgabe der Werbeaktionen ist es, eventuell vorhandenes Mißtrauen, Verunsicherungen oder Zweifel abzubauen.

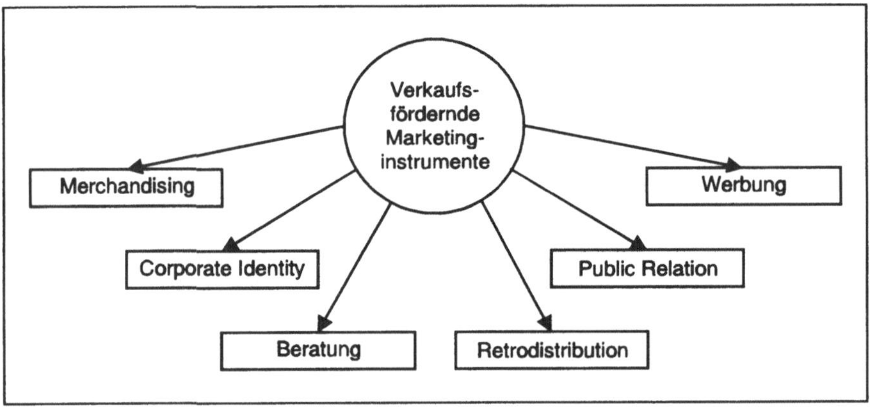

Abb. 11.3. Verkaufsfördernde Maßnahmen im Umweltmarketing

Das Umweltmarketingkonzept muß dem Verbraucher das umweltgerechte Verhalten leicht machen, das bedeutet die Schaffung von für den Verbraucher wahrnehmbaren Vorteilen, zumindest gegenüber alternativen umweltfreundlichen

Produkten.

Guter Kontakt zum Handel bedeutet für den Hersteller auch guten Kontakt zum Konsumenten. Ein schlüssiges **Merchandising** ist deshalb unabdingbar für die erfolgreiche Plazierung eines Produktes am Markt. Die Intensität des Merchandisings ist dabei von verschiedenen Faktoren, wie Produktart, angestrebte Verkaufszahlen, angepeilte Zielgruppe etc., abhängig, wird aber aufgrund des Verkaufsargumentes „Umweltschutz" und den damit verbundenen spezifischen Besonderheiten immer etwas intensiver ausfallen müssen als bei einer Verkaufskampagne, die mit traditionellen Argumenten arbeitet. Insbesondere die Schulung des Verkaufspersonals spielt eine große Rolle, da hier oft erst die notwendige Sensiblität für das Thema Umwelt und natürlich auch der notwendige fachliche Hintergrund geschaffen werden muß. Eminent wichtig für die Intensivierung des Absatzes ist auch die Produktdarbietung. Wann immer möglich sollte die Präsentation der Produkte im Einzelhandel selbst übernommen werden. Dadurch hat der Hersteller die Möglichkeit, seine Produkte, wo auch immer, einheitlich zu präsentieren und damit ein Corporate Design nicht nur beim Produkt selbst, sonden auch bei dessen Präsentation einzusetzen.

Die **Corporate Identity (CI)**, das nach innen und außen kommunizierte Erscheinungsbild eines Unternehmen, der Transport der Firmenphilosophie und -kultur zum Konsumenten ist ein wesentlicher Bestandteil der Schaffung von Vertrauen und Glaubwürdigkeit beim Konsumenten. Das im Rahmen der Unternehmensstrategie angestrebte Umweltimage ist erkennbar durch ein in sich schlüssiges und konsequentes Verhalten des gesamten Unternehmens und dessen Mitarbeiter. Auch die Kommunikationsstrategien, mit denen die CI vermittelt wird, ist Bestandteil derselben und muß denselben Bewertungskriterien standhalten.

Die **Beratung** des Kunden über die im Rahmen vom Merchandising getätigte Verkaufsberatung hinaus ist ein weiteres geeignetes Mittel zur Verkaufsförderung, aber mehr noch zur Kundenbindung. So treten beispielsweise auch bei umweltfreundlich produzierten Geräten des täglichen Gebrauchs häufig Schwierigkeiten bei der Bedienung auf. Die Einrichtung einer „0130-Hot-Line", wo der Kunde sich telefonisch kostenlos Rat einholen und in vielen Fällen sein Problem lösen kann, bietet sich hier an. Das spart dem Kunden nicht nur Zeit und Geld, darüber hinaus werden auch Anfahrten des Kundendienstes zum Kunden oder umgekehrt vom Kunden zum Service-Center vermieden und damit Ressourcen und Umwelt geschont.

Die Entsorgung, beziehungsweise das Recycling oder die Recyclingquote eines Produktes nach dem Gebrauch, ist für den Verbraucher zum Kaufargument geworden, weil es für ihn nicht einsichtig ist, für eine Entsorgung oder Verwertung dann nochmal zur Kasse gebeten zur werden. Ein Unternehmen, das über ein entsprechendes, umweltfreundliches Retrodistributionssystem verfügt, hat hier sicherlich Marktvorteile.

Jedes noch so gute Verkaufsargument greift nur, wenn es durch eine entsprechende **Public Relation (PR)** vermittelt wird. Die PR zielt dabei nicht nur auf den Konsumenten, sondern auf alle Gruppen der gesellschaftlichen Öffentlichkeit, wie Interessenverbände, Institutionen, Staat, Lieferanten, Aktionäre, Gesellschafter etc.. Ziel der PR ist es, öffentliches Vertrauen und Verständnis zu gewinnen. Die PR kann deswegen auch als Kommunikationsinstrument der Corporate Identity verstanden werden. Das gesamte Aufgabengebiet der PR ist allerdings umfangreicher und umfaßt die

- Informationsfunktion
- Kontaktfunktion
- Führungsfunktion
- Imagepflege
- Harmonisierungsfunktion
- Absatzfunktion
- Stabilisierungsfunktion
- Kontinuitätsfunktion.

Fast alle dieser Funktionen haben auch Berührungspunkte mit der Umweltstrategie des Unternehmens. Die Definition und der Umfang dieser Berührungspunkte sowie die Wechselwirkungen mit anderen Unternehmenszielen erfordern ein Instrumentarium, das diese festlegt. Geeignet dafür ist beispielsweise ein Umweltmanagement-System, in dem ohnehin die Wechselwirkungen zwischen Ökologie und Ökonomie abgestimmt werden und das auf Öffentlichkeitsarbeit ausgelegt ist.

Die **Werbung** schließlich ist das direkteste Mittel der Verkaufsförderung. Sie ist zwar Bestandteil von Merchandising, Corporate Identity und PR, muß aber aufgrund ihrer Vielfältigkeit eigenständig betrachtet werden. Die Werbung verfügt über zahlreiche, lange erprobte und vom Konsumenten akzeptierte Instrumentarien, deren Inhalte austauschbar und somit auch für Werbung mit dem Argument „Umweltschutz“ geeignet sind (Abb. 11.4). Einige Werbearten verbieten sich allerdings beim Stichwort „Umweltschutz“ von selbst, z.B. die Bewerbung des Produktes mit papierintensiven Postwurfsendungen oder Hochglanzprospekten. Grundsätzlich sind die Werbefachleute natürlich aufgefordert, neue, auf den Umweltschutz abgestimmte Werbestrategien zu entwickeln.

Die wichtigsten Werbemedien sind immer noch die Printmedien, der Rundfunk und das Fernsehen. Trotzdem das Fernsehen das höchste Maß an Kreativität in der Werbung zuläßt, da mit Text, Bild und Ton gearbeitet werden kann, vertraut der Konsument, wenn er sich über Produkte informieren möchte, mehr dem gedruckten Wort, insbesondere in Tageszeitungen[55].

Ein nicht zu unterschätzender Nachteil von Rundfunk- und Fernsehwerbung liegt sicherlich darin, daß in diesen Medien Werbung häufig als unerwünschte Störung empfunden wird. Dennoch kann bei einer groß angelegten Werbekampagne für

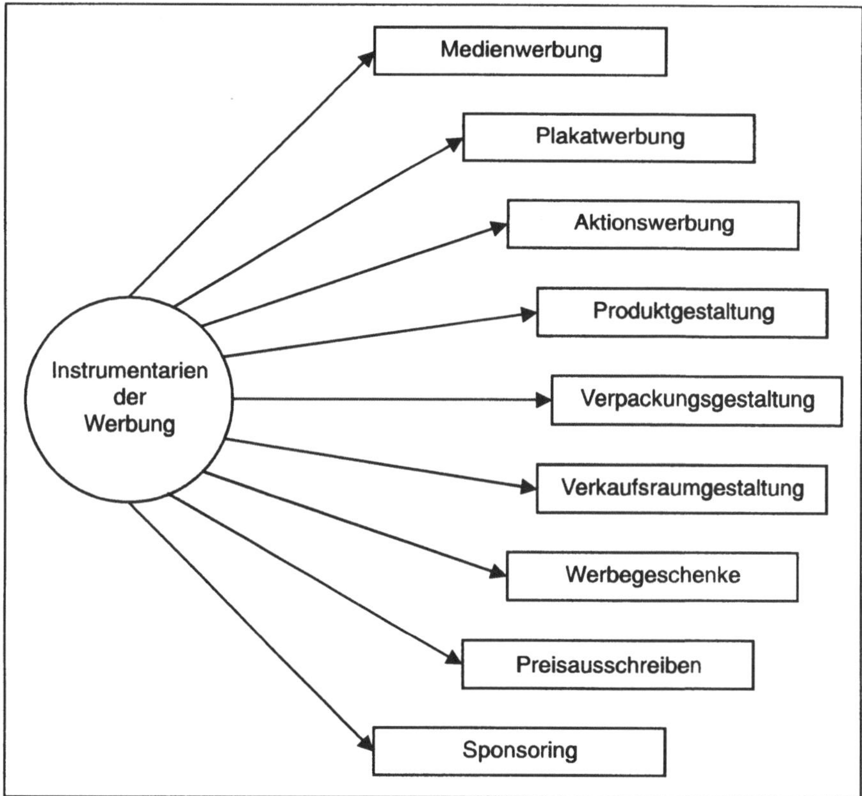

Abb. 11.4. Instrumentarien der Werbung

ein umweltfreundliches Produkt, das eine große Zielgruppe hat, nicht auf Radio- und Fernsehwerbung verzichtet werden. Diese Art der Werbung wird aber auch immer eine emotionale Komponente haben, sogar haben müssen. Wegen der Spotform der Werbebotschaften in diesen Medien ist eine Information mit ausschließlich sachlicher Präsentation nur selten möglich.

Die Plakatwerbung ist ein gutes Mittel, die Aufmerksamkeit auf ein Produkt zu lenken. Im Gegensatz zu Anzeigen oder Spots in den Medien, wird der Konsument mit den Plakaten längere Zeit konfrontiert. Um den Konsumenten in größerem Umfang über ein Produkt zu informieren, sind Plakate allerdings auch nicht geeignet. Sie dienen in erster Linie dazu, die „Blicke auf ein Produkt zu lenken" und werden eher von optisch ansprechenden Inhalten bestimmt.

Für die Neuplazierung eines Produktes oder zur Darstellung von Veränderungen an einem Produkt, gerade was dessen Umweltfreundlichkeit angeht, ist die Aktionswerbung das geeignete Mittel. Die Aktion kann optisch gemäß dem Inhalt der Kampagne gestaltet werden und entsprechend geschultes Personal kann den Konsumenten kompetent informieren, ihm Rede und Antwort stehen. Das direkte Gespräch, das Ausräumen individuell vorhandener Zweifel ist ein ideales Mittel zur Vertrauensbildung und Kundenbindung.

Die Produkt- und Verpackungsgestaltung kann in das Werbekonzept integriert werden. Insbesondere bei Produkten, die mit dem Umweltargument vermarktet werden sollen, kommt der Verpackung eine besondere Bedeutung zu. Wenn die Verpackung nicht ganz vermieden werden kann, so sollte sie möglichst umweltfreundlich entsorgbar oder recyclebar sein und das sollte dem Verbraucher auch vermittelt werden. Der einfache Hinweis auf die Teilnahme am dualen System ist aufgrund des schwindenden Vertrauens nicht mehr werbewirksam. Dies ist auch eine Folge von mit dem grünen Punkt versehenen, ins Ausland verschobenem Müll, und eine Auswirkung davon, daß der Konsument das duale System selbst durch Aufpreise auf die Produkte finanziert. Darüber hinaus ist durch die starke Verbreitung des grünen Punktes so ein positives Abheben vom Wettbewerber nicht mehr möglich.

Die Verkaufsraumgestaltung ist der Blickfang für ein Produkt. Dashalb wird im Idealfall das Werbeargument für den Produktverkauf bereits durch die optische Gestaltung des Verkaufsraumes transportiert. Ein Produkt oder eine Produktpalette, die mit dem Argument „umweltfreundlich" beworben wird, erfordert deshalb ein eher naturnahes Ambiente, als eine High-Tech-Umgebung.

Immer werbewirksam sind Werbegeschenke und Gewinnspiele. Bei umweltfreundlichen Produkten sind, neben den übliche Proben des Produktes, beispielsweise Umweltspiele geeignet, in denen der Konsument spielerisch über Themen des Umweltschutzes und natürlich auch über die Eigenschaften eines Produktes informiert wird. Auch die Preise der Gewinnspiele sollten einen Bezug zum Umweltschutz haben.

Zuletzt sei noch auf die Möglichkeiten des Sponsoring hingewiesen. Im Umweltschutz spielt Sponsoring, verglichen beispielsweise mit dem Sport, eine verschwindend geringe Rolle. Die Unterstützung von Umweltinteressengruppen wäre aber für beide Seiten vorteilhaft. Die Interessengruppe könnte einen größeren Beitrag zum Schutz der Umwelt leisten, das Unternehmen hätte einen werbewirksamen Imagegewinn. Darüber hinaus könnten die so entstandenen Kontakte der vermeintlichen Gegenspieler Industrie und Umweltinteressengruppe für eine zukünftige konstruktive Zusammenarbeit in Umweltfragen genutzt werden, was letzten Endes allen zugute käme.

Anhang

Literaturverzeichnis

[1] Umweltbundesamt, Daten zur Umwelt 1992/93
[2] Umweltbundesamt/Statistisches Bundesamt, Umweltdaten Deutschland 1995
[3] Umweltrecht, Beck-Texte im dtv, 7. Auflage, Verlag C.H. Beck, München 1992
[4] ifo studien zur umweltökonomie, Rolf-Ulrich Sprenger et al., Das deutsche Steuer- und Abgabensystem aus umweltpolitischer Sicht, ifo Institut für Wirtschaftsforschung, München 1994
[5] Peter Hohmann, Finanzierung von Umweltinvestitionen, Bonner Energie-Report Verlags GmbH, Bonn 1992
[6] Deutsche Ausgleichsbank, Finanzierungshilfen für Umweltschutzinvestitionen der gewerblichen Wirtschaft, Heft 2, 1994
[7] Investitionshilfen im Umweltschutz, Ein Praxisleitfaden, Bundesanzeiger Verlagsgesellschaft mbH, Köln 1992
[8] VAA-Nachrichten, Nr. 11, 1994
[9] Erhebung der Firmen IBM und Siemens, veröffentlicht in !Forbes Heft 4/April 1994
[10] Gunther Fleischer, EDV, Elektronikschrott, Abfallwirtschaft, EF-Verlag für Energie- und Umwelttechnik GmbH, Berlin 1993
[11] PAAG-Verfahren (HAZOP), ISSA Prevention No. Series 2002 5/1990
[12] R. Jacobs, Organisation des Umweltschutzes in Industriebetrieben, Physica-Verlag Heidelberg 1994
[13] S. Lehmann, Ökobilanzen und Öko-Controlling als Instrumente einer präventiven Umweltpolitik in Unternehmen; in G. Fleischer (Hrsg.), Vermeidung und Verwertung von Abfällen, Berlin 1980, S. 101-109
[14] B. Wagner, Vom Öko-Audit zur betrieblichen Öko-Bilanz, Voraussetzungen und praktische Erfahrungen umweltbewußter Unternehmensführung; in Prisma Industrie-Kommunikation, Neue Wege im Umweltmanagement, Umweltsymposium der Süddeutschen Zeitung, Tagungsbericht, München 1992
[15] P. Ringeisen, Möglichkeiten und Grenzen der Berücksichtigung ökologischer Gesichtspunkte bei der Produktgestaltung, Theoretische Analyse und Darstellung anhand eines konkreten Beispiels aus der Lebensmittelindustrie; in E. Günther, Ökologieorientiertes Controlling, München 1994, S. 159
[16] V. Stahlmann, Umweltverantwortliche Unternehmensführung, Verlag C. H. Beck, München 1994
[17] 4. BImSchV, Verordnung über genehmigungsbedürftige Anlagen, zuletzt geändert durch Verordnung vom 26.10.1993
[18] Katalog der Abfallarten der Länderarbeitsgemeinschaft Abfall (LAGA) in der jeweils gültigen Fassung
[19] Abfallrecht und Entsorgungspraxis, Fa. UB Media
[20] Impulse 4 (1995)

[21] 13. BImSchV, Verordnung über Großfeuerungsanlagen
[22] Noell Abfall- und Energietechnik GmbH, 38621 Goslar
[23] VACUDEST-Verfahren, Fa. Mannesmann Demag Verdichter Wittig, 79650 Schopfheim
[24] Heraeus Elektrochemie GmbH, 63517 Rodenheim
[25] Miljovern Umwelttechnik Anlagen GmbH, 04155 Leipzig
[26] BEKO Kondensattechnik GmbH, 41468 Neuss
[27] LTG Lufttechnische GmbH, 70435 Stuttgart
[28] Eisenmann, 71085 Holzgerlingen
[29] SULFOX-Verfahren, Kanzler Verfahrenstechnik Ges. m. b. H., A-8010 Graz
[30] RECOFLOAT-Verfahren, HDW-Nobiskrug GmbH, 24768 Rendsburg
[31] Seyser, Wirtschaftliches Recycling von Entfettungsbädern, Galvanotechnik 73 (1982) Nr. 7
[32] Schüßler Verfahrenstechnik GmbH, 73278 Schlierbach
[33] K.-H. Olschewski, Heizöl S, Energieträger mit Zukunft, Symposium Schmerwitz, 25.01.95
[34] ERC Emissions-Reduzierungs-Concepte GmbH, 22844 Norderstedt
[35] D. Hahn, Planungs- und Kontrollrechnung - PuK, Wiesbaden 1991; in T. Reichmann, Controlling mit Kennzahlen und Managementberichten, München 1995
[36] H. Siegwart, Kennzahlen für die Unternehmensführung, Bern 1992
[37] W. Geiss, Betriebswirtschaftliche Kennzahlen, theoretische Grundlage einer problemorientierten Kennzahlenanwendung, Frankfurt 1986
[38] J. Kloock, Neuere Entwicklungen betrieblicher Umweltkostenrechnungen; in G. Wagner, Betriebswirtschaft und Umweltschutz, Stuttgart 1993
[39] G. Wagner, Das Ökologische Controlling als Konzeption interner Unternehmensrechnungen; in G. Wagner, Betriebswirtschaft und Umweltschutz, Stuttgart 1993
[40] E. Gunther, Ökologieorientiertes Controlling, München 1994
[41] Verordnung des Rates „über die freiwillige Beteiligung gewerblicher Unternehmen an einem Gemeinschaftssystem für das Umweltmanagement und die Umweltbetriebsprüfung" vom 29.06.1993 (Nr. 1836/93/EWG, Abl. Nr. L 168 vom 10.07.1993)
[42] Qualitätssicherungshandbuch, Qualitätsmanagement für kleine und mittlere Schweißbetriebe, erarbeitet von Mitarbeitern der UG A 4.2 „Schweißtechnische Gütesicherung" der Arbeitsgruppe „Schweißen in Energietechnik und Anlagenbau" des Deutschen Verbandes für Schweißtechnik e.V. Fachbuchreihe Schweißtechnik, Band 98, Düsseldorf 1993
[43] Verordnung des Rates „über die freiwillige Beteiligung gewerblicher Unternehmen an einem Gemeinschaftssystem für das Umweltmanagement und die Umweltbetriebsprüfung" vom 29.06.1993 (Nr. 1836/93/EWG, Abl. Nr. L 168 vom 10.07.1993), Artikel 2, Begriffsbestimmungen
[44] Gesetz zum Schutz vor schädlichen Umwelteinwirkungen durch Luftverunreinigungen, Geräusche, Erschütterungen und ähnliche Vorgänge (Bundes-Immissionsschutzgesetz - BImSchG)

[45]Gesetz zur Ordnung des Wasserhaushalts (Wasserhaushaltsgesetz - WHG)

[46]Gesetz über die Vermeidung und Entsorgung von Abfällen (Abfallgesetz - AbfG)

[47]Wie Sie die Umwelthaftung ihres Betriebes richtig versichern - Ein Leitfaden für die Praxis, Deutscher Versicherungsschutzverband e.V., Bonn 1993

[48]Umwelthaftungsrecht, Bestandsaufnahme, Probleme, Perspektiven, Feess-Dörr, Eberhardt, Prätorius, Gerhard; Steger, Ulrich, 2. Auflage Verlag Th. Gabler, Wiesbaden, 1992

[49]Schriftenreihe Versicherungsforum, Heft 16 Umwelthaftungsrecht und Umwelthaftpflichtversicherung, Prof. Dr. Peter Schimikowski, Verlag Versicherungswirtschaft e.V., Karlsruhe 1993

[50]Das Umwelthaftpflicht Modell, Klaus Ulrich Perband, Vortrag bei der Informationsveranstaltung zum Umwelthaftungsrecht, Industrie- und Handelskammer Stuttgart, 1993

[51]Karl Werner Hausmann, Marktorientiertes Umweltmanagement, Schriften zur Unternehmensführung Bd. 50/51, Gabler Verlag, Wiesbaden 1994

[52]Umweltbundesamt, Daten zur Umwelt 1992/93

[53]Ulrich Steger in: Karl Werner Hausmann, Marktorientiertes Umweltmanagement, Schriften zur Unternehmensführung Bd. 50/51, Gabler Verlag, Wiesbaden 1994

[54]Heribert Meffert, Manfred Kirchgeorg, Marktorientiertes Umweltmanagement, 2. Aufl. Schäffer-Poeschel Verlag, Stuttgart 1993

[55]Heinrich Happel, Werbung für den Einzelhandel, 2., aktualisierte Auflage, Deutscher Fachverlag GmbH, Frankfurt 1994

Stichwortverzeichnis